中国科协三峡科技出版资助计划

清洁能源技术政策与管理研究

——以碳捕集与封存为例

赖先进　著

中国科学技术出版社

·北　京·

图书在版编目（CIP）数据

清洁能源技术政策与管理研究：以碳捕集与封存为例/
赖先进著 . —北京：中国科学技术出版社，2014.6

（中国科协三峡科技出版资助计划）

ISBN 978 - 7 - 5046 - 6608 - 6

Ⅰ . ①清… Ⅱ. ①赖… Ⅲ. ①二氧化碳 – 废气回收 –
研究 – 中国 Ⅳ. ①X701.7

中国版本图书馆 CIP 数据核字（2014）第 103577 号

总　策　划 沈爱民　林初学　刘兴平　孙志禹	**责任编辑** 张　楠　杨　丽
项目策划 杨书宣　赵崇海	**责任校对** 孟华英
出　版　人 苏青	**印刷监制** 李春利
编辑组组长 吕建华　赵　晖	**责任印制** 张建农

出　　版	中国科学技术出版社
发　　行	科学普及出版社发行部
地　　址	北京市海淀区中关村南大街 16 号
邮　　编	100081
发行电话	010 – 62103349
传　　真	010 – 62103166
网　　址	http：//www.cspbooks.com.cn

开　　本	787mm×1092mm　1/16
字　　数	309 千字
印　　张	14
版　　次	2014 年 7 月第 1 版
印　　次	2014 年 7 月第 1 次印刷
印　　刷	北京盛通印刷股份有限公司

书　　号	ISBN 978 – 7 – 5046 – 6608 – 6/X · 120
定　　价	66.00 元

总　序

　　科技是人类智慧的伟大结晶，创新是文明进步的不竭动力。当今世界，科技日益深入影响经济社会发展和人们日常生活，科技创新发展水平深刻反映着一个国家的综合国力和核心竞争力。面对新形势、新要求，我们必须牢牢把握新的科技革命和产业变革机遇，大力实施科教兴国战略和人才强国战略，全面提高自主创新能力。

　　科技著作是科研成果和自主创新能力的重要体现形式。纵观世界科技发展历史，高水平学术论著的出版常常成为科技进步和科技创新的重要里程碑。1543 年，哥白尼的《天体运行论》在他逝世前夕出版，标志着人类在宇宙认识论上的一次革命，新的科学思想得以传遍欧洲，科学革命的序幕由此拉开。1687 年，牛顿的代表作《自然哲学的数学原理》问世，在物理学、数学、天文学和哲学等领域产生巨大影响，标志着牛顿力学三大定律和万有引力定律的诞生。1789 年，拉瓦锡出版了他的划时代名著《化学纲要》，为使化学确立为一门真正独立的学科奠定了基础，标志着化学新纪元的开端。1873 年，麦克斯韦出版的《论电和磁》标志着电磁场理论的创立，该理论将电学、磁学、光学统一起来，成为 19 世纪物理学发展的最光辉成果。

　　这些伟大的学术论著凝聚着科学巨匠们的伟大科学思想，标志着不同时代科学技术的革命性进展，成为支撑相应学科发展宽厚、坚实的奠基石。放眼全球，科技论著的出版数量和质量，集中体现了各国科技工作者的原始创新能力，一个国家但凡拥有强大的自主创新能力，无一例外也反映到其出版的科技论著数量、质量和影响力上。出版高水平、高质量的学术著作，成为科技工作者的奋斗目标和出版工作者的不懈追求。

中国科学技术协会是中国科技工作者的群众组织，是党和政府联系科技工作者的桥梁和纽带，在组织开展学术交流、科学普及、人才举荐、决策咨询等方面，具有独特的学科智力优势和组织网络优势。中国长江三峡集团公司是中国特大型国有独资企业，是推动我国经济发展、社会进步、民生改善、科技创新和国家安全的重要力量。2011年12月，中国科学技术协会和中国长江三峡集团公司签订战略合作协议，联合设立"中国科协三峡科技出版资助计划"，资助全国从事基础研究、应用基础研究或技术开发、改造和产品研发的科技工作者出版高水平的科技学术著作，并向45岁以下青年科技工作者、中国青年科技奖获得者和全国百篇优秀博士论文获得者倾斜，重点资助科技人员出版首部学术专著。

由衷地希望，"中国科协三峡科技出版资助计划"的实施，对更好地聚集原创科研成果，推动国家科技创新和学科发展，促进科技工作者学术成长，繁荣科技出版，打造中国科学技术出版社学术出版品牌，产生积极的、重要的作用。

是为序。

序　言

　　纵观世界科技革命史，每一次能源技术革命都会带来工业革命，每次能源动力的革新都带来人类生产、生活方式的重大变迁。从史前火的发明，到 18 世纪蒸汽机的发明，再从 19 世纪电的发明，到 20 世纪核能的利用和 21 世纪新兴能源的开发，都验证了这一科学的论断。当今世界，全球气候变化问题正深刻地影响着能源技术创新与变革。在全球温室气体减排和控制的大背景下，发展清洁能源是国际社会进行气候变化治理的普遍共识，也是我国建设美丽中国、有效应对气候变化的战略选择。可以预见，清洁能源是未来人类解决温室气体问题、推进新一轮工业技术革命具有划时代意义的战略选项。

　　清洁能源是当前国内外能源研究的前沿热点主题。在这样的理论与实践背景下，赖先进博士以碳捕集与封存（CCS）为例，对新兴的清洁能源政策与管理进行了富有开创性的系统研究，出版这部《清洁能源技术政策与管理研究——以碳捕集与封存为例》。这部著作选题新颖、特色鲜明，在理论分析和论证方面具有很好的开拓性、创新性，可以说是迄今为止第一部针对碳捕集与封存相关政策与管理问题进行专门研究的学术专著。我认为，本书取得了以下几个方面的成果：一是分析碳捕集与封存技术成为国际气候变化治理选项的发展历程及其政治社会原因。二是运用技术创新系统理论，对我国碳捕集与封存技术创新系统结构及功能进行了实证研究。三是基于大科学工程五要素分析模型，对美国未来煤电（FutureGen）工程、加州氢能工程（HECA）和中国绿色煤电（GreenGen）工程决策与执行进行了比较案例研究。四是提出促进我国碳捕集与封存技术发展的激励政策工具及其优先选项，并利用实物期权模型，进行了政策情境模拟分析。最后，针对碳捕集与封存技术风险及规制问题，参照主要发达国家的政策实践，提出我国建立碳捕集与封存技术规制体系的框架设计与工具选择。

值得注意的是，作者运用调查问卷方法，在技术创新系统理论框架下设计专题调查问卷，首次对我国国内碳捕集与封存主要技术专家进行专题调研。我很荣幸地成为参与问卷调研的一员，提交了我自己的专业看法、意见和建议。可以看出，作者充分掌握了国内外同类研究进展和趋势，将理论规范研究和实证研究方法有机结合，综合运用定量和定性方法展开研究，行文流畅，文献和数据资料引用规范，研究结论鲜明、可靠。

总而言之，《清洁能源技术政策与管理研究——以碳捕集与封存为例》专著的出版，对于推动我国清洁能源技术创新、加强气候变化治理具有一定的理论意义和现实意义，对于我国清洁能源政策制定也具有很好的参考价值。希望作者在学术道路上走得更远更好，期待有更多的有志于从事能源政策研究的学者加入这一研究行列，使更多的精彩研究成果不断涌现、问世。

是为序。

中国科学院大学　副校长

叶中华

2014 年 1 月 16 日

作者简介

　　赖先进，北京大学政府管理学院博士后、中央党校政法教研部讲师。2013年1月毕业于中国科学院研究生院，获博士学位（硕博连读，锡拉丘兹大学马克斯维尔公民与公共事务学院联合培养博士生）；2008年6月毕业于四川大学公共管理学院获学士学位。主要研究方向为科技政策与管理，公共管理。

　　先后主持并完成北京市社会科学基金项目1项、中国博士后基金面上项目1项、北京市朝阳区政府研究课题1项，参与多项国家自然科学基金、国家软科学项目研究。先后参与编写专著2部，荣获省部级奖励2项。近年来在 *Energy Policy*、《中国行政管理》、《北京大学学报》、《科学学与科学技术管理》等国际国内核心期刊发表学术论文10余篇。尤其是在我国碳捕集与封存（CCS）技术政策与管理方面的开拓性研究得到国际学术界广泛关注及高度肯定。

目　录

第1章 引 言

进入 21 世纪以来，能源与环境问题成为人类文明可持续发展共同面临的重大挑战。随着全球气候变化的出现，世界能源与环境问题的内涵和条件都发生着新的重大变化。一方面，以二氧化碳为主体的温室气体成为全球环境保护的"污染物"，是全球气候变化治理的重点对象；另一方面，作为当前全球主要能源消耗的化石能源成为温室气体排放的主要来源，也是全球公共治理的对象。在这样的条件下，能源技术创新活动与环境问题的耦合度、关联度日益加深，使能源更加低碳化、清洁化成为能源技术创新的新目标。科技作为人类社会唯一线性发展和进步的主导性力量，将彻底切换全球气候变化治理的"主轴"。在后京都时代气候治理格局中，科技始终是主导性的动力"引擎"。发展低碳清洁能源技术，既能有效满足人类日益增长的能源需求，又有利于持续推动二氧化碳减排。新兴清洁能源技术是人类解决气候危机、能源危机和环境危机的战略性支点。

1.1 研究背景——人类活动导致全球气候变化

随着全球气候变化问题的提出，针对气候变化的科学研究成为摆在科学家面前的重大问题。全球气候变化成为新兴科学领域，也是当前发展最为迅速、最为活跃的前沿科学领域之一。与此同时，由于气候变化问题从科学议程逐渐步入公共议程，气候变化问题也成为人类社会关注的焦点科学话题。如何采取行动减缓和适应全球气候变化是国际社会、各国政府甚至是公众讨论的热点议题。

1.1.1 研究问题的提出

全球气候正在发生以变暖为主要特征的显著变化。气候不同于短时间的天气现象（如雷雨、冰雹和大风等），是某地区气候系统在时段内的平均统计特征。1845 年，近代气候学创始人亚历山大·冯·洪堡（Alexander von Humboldt）曾将气候定义为：地区长时期内天气状态的综合反映。《联合国气候变化框架公约》将"气候变化"定义为："经过相当一段时间的观察，在自然气候变化之外由人类活动直接或间接地改变全球大气组成所导致的气候改变。"科学意义上的气候变化是指气候平均值和离差值两者中的一个或两者同时随时间出现了统计意义上的显著变化。

大量的科学证据及观测数据表明，全球气候变暖已经成为不争的科学事实，气候系统变暖是毋庸置疑的。作为当前国际气候治理的科学咨询机构，政府间气候变化专门委员会（IPCC）第四次评估报告指出，全球平均温度在近一百年来（1906—2005）线性上升了 0.74℃；1961 年以来，全球平均海平面上升的平均速率为每年 1.8mm；北极年平均海冰面积已经以每十年 2.7% 的速率退缩（图 1.1）。2013 年，IPCC 发布第五次气候变化评估报告《气候变化 2013：自然科学基础》进一步明确指出，20 世纪 50 年代以来，观测到的全球气候系统的许多变化（大气和海洋温度升高、冰雪覆盖面积减少、海平面上升以及大气中二氧化碳浓度增加）是过去几十年甚至千年以来史无前例的（图 1.2），过去 30 年极有可能（90% 以上的可能性）是近 800～1400 年间最热的 30 年。

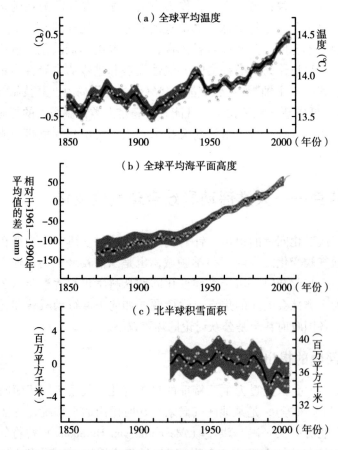

图 1.1 1850 年以来全球平均温度、海平面高度及北半球积雪面积变化图[191]

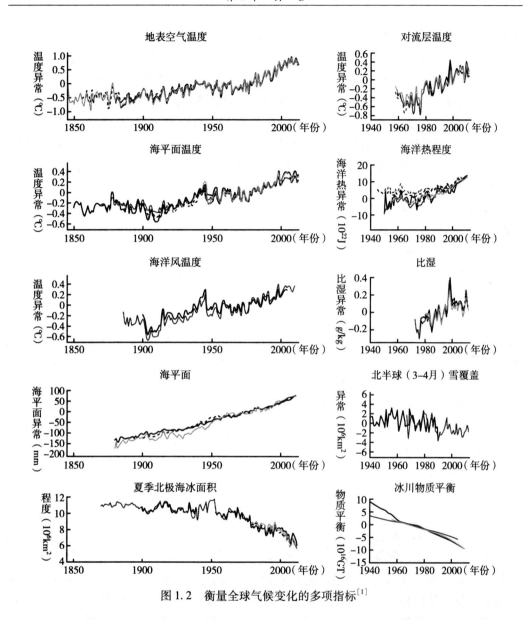

图 1.2　衡量全球气候变化的多项指标[1]

气候变化对人类文明可持续发展破坏巨大、影响深远。首先，气候变化的最直接危害是全球海平面上升。由于以全球变暖为中心的气候变化，必然导致两极、山川冰雪大量消融，占全球71%的海洋海水膨胀，从而导致海平面上升，淹没海滩、海岸和沿海低地。海平面上升势必威胁全球经济发达、财富集中的沿海地区，对全球经济发展造成巨大破坏。其次，全球气候变化容易引发极端天气现象频繁发生。近年来，世界范围内的暴雪、暴雨、洪水、干旱、冰雹、雷电、台风等极端气候事件异常频繁。最后，气候变化将对自然生态系统产生直接影响，通过改变地球自然环境的基本条件，可能使许多地区自然生态系统由于难以适应气候变化而遭受破坏性的影响。尤其是对农业形成重大冲击，干旱和半干旱地区由于温度的升高，粮食将大大减产。气候变化导致的气温的细微改变，对全球粮食生产会造成意想不到的严重后果，直接威胁到全球数以千万计的贫困人口。

自然过程和人类活动是导致气候变化的两方面因素。产生气候变化的自然因素包括火山活动、太阳辐射、地球运行轨道变化、造山运动等，人类因素包括温室气体排放、气溶胶、土地利用和城市化等。人类活动"极其可能"是20世纪中期以来观测到的全球气候变暖的主要原因。科学研究表明人类活动因素在引致全球气候变化中占据重要权重。IPCC第四次评估报告提出自20世纪中期以来全球气候变化很大程度上（90%以上）是由于人类活动导致的，特别是化石燃料的使用[1]。由于人类活动，全球大气中温室气体集中度已经显著上升；目前，二氧化碳集中度大约已经达到工业化前期水平的135%。

化石能源的大量燃料是导致全球气候变化的"罪魁祸首"。由于人类大量燃烧化石能源，致使二氧化碳等温室气体大量排放。在温室效应自然规律的驱动下，温室气体大量排放引致全球气候变暖。以二氧化碳为主体的温室气体排放之所以会引起全球变暖，其作用机制在于温室气体产生温室效应。温室效应是由于地球外部的大气层对太阳短波辐射几乎不完全吸收而吸收地球向外的大部分长波辐射，地球在大气层温室气体的作用下，接受大气的逆辐射而出现的升温现象。只要人类大量排放温室气体，导致大气层温室气体明显增加，地表平均温度就会因为逆向辐射而出现升温。以经济合作与发展组织（OECD）国家和中国为例，在1990—2013年的24年区间内，这些国家化石能源燃烧每年平均向大气排放二氧化碳166.07亿吨；其中，美国化石能源每年向大气排放二氧化碳均值最高，达到53.76亿吨；中国化石能源燃烧每年向大气排放二氧化碳均值为第二，达到44.45亿吨；日本化石能源燃烧每年向大气排放二氧化碳均值为第三，达到11.60亿吨（见附录二）。

至今，气候变化问题已从科学问题、能源问题、环境问题，演变成国际政治经济问题。纵观世界，气候变化从单纯的自然科学问题转变为涉及国际事务、国家事务及地区公共事务的公共问题。为积极应对气候变化从而早日达成国际共识，国际社会启动了应对气候变化的协调机制，展开多次气候变化国际谈判。但是，1995—2012年间已经进行的十八次《联合国气候变化框架公约》缔约方会议表明，由于各国政治、经济利益博弈，通过气候变化谈判，制定"全球气候政策"困难重重。单纯依靠制定长

---

① 尽管目前少数科学家对IPCC气候变化成因有争议，但是国际科学界对气候变化成因还是形成了共识，国际科学院理事会（IAC）经过对IPCC进行独立评审后，认为IPCC组织各国科学家编写并定期发布气候变化评估报告总体上是成功的。本文对于气候变化的科学认知是依据IPCC报告为基础的。

期温室气体减排限制政策，走实现气候治理的制度途径，难以实现未来气候变化的长效治理。气候变化治理的重点开始从强制减排转向发展低碳技术。

煤燃烧是化石能源二氧化碳排放的主要来源。以 OECD 国家和中国为例，在 1990—2013 年的 24 年内，每年煤燃烧平均向大气排放二氧化碳 78.08 亿吨，占化石能源碳排放的 47%。煤的清洁低碳利用逐渐成为国际社会二氧化碳大规模减排的战略目标。在化石能源低碳化、祛碳化清洁利用的大背景下，碳捕集与封存（CCS）技术因此应运而生。相比较于新能源、核能、节能和提高能效等减排方案，碳捕集与封存技术具有大规模实现二氧化碳减排的技术特点；同时，也能促进煤炭等化石能源实现"清洁"生产，保证未来人类利用丰富的化石能源资源以满足长期的巨大的能源需求。自 2000 年以来，碳捕集与封存技术逐渐受到国际社会的关注，成为气候变化治理的重要技术选项。根据国际能源署预测，到 2035 年，碳捕集与封存技术二氧化碳减排量将超过可再生能源技术（图 1.3）；到 2050 年，碳捕集与封存技术将产生 19% 的二氧化碳减排量（图 1.4），远远大于可再生能源温室气体减排成效，并三倍于核能的二氧化碳减排成效。目前，全球已经拥有 74 项在建或已建成的大规模 CCS 示范工程，形成 3300 万吨/年的二氧化碳封存量。

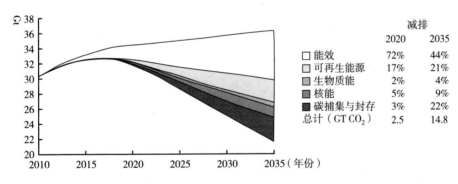

图 1.3 世界能源相关的二氧化碳减排技术的减排份额预测（2010—2035）[4]

注：GT：10 亿吨。

为促进新兴清洁能源技术开发，积极推进全球气候变化治理进程，本研究以 CCS 技术开发中的政策与管理问题为研究对象，提出以下研究问题：作为新兴技术，CCS 是怎样从科学理念发展为全球性的技术示范，进而成为国际气候治理的主流选项？基于科学技术与社会的理论分析框架，CCS 技术成为国际气候治理重要选项的政治和社会原因是什么？在气候变化治理背景下，能源技术创新与环境活动耦合度日益加深。当前，主要发达国家怎样组织和开展 CCS 技术创新活动？中国 CCS 技术创新进展及其面临的障碍和问题有哪些？政府在 CCS 技术开发和应用中的职能与作用是什么？政策

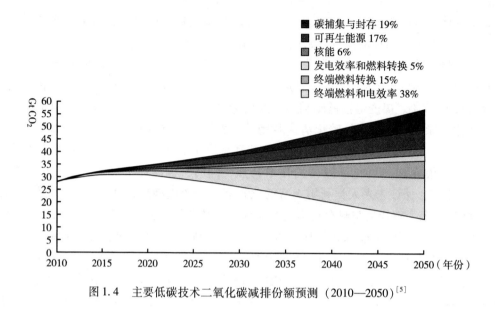

图 1.4　主要低碳技术二氧化碳减排份额预测（2010—2050）[5]

制定者应该选择怎样的政策工具激励和规制 CCS 技术开发和应用？这些问题的回答，对于中国有效应对气候变化和建设美丽中国都具有重要的意义。

1.1.2　研究目的与意义

（1）全球气候变化治理背景下，研究新兴清洁能源技术的产生与发展过程，有利于加强当前和今后对新兴清洁能源利用技术创新活动的理解和认知。

作为典型的新兴低碳、清洁能源技术，CCS 无论在技术本身方面，还是在技术开发过程方面，都有区别于其他能源技术的特殊性。相对于其他气候技术，CCS 进入国际气候治理框架时间相对较晚。以美国为首的主要发达国家较早地开展了 CCS 技术研究和开发工作。在国际组织推动及国家之间能源技术合作背景下，中国开始了 CCS 技术初期示范活动，国内学术界对该技术的产生和发展过程研究较少。因此，基于科学技术与社会（STS）研究视角，分析 CCS 技术发展的历程，剖析 CCS 技术发展背后深刻的政治与社会原因，有利于加深对国际气候治理及其框架下能源环境技术创新的理解和认知。

（2）从技术创新系统视角研究技术发展，对于国家或地区加快构建清洁能源技术创新体系、积极应对气候变化具有重要的理论价值和实践意义。

发展清洁能源技术是全球实现气候治理的战略选择。清洁能源技术不仅能实现大规模长期二氧化碳减排，还能保证人类继续利用丰富化石能源资源以满足巨大的能源需求。尤其是对于中国、美国等煤消费大国，发展清洁能源技术是这些国家实施气候战略与能源战略的首要选择。2000—2013 年，中国、美国国内煤炭消费占世界煤炭总消费的平均比例为 40.81% 和 17.90%，分别位居世界煤炭总消费的第一位和第二位（见附录二）。一方面，这些国家拥有丰富的煤炭等传统化石能源资源，是充足、便宜的能源来源渠道；另一方面，煤炭在这些国家能源消费结构或电力生产结构中占据重要位置。CCS 是清洁能源技术创新的典型技术，建设 CCS 技术创新体系，对于各国家或地区加快构建清洁能源技术创新体系、积极应对气候变化具有重要的意义。

（3）开展清洁能源技术工程决策与政策研究，有利于为完善能源与环境决策、建立政策激励与规制体系提供有效的支撑。

为促进 CCS 技术研究和开发，主要国家投入大量研究和开发经费资助 CCS 研究和工程示范，相关国家或地区 CCS 技术创新体系已经形成。基于技术创新系统理论，对 CCS 技术创新活动进行实证分析，有利于提出 CCS 技术创新体系的功能弱项及其发展所面临的障碍，从而为制定激励和规制技术发展的公共政策提供决策支持。尤其是比较和分析 CCS 相关大科学工程的决策与执行过程，对于相关国家或地区完善能源与环境决策具有理论意义。

（4）研究清洁能源技术政策与管理中的重点问题，分析理论与实践的"张力"，有利于完善科技政策与管理理论研究和促进相关实践探索。

作为相对成熟的科技政策与管理研究理论，技术创新体系理论在分析新兴技术创新，尤其是新兴能源技术发展中得到了广泛的使用。本研究在应用技术创新体系理论分析 CCS 技术发展的同时，开展了 CCS 大科学工程管理的案例研究。通过分析技术创新体系理论与工程实践的"张力"，提出了相关理论启示，有利于完善科技政策与管理领域的理论研究和相关实践探索。

1.1.3 关键概念的界定

为防止虚假的知识和错误的认识侵扰学术研究，科学合理地界定概念应当是从事科学研究的首要步骤。尤其是对于这些发源于国际的学术概念，如果仅做简单的直接翻译，往往难以形成本土化的科学的理解和认知。以国际学术共识为基础，结合中国制度安排，形成相互对接的概念，是科学理论研究的重要逻辑起点。

1.1.3.1 新兴清洁能源

新兴清洁能源是在技术创新过程中，处于大规模商业化应用前期的成长中的清洁能源技术。在全球气候变化治理背景下，清洁能源被赋予更为广泛的含义，这种含义的本质是实现能源的低碳化或者祛碳化，既包括低碳的新能源开发，又包括对传统化石能源清洁利用。从这个意义上讲，新兴清洁能源技术既包括新兴的可再生能源（如人们经常提及的风能、太阳能、生物质能等），又包括新兴的对常规能源清洁化利用技术（如碳捕集与封存等）。由于处于技术创新的中间阶段，新兴清洁能源技术往往都具有不成熟性、甚至是过渡性，还在不断完善之中，这在一定程度上，增加了针对新兴清洁能源的政策管理研究的挑战性和复杂性。但是，长期来看只要技术实现突破，新兴能源技术成本下降，应用前景良好。从这个意义上来看，新兴能源和常规能源具有明显区别，常规能源主要是技术上成熟和已被大规模利用的能源，而新兴能源尚未大规模利用、正积极研究和开发。

1.1.3.2 碳捕集与封存

碳捕集与封存[①]（carbon capture and storage，CCS），国内又称碳捕集、封存与利用（carbon capture storage and utilization），是将火力发电厂等化石能源工业产生的二氧化碳收集起来，并用各种办法实现封存及利用，以避免其进入大气层的新兴复合集成技术。碳捕集与封存是将 CO_2 从工业或相关能源的源分离出来，输送到一个封存地点，并且长期与大气隔绝的一个过程。碳捕集与封存技术，事实上不是某种单一技术，而是包括碳捕集、碳运输、碳封存和碳利用等技术环节在内的技术复合体。碳捕集与封存技术既实现了温室气体减排，又不影响人类利用传统化石能源（如煤）以满足日益增长的能源需求。虽然目前碳捕集与封存技术成本较高，还没有大规模实现商业化应用，但只要技术上有重大突破，它应该成为未来煤炭清洁利用的主要方向。

1.1.3.3 科学、技术与创新

社会对于科学、技术与创新的认识是有差别的，多数将科学技术混为一谈，统称"科技"，有的将三者混为一谈，统称科技创新。事实上，科学、技术与创新是科技活动中三种不同的事物。对于科学、技术与创新，应当坚持"三元论"，而不是"一元论"，这样才能制定出有效的、具有针对性的科学、技术与创新政策。科学是指知识及获取知识、追求真理的过程。按照学科研究方法的不同，科学分为"硬科学"和"软科学"，前者包括物理、化学、生物学及地理学等，后者包括政治学、经济学及心理学等。技术是获取发明创造、应用科学知识的过程。由于现代科学与技术紧密结合，本研究中的大科学工程不仅是大型基础研究工程，也包括重大技术工程。科技创新是从基础研究、研究和开发到技术应用商业化的完整过程，不单指某个发展阶段。

1.1.3.4 公共政策、科学技术政策

美国著名学者大卫·伊斯顿（David Easton）把公共政策定义为对全社会价值做出的有权威性的分配。拉斯韦尔和卡普兰认为公共政策是具有目标、价值和实践的计划项目。托马斯·戴伊（Thomas R. Dye）认为，公共政策是政府选择做和不做的事情，

---

① 对于碳捕集与封存技术，国内强调对二氧化碳的利用，因此称为碳捕集、封存与利用。这一概念主张近年来也受到国际同行的接受和认可，例如 2012 年在匹兹堡召开的一年一度的国际碳捕集与封存会议就以碳捕集、封存与利用为主题。本书也认为碳捕集、封存与利用是该技术的全称，为兼顾国际通用和行文阅读方便，本书行文过程中简写为"碳捕集与封存"或"CCS"。

提出了政府"不做"也是公共政策的基本范畴。公共政策是政府等公共部门为处理公共问题做出的公共决策及其过程。科学技术政策是指政府等公共部门对科学研究和技术发展所制定的公共政策及其过程。科学技术政策研究内容包括：为发展科学技术的政策（policy for science）；政策过程中的科学技术（science for policy）；政策制定过程中科学技术的影响。从这个意义上讲，科学技术政策与科学技术有一些不同的地方，表现在：一是关注点不同：科学技术政策关注科学、技术对社会的影响；二是目标不同：科学技术政策目标在于让科学技术最大限度地服务公众；三是本质上存在区别，科学技术政策实质上是专门领域的公共政策，不能像科学技术一样验证科学技术政策是"正确"还是"错误"。

1.2 国内外相关研究现状与评述

1.2.1 应对气候变化的非技术路径研究

伴随着国际社会对气候变化的高度关注和各国政府在气候变化公约及谈判中的激烈的政治经济博弈，自从 20 世纪 90 年代，学术界开始对应对气候变化展开了深入的研究工作，取得了丰富的研究成果。目前，围绕气候变化展开研究的非技术路径可分为三类：①气候变化国际政治经济学、国际关系路径研究；②气候变化经济学路径研究；③气候变化的公共政策路径研究。

1.2.1.1 应对气候变化的国际政治经济学、国际关系研究

气候变化问题具有全球准公共产品属性及不确定性，气候变化问题已经从单纯的自然科学问题演变为国际政治经济、外交博弈的主要议题。以国际政治经济或国际关系视角应对气候变化是气候变化研究中起步最早、成果最为丰富的流派，他们认为国际公约是国际社会应对气候变化的主体。围绕气候变化国际公约制定及气候变化国际谈判会议，开展各国气候变化政策分析甚至是评论是国际社会建立国际气候治理机制的主要特点。中国气象局郑国光提出气候变化具有全球温室气体排放权、国际发展权和国际政治主导权的本质特征，从京都到巴厘岛，再到哥本哈根，国际社会应对气候变化共识不断凝聚，围绕《联合国气候变化框架公约》和《京都议定书》下的谈判进程已经成为国际社会合作应对气候变化的主渠道。中国科学院丁仲礼院士等对 IPCC、UNDP 和 OECD 等 7 个全球 CO_2 减排方案做模拟计算后，发现这些方案中对各国 2006—2050 年排放权设计，不但没有考虑历史上（1900—2005）发达国家的人均累计排放量已是发展中国家 7.54 倍的事实，而且还为发达国家设计了比发展中国家大 2.3~6.7 倍的人均未来排放权。清华大学胡鞍钢认为《京都议定书》中制定的减排目标完成情况很不理想，要在全球达成排放协议的一致就要为各国制定都能接受的减排方

案，突破传统的以发达国家、发展中国家划分减排义务。中国社会科学院潘家华等分析了自 90 年代启动国际气候谈判到 2009 年哥本哈根会议，提出了国际气候谈判的多元化格局，在这种格局中，欧盟、美国和"77 国集团 + 中国"三股力量相互制衡，国际气候政治呈现群雄纷争、三足鼎立的基本格局。

1.2.1.2 应对气候变化的经济学研究

市场在经济资源配置中发挥着基础性作用。建立和完善市场机制是治理气候变化重要路径。艾琳·彼得斯（Irene Peters）等认为基于可计算一般均衡模型（CGE）的气候变化政策评估是不充分的，针对政府对市场内在无效率的干预，现行的经济分析模型应该摒弃无根据的假设，修改为和现实世界现象一致。约翰·高迪（John M. Gowdy）运用行为经济学对气候变化政策进行了分析，认为大多数经济学家的气候变化政策建议都是基于理性行动者模型，建议把研究气候变化政策的标准经济学方法聚焦于狭窄的理性、自我认知是有严重局限的。莫特·韦伯斯特（Mort Webster）等研究了应对气候变化不确定性的政策响应，应用地球系统模型，描述了两种政策情景下的不确定性，发现如果没有温室气体减排限制，到 2010 年，全球地表平均气温变化将超过 $4.9℃$。中国地质大学吴巧生和成金华回顾和总结了全球气候变化的经济学特征，运用边际效益和成本曲线分析，提出在边际效益和成本不确定的条件下，基于价格的政策工具排污税或碳税和基于总量控制的许可权制度是不等价的，边际效益和成本曲线的斜率决定了不同政策的优劣，在气候政策制定上，主张建立混合政策，克服排污许可制度和排污税政策独立使用遇到的经济和政治问题。

为评估和预测气候变化治理效果，建立气候变化政策经济模型成为气候变化治理的经济学研究路径的重要内容。采用不同的气候变化政策模型方法及类型往往产生不同的估计和评价结果。中国社会科学院数量经济与技术经济研究所蒋金荷和姚愉芳总结了温室气体减排成本模型方法：以气候政策自上而下和自下而上的建模方法，认为当前已设计开发出的模型绝大多数是针对工业化国家的减排成本、减排潜力的研究，模型的理论基础与中国实际情况有差异，因此提出混合型经济 - 能源系统模型。国家发展和改革委员会能源研究所杨宏伟采用区域能源环境经济综合评价模型（AIM - LOCAL 中国模型）分析了温室气体减排对策的协同效应，表明当地可持续发展政策和未来技术发展水平对协同效应评价至关重要。复旦大学李瑾提出技术变迁在减缓和适应气候变化起着至关重要的作用，认为自下而上和自上而下模型是依赖于对能源替代性和技术变迁动力学过于简单的假设，不同模型处理技术变迁具有不同方法。

1.2.1.3 应对气候变化的公共政策研究

除"无形之手"——市场之外，作为"有形之手"——政府，是配置社会资源的核心力量。政府通过制定公共政策，从而实现气候变化的有效治理。剑桥大学经济系迈克尔·格拉布（Michael Grubb）教授认为能源是一个演变的系统，全球能源成本将会在未来发展低碳经济条件下降低，提出了发展低碳经济的三大政策支柱：公共引导投入、价格及消费者行动。安妮·古尔伯格（Anne Therese Gullberg）运用简单理性选择模型，探讨了环境和商业组织中针对气候变化领域的游说行为，由于预算限制，环境组织游说相对较少于商业组织，而且在方式上有差异，环境组织关注于单一政策决定，商业组织还投资于一般游说。吉卜玛（Catrinus J. Jepma）等在《气候变化政策：事实、问题和分析》中分析了气候变化政策复杂化源于气候变化特性：复杂的原因链、不确定性和公平考虑。倪健总结了减缓气候变化形成的三种政策反应及措施，包括干扰政策、适应政策、预防政策。张焕波认为在气候政策工具方面，美国和欧盟都以市场机制为基础发挥主导作用，美国三大区域减排和欧盟减排的主要政策工具是建立碳排放交易系统。王瑞彬提出气候政策工具选择是美国国内气候变化政策辩论的焦点，诸多政策工具中，以市场为基础的限量排放与交易制度和征收碳税制度成为优先选项。

阿克塞尔（Axel Michaelowa）从国家、国际层面对气候政策与利益集团进行了公共选择分析，认为气候政策倾向于利益集团活动，气候政策是一个新兴的政策领域。朱丽叶·皮兹查（Juliet Pietscha）等认为先进的民主制度中，民意是制定出合适的政策响应的关键元素，经过研究他认为广大的民众关心气候变化，大多数受访者支持引进排放交易制度。威廉·皮泽（William A. Pizer）研究了当前气候变化政策在不确定性条件下最优政策选择，认为不确定性提高了排放的最优水平，导致倾向于使用税率控制排放。张焕波对中国、美国和欧盟气候变化政策比较中提出，国家之间、中央政府与地方政府以及不同利益团体之间的博弈过程是政策优化过程，多方参与及机制建设值得中国学习，充分考虑政策的后果和可行性。

气候变化问题从自然科学问题转化为公共政策问题，体现了应对气候变化中科学与政治的紧密互动关系。史考尼柯夫（Skolnikoff）以美国关于气候变化的辩论为切入，研究了科学在政策中的作用，认为最初气候变化进入国际政策议程是由于来自科学家的警告，在美国政策过程中，气候变化现在已经不是科学问题；不确定性、政府结构、争议的经济评估、国际框架、媒体和政党政治影响政府在公共政策问题中发挥作用。中国科学院曲建升和孙成权以美国气候政策为例分析了气候变化中的"科学政治化"倾向。南京大学刘慧等提出当前许多气候变化研究的结论在自然科学认识的基础上加入了价值判断和利益考量，单纯的自然科学问题演变成为发展问题和政治问题，气候变化问题"政治化"倾向越来越明显。

1.2.1.4 评述

综合上述分析，以国际政治经济视角分析气候变化是气候变化治理研究中起步最早、成果最为丰富的流派。气候变化的国际政治经济学、国际关系学路径倾向于关注国家或地区所采取的国际气候政策及气候变化战略，属于气候变化治理的全球战略层面。气候变化政策的经济学路径研究主要运用环境经济学理论分析气候变化问题，外部性及气候变化问题的全球准公共产品特性是气候变化经济学路径研究的理论基础。当前，气候变化经济学研究主要关注于气候变化政策中经济模型的使用，为减排方案的确定，提供科学的、定量化的数据支持。另外，气候变化政策制定、政策工具及科学与政策过程的互动关系是气候变化治理公共政策路径研究关注的核心问题。在气候变化政策制定中，该分析路径倾向于分析政策制定中的利益集团的作用及影响方式，并关注科学问题在政策过程中的政治化倾向。

但是，1995—2012 年间的十八次《联合国气候变化框架公约》缔约方会议进程表明，各国政府难以就限制温室气体减排、推动气候治理达成普遍政策共识。随着国际气候谈判的失败，国家"气候变化政策"乃至"全球变化政策"也难以得到制定和执行。虽然国际社会为此开展了前期两年马拉松式的谈判，2009 年哥本哈根气候大会仍然未能达成未来长期减排的目标，因而提出了以低碳发展战胜气候变化的新思路。气候变化治理的一般路径遭受到了来自现实的严重挑战。

1.2.2 碳捕集与封存的非技术路径研究

除碳捕集与封存技术本身的研究外，国内学术界对碳捕集与封存技术的经济、社会及政策方面进行了初步的探索性研究和讨论。这些初步研究和讨论，集中在以下几个方面。

（1）CCS 能大规模减少二氧化碳排放。碳捕集与封存是稳定全球二氧化碳浓度，以现有技术减缓未来五十年气候变化的重要技术路径。在目前化石燃料以高于 10% 的速度消费情况下，发展 CCS 是达到全球平均气温增长控制在 2℃ 以内共识目标的必然选择。煤是发展 CCS 的关键原因，来自煤炭的二氧化碳排放占世界总排放的 40%，尽管提高能源效率及新能源技术进步，世界仍然将高度依赖煤炭资源，尤其是对于拥有世界煤炭储量 75% 的五国：美国、俄罗斯、中国、印度及澳大利亚。碳封存是在不威胁地球气候系统基础上继续使用化石能源的唯一选择。

（2）经济成本是 CCS 技术发展的首要问题。经济可行性是 CCS 遇到的巨大挑战之一，如果不考虑碳捕集与封存的额外价值产出，二氧化碳捕获和埋藏的额外成本平均在 40~60 美元/吨 CO_2。在碳捕集方面，CCS 将增加燃煤电厂 1.6~2.4 美分/千瓦时的发电成本、增加燃气发电厂 1.5~2.7 美分/千瓦时的发电成本；在碳运输和封存方面，CCS 将增加燃煤电厂 0.8 美分/千瓦时的发电成本、增加燃气发电厂 0.4 美分/千瓦时的发电成本。虽然 CCS 能显著减少燃煤电厂二氧化碳排放约 85%~90%，但是 CCS 系统也增加燃煤电厂约 15%~30% 的额外能量消耗，带来"能量损失"。将整个碳捕集与封存全过程划分为 IGCC 电站碳捕集、管道运输及强化采油三个部分，中国 CCS 全过程 CO_2 减排成本为 17.688 美元/吨 CO_2，当井口油价超过 14.642 美元/桶时，CCS 减排成本为负值。

（3）技术风险是影响 CCS 技术发展的重要因素。目前对 CCS 技术风险研究主要集中在碳封存的泄漏风险、对地下水质量影响和区域影响，这也是对 CCS 实施政策规制的出发点。学者普遍认为碳封存存在一定技术风险。地下储存 CO_2 的负面效应是存在的，这包括二氧化碳逃逸进入大气、可能造成地下水污染、沉积层或断裂岩石后可能诱发地震、可能造成地面的沉降或升高等。甚至有学者提出大规模向地下注入 CO_2 很可能引发地震，即使中小规模的地震会破坏二氧化碳封存的完整性，所以，大规模 CCS 是具有风险的。对二氧化碳地质封存的多数研究认为，封存二氧化碳其泄漏的是很小的，封存本质上是永久的。

（4）有必要采取政策促进 CCS 技术开发。全球 CCS 技术创新体系建设正处于关键阶段，创业活动、市场培育及资源流动是美国、加拿大、挪威、荷兰和澳大利亚等国家 CCS 技术创新系统普遍存在的功能弱项，这需要直接的政策行动以进一步推动 CCS 技术发展。基于文献研究和英国、德国促进低碳技术的经验，CCS 奖励和 CO_2 定价是促进 CCS 发展最有效的激励政策工具。CCS 技术商业化初期面临的障碍主要原因是市场价格信号的不完善及市场失灵，因此，需要采取相应的政策工具促进 CCS 技术发展，这些政策工具包括：命令和控制工具（强制 CCS）；支持工具（税收优惠、贷款担保等）和生产补贴。

1.3　研究方法、技术路线、创新点与难点

1.3.1　研究方法

（1）理论定性分析和比较研究。本研究运用科学、技术与社会（STS）、技术创新研究及公共管理等学科领域理论，对 CCS 技术发展进行了综合分析。首先，基于政策过程模型，分析了国际气候治理议程设定、初步建立过程。从科学、技术与社会（STS）视角，阐述了 CCS 技术产生的政治与社会原因。其次，基于结构功能主义社会科学研究范式，把 CCS 技术发展看作在社会中的技术创新系统，运用技术创新系统（TIS）理论框架，对中国 CCS 技术创新体系的结构进行了原创性的分析，并运用问卷调查方法，实证研究了 CCS 技术创新系统功能。再次，本研究将大科学工程执行过程看作政策执行过程，利用政策过程阶段模型，对 CCS 大科学工程的概念形成、议程设定、决策及执行等方面进行了案例研究。同时，本研究还运用历史和国际比较方法，梳理 CCS 技术发展历史；通过比较发达国家 CCS 技术发展情况与做法，为中国 CCS 技术发展提供了有效的借鉴与启示。

（2）问卷调研。为深入了解和分析中国 CCS 技术发展情况，本研究制作了《碳捕集与封存技术创新调查问卷》（见附录一），运用选择性抽样方法，选取国内科研机构、

高校及能源企业等单位①直接从事 CCS 技术研究和工程示范的高级专家，进行了专门的问卷调研工作。由于国内 CCS 技术尚处于示范阶段，技术专家在相关技术发展及政策问题上的意见和看法具有指导性。问卷的设计思路为：首先，了解调研对象对技术（CCS、核能、提高能效及节约能源等）控制二氧化碳排放作用的评价。其次，调查问卷设置五分制的李克特量表（含 12 个问题），从而便于调研对象评价中国 CCS 技术创新活动现状。通过问卷整理和分析，本研究比较了技术专家对中国 CCS 技术创新系统七大功能的评价，找到了加快 CCS 技术创新系统建设的功能弱项，为提出政策建议提供了实证基础。再次，通过设置相关政策性问题和开放式问题，收集专家对加快中国 CCS 技术应用的看法和建议。

（3）案例研究、政策情境模拟及社会网络分析。为开展 CCS 大科学工程管理描述研究，本研究选择案例研究方法，分别选取中国、美国正在实施的三项重大 CCS 技术工程，开展工程决策、组织与执行方面的案例研究工作。此外，本研究还基于实物期权模型，对新建燃煤电厂（IGCC 和 PC）捕集项目实物期权价值进行了评估，并对碳交易、碳税及上网电价等政策情境进行了模拟。为对中国、美国参与 CCS 技术创新活动的行动者有清晰的了解和认知，本研究根据全球碳捕集与封存研究院、麻省理工学院 CCS 项目及中国科技部相关数据，在整理中美 CCS 技术示范工程（见附录三、四、五、六）基础上，运用社会网络分析（SNA）②，将两国 CCS 技术示范工程中的行动者网络可视化，开展了 CCS 行动者网络分析和比较。

1.3.2　创新点与难点

碳捕集与封存是国际前沿的新兴能源技术，本研究系统分析了 CCS 技术发展历史、主要国家 CCS 技术创新体系，比较了大科学工程决策与执行案例，基于相关理论提出了发展 CCS 的相关公共政策工具，相关技术路线如图 1.5。本研究的主要创新点与特色体现在以下几方面。

（1）基于技术创新系统理论视角，对中国 CCS 技术创新系统结构和功能进行了实证研究。本研究运用社会网络分析方法，将中国 CCS 技术创新系统结构中的行动者网络可视化，进一步深化了对中国 CCS 技术创新系统结构的理论认知。研究还设计专门调查问卷，实证评估了中国 CCS 技术创新系统的各项功能，针对性地提出了加快中国 CCS 技术创新系统建设的政策建议。

---

① 问卷调研对象为来自以下工作单位的直接从事 CCS 研究的 25 名教授、副教授或教授级工程师、高级工程师：中国科学院工程热物理研究所、中国科学院山西煤化所、清华大学、浙江大学、华中科技大学、中国石油大学、中国矿业大学、中国地质大学、北京林业大学、华能集团、神华集团及中国气象局，其中包括直接从事 CCS 技术示范工程建设的专家、CCS 基础研究方面的专家及相关政策研究专家。
② 本研究社会网络分析通过基于 UCINET 软件实现行动者网络可视化。

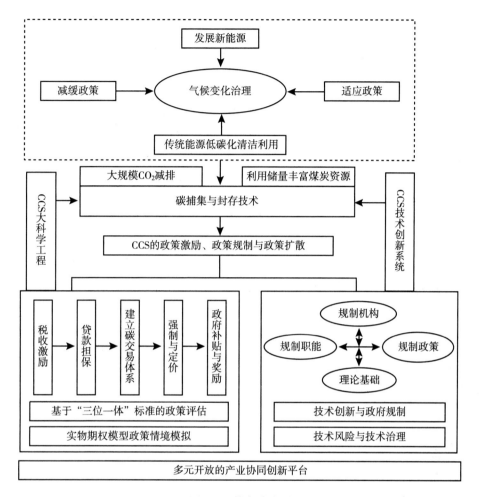

图 1.5　技术路线图

（2）以美国未来煤电工程、加州氢能工程和中国绿色煤电工程等 CCS 大科学工程为对象，对大科学工程决策与执行过程进行案例比较研究。本研究把政策过程理论导入整个大科学工程的生命周期分析，从工程概念形成、议程设定、决策与执行等维度分析比较两个 CCS 大科学工程管理过程，并基于大科学工程执行的五要素模型，总结了大科学工程建设的基本经验和启示。

（3）结合技术创新的政策激励与政府规制，提出了系列激励和规制 CCS 技术发展的公共政策建议。一方面，本研究分析 CCS 技术政策制定的理论基础：克服技术创新系统视角下消除"系统失灵"及低碳技术开发的外部性导致的市场失灵、跨越新技术开发的"死亡之谷"；结合发达国家 CCS 技术政策实践，提出了中国未来促进 CCS 发展的政策工具及选择。本文还基于实物期权模型，对新建燃煤电厂（IGCC 和 PC）捕集项目实物期权价值进行了评估，并对碳交易、碳税及上网电价等政策情境进行了模拟。另一方面，本研究还从 CCS 技术风险和技术治理出发，分析了政府规制在技术创新中的作用，结合发达国家对 CCS 技术政策规制的相关做法，提出了建立中国 CCS 规制体系的初步框架和工具选择。

本研究的难点在于：作为国际前沿典型能源环境技术，CCS 目前处于示范阶段，未进入大规模商业化应用。中国 CCS 技术示范和应用还处于初步发展阶段，尚未大规模实现商业化应用，国内同类研究较少，尤其表现在促进和规制 CCS 发展政策研究方面，缺乏国内相关研究资料和基础。

1.4 小结

当前，全球应对气候变化的非技术方案主要围绕以下路径展开：①气候变化国际政治经济学、国际关系路径；②气候变化的经济学路径；③气候变化的公共政策路径。但是，1995—2012 年间相继进行的十八次《联合国气候变化框架公约》缔约方会议历程表明，各国政府难以就限制温室气体减排、推动气候治理达成普遍政策共识。随着国际气候谈判的失败，国家"气候变化政策"乃至"全球变化政策"也难以得到制定和执行。在国际气候谈判未能达成共识的条件下，技术成为实现气候变化治理的重要可行道路。

发展技术是公共事务治理的重要手段。20 世纪 90 年代末，治理（governance）理论在批判和继承新公共管理和重塑政府理论范式基础上产生，成为公共管理研究的新范式。治理理论视角下，政府、私人部门及非营利组织等不同部门之间可以通过利用特定技术实现对公共事务的有效管理。虽然气候变化科学证据逐渐完善，但是政策响应却取得很少或者没有甚至是相反的减排效果，重视政治和对技术存在偏见是重要原因。气候变化治理的重点开始从强制减排转向发展低碳技术。

碳捕集与封存（CCS）技术具有大规模实现二氧化碳减排的技术特点，同时，也能促进煤炭等化石能源实现"清洁"生产，是保证未来人类长期的巨大能源需求的重要技术选项。CCS 是中国大规模减排的重要技术选项，但由于国内对 CCS 还存在许多支持和反对的意见，中国未来是否大力 CCS 发展依然不明朗，这主要取决于将来的技术突破。当前，中国 CCS 技术面临的主要问题是：技术经济成本高、存在技术风险等。要进一步推进 CCS 技术创新活动，促进技术不断走向成熟和商业化应用。

第 2 章　气候变化治理的制度失效与技术选择

全球气候变化问题成为继臭氧层空洞①之后全球再次共同面临的重大公共问题。自20世纪50年代开始，科学家作为政策倡议者，在提出科学事实基础上，把气候变化问题列入国际气候变化治理议程，推动了全球性气候治理框架的初步建立。从制度设计上来看，虽然全球气候变化治理制度框架成功建立，气候变化治理制度执行却遇到严重的分歧。后京都时代，要实现有效的气候变化治理，还须导入技术路径，迈向技术与制度协同作用的气候变化治理新格局。

2.1　国际气候变化治理制度框架的建立

气候问题成为世界领导人关心的国际议题始于20世纪40年代。第二次世界大战期间，盟军协作利用气象信息、成功实现了诺曼底登陆②。第二次世界大战后，联合国（The United Nations）成立，成为防止战争及促进各国对话的主权国家组成的国际组织。1950年，《世界气象组织公约》正式生效，世界气象组织（World Meteorological Organization）作为联合国下属协调天气、气候和水的专门机构成立并开始运作。

2.1.1　发现气候变化与科学评估（1950—1988）

1896年，瑞典化学家斯凡特·阿伦尼乌斯（Svante Arrhenius）在试图解释冰期与间冰期动力时，提出二氧化碳温室气体效应，并预测出全球变暖趋势。当时，该全球变暖的预测并没有引起太多的注意。直到20世纪50年代科学家才开始测试和研究全球

---

① 臭氧层空洞（ozone depletion）是指地面释放的氟利昂导致地球大气上空平流层的臭氧自20世纪70年代开始发生每年4%的递减现象。由于臭氧层具有阻挡对生物有害的紫外线功能，1987年，在联合国协调下43个国家签订《蒙特利尔破坏臭氧层物质管制议定书》，破坏臭氧层的气体释放趋势得到缓解。

② 第二次世界大战期间，盟军为开辟欧洲西线战场，于1944年6月6日展开诺曼底登陆行动，这是目前为止世界上最大的一次海上登陆作战。

变暖理论。当时，研究者希望建立国际地球物理年（International Geophysical Year, 1957—1958）以促进协调地球物理研究。虽然全球变暖不是国际地球物理年的关注焦点，但是 1956 年美国科学家罗杰·雷维尔（Roger Revelle）在美国国会听证会上以全球变暖为例争取美国国会对会议的资助，成为公开讨论联邦资助全球变暖研究的首位科学家。1960 年，基林（C. D. Keeling）教授提出著名的"基林曲线"（Keeling Curve），证明由化石燃料及其他工业活动产生的 CO_2 正在大气中积聚。随着科学家关注的深入，许多重要的气候变化科学研究项目和机构开始成立，如国家海洋和大气管理局（NOAA）（1970）等。

20 世纪 70 年代，全球变暖再次出现在美国国会政策议程。一方面，60 年代末，科学家发出的关于人类导致气候变化警告出现在流行文献中；从 70 年代开始，著名科学家号召人们关注能源消费中的气候作用。同时，以 1962 年瑞秋·卡尔森（Rachel Carson）出版《寂静的春天》为标志，环境主义产生，增加了人类对环境影响的关注。另外，资助科学研究政策调整是改变科学家在公共场合讨论气候变化的第三个重要因素；60 年代开始，公共官员开始要求获得联邦资助的研究者评估研究的价值，针对公共资助的科学研究给出工具性的理由。1977 年，世界著名科学家、地球工程[①]先驱华勒斯·布勒克（Wallace S. Broecker）提出，由于二氧化碳浓度增加，未来几十年内地球可能处于迅速变暖的边缘。科学家开始针对气候变暖展开广泛的讨论。1979 年，世界第一个气候变暖国际会议——世界气候大会随即召开。

2.1.2　气候治理议程的设定（1988—1992）

议程设定是政策倡议者（policy entrepreneurs）从事的让政策制定者直接关注具体政策问题的活动集合，议程设定的目标是说服政策行动者以具体方式考虑政策问题，政策描述和科学描述是政策议程设定的两种基本工具。作为政策倡议者，科学家以科学描述和政策描述两种方式将气候变化问题列入了政策议程。

20 世纪 80 年代，气候变化已经取得占据美国国会议程的永久地位，1980—2006 年（除 1983 年），美国国会每年都就气候变化问题组织听证。1988 年夏，大范围的严重高温、干旱天气引起了大众媒体的注意，气候变化进入了公众的视野。当年，关于气候变化的政治事件随之发生，NASA 空间研究所主任杰姆斯·汉森（James Hansen）应参议员提姆·沃思（Tim Wirth）的邀请，公开在参议院能源和资源委员会作证：气候变化的信号已经发现，人类活动基本上是主要原因。1988 年 6 月，国际空气变化会议（International Changing Atmosphere Conference）在多伦多召开，号召各国领导人在 1988 年水平基础上，实现到 2005 年减少二氧化碳排放 20% 的目标。但是，工业界和科学界

---

① 地球工程（Geoengineering），又称人工气候改造，是指为稳定地球气候而实施的人工气候改造计划。

的温室气体怀疑者认为不应该过早启动政策议程，并开始一场以强调气候变化不确定性和反面证据的运动。这场科学界的争论导致政府间气候变化专门委员会（IPCC）的产生。

联合国政府间气候变化专门委员会成为影响气候变化治理议程设定的重要平台。联合国大会于 1988 年批准成立 IPCC，作为气候变化科学评估与议程设定的实体。通过征募来自世界范围的数千名科学家，IPCC 成为世界关于气候变化科学信息及其环境、经济社会影响的权威科学与政府间实体。

科学家和环境意见领袖组成的非正式小组是气候变化治理议程设定的重要推力。为推动 1990 年 IPCC 发布气候变化第一次评估报告，700 多名科学家，包括 49 名诺贝尔奖获得者，向布什总统请愿，要求针对气候变暖立即采取措施，防止将下一代置于危险之中；1993 年，1600 名高级科学家联合签署《世界科学家对人类的警告》；1997 年，172 名在世的诺贝尔科学奖获得者中 104 名联合签署《科学家关于京都气候峰会的行动号召》。相比较于其他群体，科学家在气候变化治理议程设定中起着决定性作用。但是，当科学家成功地把气候问题列入气候治理议程后，政治和经济因素开始发挥决定性作用。对于公共决策者，科学的政策建议是基于政治和经济可行性之上，而不是技术特性。

2.1.3　治理框架的初步建立（1992—1997）

在科学家广泛号召、媒体报道及政治动员情况下，联合国于 1990 年成立专门的国际协商委员会（International Negotiating Committee）起草气候政策框架。1992 年，里约热内卢举行的地球峰会上，154 个国家政府签署《联合国气候变化框架公约》（表 2.1），以稳定大气中温室气体的浓度，达到气候系统稳定的相应水平。截至 2009 年，该条约缔约方已达 192 个国家或地区。《联合国气候变化框架公约》的签订标志着气候变化治理迈出重大步伐。此后，《联合国气候变化框架公约》缔约方自 1995 年起每年召开缔约方会议（Conferences of the Parties，COPs）以评估应对气候变化的进展，定义和延伸气候变化政策。

1995 年，第一届缔约方会议在柏林召开。虽然美国反对国际强制二氧化碳减排，支持国家志愿减排，多数缔约方仍然同意建立强制减排的时间过程；届时，免除发展中国家新的减排义务也得到了同意，"柏林授权"（Berlin Mandate）为三年后《京都议定书》奠定了基础。1996 年，在日内瓦召开的第二届缔约方会议明确至少十五个发达国家为世界一半的温室气体减排负责。会上，美国代表、国务院副国务卿提姆·沃思提出以建立国际排放交易体系作为美国接受强制限制减排和时间框架的条件。为回应克林顿政府气候变化行动，美国国内批评者开始反对提出的强制减排和绩效标准。1997 年 7 月，美国参议院以 95 票赞成 0 票反对票数通过伯瑞德 – 海格尔决议（Byrd-Hagel Resolution），指出美国在京都会议中不会签订任何协定，除非发展中国家实行强制减排。

表 2.1　《联合国气候变化框架公约》十八次缔约方会议（1995—2012）

时间	会议名称	地点	会议成果	会议分歧或事件
1995	第一届缔约方会议	德国柏林	多数缔约方同意建立强制减排的时间过程；免除发展中国家新的减排义务	美国反对国际强制减排
1996	第二届缔约方会议	瑞士日内瓦	至少十五个发达国家为世界一半的温室气体减排负责	美国以建立国际排放交易体系作为接受强制限制减排和时间框架的条件；美国参议院通过Byrd-Hagel决议
1997	第三届缔约方会议	日本京都	签署《京都议定书》	
1998	第四届缔约方会议	阿根廷布宜诺斯艾利斯	承诺在两年内建立温室气体减排检测和执行机制；在排放交易规则、清洁发展机制等取得进步	同年，克林顿政府签署《京都议定书》
1999	第五届缔约方会议	德国波恩	以技术会议为主	京都机制；强制减排违规后果；碳封存信用；援助发展中国家
2000	第六届缔约方会议	荷兰海牙	未达成任何协议，中止会议	伞型国家与欧盟、77国集团、中国发生分歧
2001	第六届缔约方会议	德国波恩	在流动机制、碳汇、遵守规则及融资方面达成协议	2001年3月，布什政府宣布退出《京都议定书》；美国作为观察员身份参加缔约方会议
2001	第七届缔约方会议	摩洛哥马拉喀什	在国际排放交易运行规则等方面达成协议；宣布议定书准备开始执行	
2002	第八届缔约方会议	印度新德里	号召发达国家向发展中国家转移技术	俄罗斯犹豫
2003	第九届缔约方会议	意大利米兰	同意使用适应基金支持发展中国家适应气候变化；评估非附件国家报告	
2004	第十届缔约方会议	阿根廷布宜诺斯艾利斯	促进发展中国家适应气候变化；讨论后京都机制问题	俄罗斯通过《京都议定书》，议定书于2005年2月16日开始强制生效
2005	第十一届缔约方会议	加拿大蒙特利尔	延长京都议定书期限；讨论深度减排	

续表

时间	会议名称	地点	会议成果	会议分歧或事件
2006	第十二届缔约方会议	肯尼亚内罗毕	通过支持发展中国家适应气候变化五年计划	
2007	第十三届缔约方会议	印度尼西亚巴厘岛	通过巴厘路线图,两年内完成2012年后全球应对气候变化新安排谈判	
2008	第十四届缔约方会议	波兰波兹南	成立基金资助最贫穷国家应对气候变化;将保护森林整合进入应对气候变化	
2009	第十五届缔约方会议	丹麦哥本哈根	会议达成无约束力协议	未达成长期限制减排协议,2012年《京都议定书》到期后,全球将没有共同文件约束温室气体排放
2010	第十六届缔约方会议	墨西哥坎昆	无进展	
2011	第十七届缔约方会议	南非德班		加拿大宣布退出《京都议定书》
2012	第十八次缔约方会议	卡塔尔多哈	通过决议确定2013—2020年为《京都议定书》第二承诺期	除美国外,加拿大、日本、新西兰和俄罗斯等国明确不参加第二承诺期。如果算上印度、巴西等大型非发达国家继续实施"自行减排"的政策,未来第二期承诺实施强制减排国家不到20%

注: 作者根据缔约方会议资料整理而成。

1997 年 12 月,第三届缔约方会议在京都召开,包括美国在内的 84 国签署《京都议定书》(2005 年 2 月 16 日开始强制生效)。《京都议定书》要求 39 个工业化国家(附件 B)在 1990 年基础上到 2012 年减排 5%,美国同意①减排 7%,欧盟同意集体减排 8%,日本同意减排 6%。《京都议定书》还制订了促进各国实施减排的一系列的灵活机制,如国家排放交易、共同执行及清洁发展机制,从而鼓励发达国家向发展中国家提供金融和技术援助,实现二氧化碳减排。

———————

① 美国虽然签署条约,但克林顿政府、布什政府、奥巴马政府都未将条约提交国会批准。

2.2 气候变化治理分歧与权变

自联合国气候变化框架公约第七次缔约方会议宣布议定书准备开始执行以来，国际气候治理制度在执行中，但始终由于大国之间政治、经济利益博弈而进展缓慢。这种国际气候变化治理的制度路径，充满大国之间的分歧和权变。

首先，美国在气候变化治理执行中态度消极，影响和阻碍国际气候变化治理整体进程。1997 年，美国参议院以 95 票赞成 0 票反对通过美国对于气候变化基本立场的纲领性文件：伯瑞德－海格尔决议（Byrd-Hagel Resolution），该文件要求在发展中国家缔约方不承诺减排义务或者协定严重危害美国经济的条件下，美国不得签署《联合国气候变化框架公约》（1992）及有关协定。1998 年，克林顿政府宣布不把《京都议定书》提交美国参议院批准。2001 年，布什政府执政后，宣布退出《京都议定书》，以观察员身份参加缔约方会议。关于《京都议定书》执行规则及调整的争论存在于国际谈判中，缔约方国家仍然从自身贸易和发展角度出发，强调议定书的经济影响。布什政府虽然于 2002 年宣布自愿气候减排方案（到 2012 年国内产品单位排放减少 18%），但是整体排放水平依然高于 1990 年的 30%，美国推出自愿减排方案，阻碍了《京都议定书》的执行。美国联邦政府在气候变化研究方面投入资金远远超过其他国家，但是并没有根据气候变化科学结论采取政治行动。

2.2.1 美国气候变化治理：转向积极，进展缓慢

奥巴马政府上台以后，联邦政府气候变化政策转向积极应对。奥巴马主张"总量控制－交易"（Cap-and-Trade）控制温室气体排放。相对于奥巴马政府以前联邦政府对于气候变化政策采取消极的政策立场，美国各州及城市地方政府对于气候变化表现了更为积极的行动与政策。美国采取自底向上的气候变化减缓政策，地方政府、州政府等联邦以下的政策行动可以把美国 2020 年的排放水平稳定在 2010 年。美国城市政府在应对气候变化中有很多政策行动。美国 1026 个城市的市长参与"美国气候保护协议市长大会"，承诺要在 1990 年的基础上至少减排 5%。一些州政府为找到经济有效的气候政策主动承担起"民主实验室"的重任。加利福尼亚是美国各州中第一批通过重要气候立法的州，它在 2006 年通过《全球变暖解决方案法案》（*Global Warming Solutions Act*），要求包括石油和天然气冶炼和运输在内的主要产业进行大幅减排。

但从气候变化治理的利益集团理论视角来看，美国在推进气候变化治理进程中的作用有限。在美国政策制定过程中，利益相关方组成利益集团，在国会议员和总统之间为各自利益空间竞相博弈。美国利益集团分为三类，即传统产业利益集团、新兴产业利益集团和公益性利益集团，对于气候政策问题上的态度和立场具有较大差异性；

认为石化行业利益集团不反对限制排放，但反对政策对石化行业的发展加以限制；给总统候选人和国会议员候选人政治献金、游说官员、制造舆论是美国利益集团影响气候政策的主要途径。在小布什执政期间，由于代表石化集团的利益，拒绝签署《京都议定书》。奥巴马政府气候变化政策转向背后的深层次原因在于美国两党政治及利益集团的复杂博弈。

此外，虽然日本、加拿大和澳大利亚等"伞形国家"随着先后批准《京都议定书》，"伞形国家"一定程度上瓦解，但是"伞形国家"仍然以美国为首、立场一致，在全球气候变化治理进程中态度缺乏独立性。

2.2.2　欧盟气候变化治理：领导力渐失，内部分化

欧盟作为气候谈判的发起者，是推动气候变化谈判最重要的政治力量，可以说，在国际气候变化治理框架建立初期，欧盟是全球公认的世界应对气候变化问题的领导者。总体上，欧盟已达成在 2020 年以前温室气体总体排放量在 1990 年基础上减少20%的决议。在区域层面，欧盟已经建立欧盟排放贸易体系（EU-ETS）。欧盟大力推进应对气候变化进程，符合欧盟政治上的战略利益。欧盟是全球气候变化领域的"旗手"，在节能减排立法、政策和技术方面一直处于领先地位。自 20 世纪 90 年代以来，欧盟一直致力于发挥全球领导作用，欧盟通过"欧盟气候变化计划"及其他相关计划的财政预算拨款来支持欧盟各国采取应对行动；后京都时代欧盟气候政策领导力将面临美国领导力崛起、内部成员协调等挑战。

2008 年以后，欧盟气候变化领导力呈现减弱趋势，推进国际气候变化治理显得力不从心。这是由于在宏观经济上，欧盟受到经济危机的冲击，债务危机缠身，经济陷入长期衰退，短时期内难以恢复。对碳排放严格管制、牺牲经济增长的气候治理面临的尴尬困境是，能源成本高涨、制造业等产业竞争力下滑、经济短期内难以复苏，欧盟成员国内部之间分歧严重，决策者原来强硬的气候变化立场开始松动。2014 年，欧盟重新规划的排放目标，力图在 2030 年之前将温室气体排放量削减40%，但是这一目标一经提出便引起成员国之间的巨大争议。可以预见，未来欧盟气候变化治理分化在所难免。

2.2.3　发展中国家气候变化治理：困难重重

发展中国家在气候治理及其框架建立、执行中面临许多挑战性问题。基于程序正义的要求，发展中国家应该完全参与气候治理公共决策过程。但是对于许多发展中国家，尤其是较小的和贫穷国家，他们在国际舞台上拥有较少的资源和话语权准备气候谈判及评估。发展中国家减缓和适应气候变化资源缺乏表现在：应对气候变化技术和设备的水平低；缺乏减缓和适应气候变化的投资。但是对于一些发展中国家在应对气

候变化效应时表现得非常脆弱，包括低洼和小岛屿国家、低洼沿海地区、干旱和半干旱地区或易受洪水地区、干旱和荒漠化的国家及具有脆弱的山区生态系统的发展中国家。把这些发展中国家利益考虑进入气候治理框架是难题。

2.3 导入技术、走向协同治理是国际气候治理之道

从国际气候变化治理制度执行的艰难历程可以看出，在今后长时期范围内，国际社会达成有效的气候变化治理执行结果或者形成可实施的国际协议，还需要走漫长的道路，甚至付出很大的努力。在缺乏一个可实施的国际减排协议的情况下，如果仅仅等待而无所作为，就会减少我们及时采取实质性拯救方案以防止气候变化重大灾难的机会。在当前外部缺少一个可实施的制度框架下，从集体行动的理论视角看，个体乃至组织自愿减少温室气体排放的可能性很低。除依靠全球气候变化治理制度的集体行动外，发展技术是突破当前国际气候变化治理格局中困境的优先选项。

2.3.1 协同治理是解决气候问题的理论架构

随着全球化的深入推进，以气候变化等为代表的全球性公共问题成为摆在公共管理研究者面前的重大问题。以协同为路径的公共管理是解决全球性公共问题的理想模式。面对日益复杂的公共事务，协同与网络路径是使公共管理进入多组织、多部门运行的新战略。在协同治理构架下，政府作为重要的参与主体（并不是唯一主体），与其他治理主体共同建立治理网络。协同治理（collaborative governance）已经成为取代政策制定与执行管理主义范式的新的治理模式，冲突合作历史、对利益相关者参与的激励、权力资源不平衡、领导力及制度设计是影响协同治理成效的关键因素。对于鱼塘、草场、森林、湖泊、地下水资源等共有池塘资源类公共产品，自主治理是可能的，自主治理也是公共事务治理的一种方法。

2.3.1.1 协同治理的内涵界定

仅单纯依靠政府机构并不能完全有效地解决和处理日益复杂多变的公共事务问题，这一命题已经成为近年来国际公共管理学术界的普遍共识。21 世纪以来，协同治理逐渐成为理论界流行的词汇，也是当前公共管理理论研究的前沿热点主题。协同治理是针对特定复杂公共事务问题，政府组织与社会组织（非营利组织）、企业、媒体及公众等治理主体之间通过建立正式的、跨部门的协同关系，从而实现复杂公共事务有效治理、共同治理的一种制度安排。

协同治理的对象是复杂公共问题。当今世界，全球面临的许多复杂公共事务问题都已经或正在通过政府、非营利组织及企业等主体之间的协同治理来实现有效治理，例如全球气候变化、防治艾滋病、打击恐怖主义等。协同治理是有效应对环境和社会

挑战的共同趋势，是全球性的趋势，没有替代方案。协同治理属于公共治理范畴，而不是企业公司治理领域。如果按照政府以外的社会公共力量的参与程度对治理活动进行层次分类，治理可以分为以下六个层次：无参与、告知、咨询、协同治理及授权治理（把治理最终决策权授权给政府以外的公共力量）。可见，协同治理是公共治理活动的高级阶段。协同治理是正式的制度安排。协同治理主体之间应当形成长效、稳定的治理制度设计和安排。公共组织之间的非正式、非制度化的合作活动，不应当视为协同治理模式下的活动。协同治理是跨政府部门、跨组织的制度安排。协同治理涉及政府、社会组织、企业、媒体及公众等多元治理主体。只有实现跨部门、跨组织之间的协同合作，才能发挥多元治理的协同效应。

2.3.1.2　协同治理的基本特征

（1）治理主体多元协同合作。相比较于政府管理单一主体，协同治理主体更为广泛。协同治理主体是所有参与公共事务并发挥作用的公共组织，这些公共组织既有政府部门、立法机构、司法机构等大政府组织机构，也有地方、中央层级的其他公共组织。政府组织是协同治理主体的发起者甚至是主导者、领导者，其他非政府公共组织是协同治理的参与者。在公共治理活动中，协同治理包括三类主体协同模式：①政府组织之间的协同合作，即行政部门之间协同合作、行政部门与立法、司法部门之间的协同合作；②政府组织与非政府公共组织之间的跨部门协同合作，这是协同治理理论研究的焦点问题；③政府、非政府组织等公共组织与企业组织之间的公私协同合作关系。

（2）治理手段、效果复合性。在治理手段上，协同治理强调各种治理手段的综合运用，既包括传统的行政手段，也积极引入经济、法律、文化及科技手段。针对具体问题，采用综合治理手段，才能实现复杂公共事务的长效治理、"标本兼治"。现代社会，技术应该也是协同治理的重要工具。历史上来看，技术一直是传统公共事务治理的重要手段。15 世纪，以活字印刷术为标志的早期信息技术促进了知识的广泛传播。21 世纪以来，以互联网为代表的信息技术进步催生了基于互联网信息的治理，有效推进了公共治理的多元化、透明化，提升了公共管理的公共价值和精神。同时，协同治理还体现了治理效果的复合性，不仅仅注意经济效果，还综合考虑社会等其他方面的影响。

（3）治理组织形态网络化、扁平化。在组织形态方面，协同治理主要采用扁平化、网络化等组织形式，实现治理活动的高效、协同。虽然政府行政组织的主要形式还是传统的官僚科层制组织模式，但是，自 20 世纪新公共管理运动以来，官僚科层制机械、僵化的组织效果饱受学界的批判，一些新的反官僚科层制的组织模式被引入到公共管理活动中。正是基于官僚科层制组织革新的理念，针对治理主体协作关系，协同治理倾向于高效率、弹性化的组织形态，实现政府与非政府公共组织之间的良性协同合作。

2.3.2　技术在协同治理中的重要功能与作用

除一般制度软途径以外，技术在公共事务协同治理中发挥着工具性、基础性、普遍性的线性推动功能。技术在公共事务协同治理中的积极作用突出地表现在公共事务的电子治理现象。这种现象是指治理主体利用信息技术手段，有效推动政府公共治理活动，达成善治目标。例如，20世纪90年代以来，信息技术发展突飞猛进，信息技术逐渐渗透并深入到政府公共管理之中，引发公共管理变革，尤其是在电子政务领域，在制度推进无效或乏力的条件下，充分运用技术手段，能迅速推进政府管理信息化、透明化，从而促进政府与社会的有效互动。同样，针对气候变化问题，国际社会、主权国家及政府也可以充分运用技术工具，将技术与制度协同使用，达到技术与制度的协同治理境界。可以说，导入技术的协同治理模式，是当今世界政府管理创新的新型模式选择，也可以称之为协同公共管理模式。

虽然气候变化科学证据逐渐完善，但是政策响应却取得很少或者是没有，甚至是相反的减排效果，重视政治和对技术存在偏见是重要原因。在国际气候谈判未能达成共识条件的下，技术成为实现气候变化治理的重要可行道路。

2.3.2.1　技术与协同治理

技术进步与公共事务协同治理的关系包含两个层面的内容：一是通过发展技术，把技术作为协同治理的手段，利用技术实现公共事务协同治理；二是把技术作为治理的对象。

一方面，利用技术是实现协同治理是公共部门、私人部门及社会行动者在一定空间内发展知识基础、促进社会融合和竞争的路径与政策体系。协同治理理论视角下，政府、私人部门及非营利组织等不同部门之间可以通过利用特定技术从而实现对公共事务的有效管理。通过全球技术治理，发展中国家把科学研究和技术创新作为经济政策的核心，发达国家增加为发展中国家相关问题的研发投入，从而实现联合国千年发展目标。技术进步将是未来公共治理发展和创新的基本途径。

另一方面，随着科技发展带来的风险和社会问题逐渐产生，技术与治理的关系表现还为对这些问题实现协同治理即对科学技术风险等问题的治理。治理概念起源于北美政治学与公共管理学研究，欧洲将该概念引入作为国家与社会、公共部门与私人部门管理的战略，在此理念的推动下，科技领域治理概念是指对科学技术产生风险、不确定性等问题的管理。自2001年以来，国际社会已经达成广泛共识：要将温室气体浓度稳定在 $450\sim750$ ppm[①] 的减排目标，必须实施技术创新、大规模采用温室气体减排技术。在发展技术治理气候变化的同时，也应该关注技术本身带来的风险与问题。虽然

----

① 　ppm $= 10^{-6}$。

核能、碳捕集与封存、风能及地质工程是减少碳排放的四条重要技术路径，但是由于技术本身的风险及其引发的社会争议，各国及国际社会在发展技术的同时，还应该关注技术风险治理。

2.3.2.2　技术是气候变化协同治理的战略工具

技术是公共事务治理的基础工具，始终发挥着线性推动作用。在公共治理进程中，制度创新和技术创新往往不是同步进行的。制度创新在遭遇到阻力后，会出现倒退的情况，制度创新的社会实践具有反复性，例如一些国家政治制度历史经常出现调头、反复。技术创新则不一样，由于科技革命线性发展带来的强大驱动力，技术创新推动下的公共治理活动是不可逆的，具有一贯性、长期性特点。技术创新往往会形成倒逼制度创新的力量，同制度创新一起，推进公共治理进程不断走向善治。2004 年，在韩国汉城（首尔）召开的第二十六届行政学国际会议，以"电子治理——给民主、行政和法律带来的机遇和挑战"为主题，指出电子治理不仅仅是信息技术在公共事务中的简单应用，而是涉及公众如何影响政府、立法机关以及公共管理过程的一系列活动。

2.4　小结

在现行的国际气候变化治理中，由于国际社会及公众舆论过于关注国际气候谈判和公约，存在单纯依靠制度或政策手段的思想，从深层次上忽视技术在气候变化治理中的重要作用。后京都时代，国际气候变化治理应该逐步走出"以制度为主"的思路，迈入技术与制度协同作用的发展时期。走技术与制度的协同治理道路是国际气候变化治理战略转型的关键。

第3章 碳捕集与封存：气候治理的重要选项

当进入治理议程后，气候变化问题已经不再是单纯的科学问题，而是涉及各国政治、经济利益的复杂议题。1995—2012年，十八次《联合国气候变化框架公约》缔约方会议表明，通过气候变化谈判，制定长期温室气体限制减排政策难以实现气候变化的长效治理。因此，气候变化治理的重点应该开始从强制减排转向发展低碳技术。作为气候治理重要技术选项，碳捕集与封存（CCS）自20世纪70年代理念产生以来，经历了从基础科学研究、技术实施、技术示范等发展阶段。化石能源行业的政治影响力、逐年增长的反对煤使用的公众舆论、国际组织及科学组织的推动是CCS进入国际气候治理主流技术选项的重要政治社会原因。

3.1 后京都时代气候协同治理技术选择

后京都时代，减缓气候变化仍然是国际社会应对气候变化的重要目标。减缓气候变化要求在确定未来可排放温室气体总量的前提下采取多种手段减少人为的二氧化碳等温室气体排放。《联合国气候变化框架公约》第16次缔约国大会批准了把全球平均气温上升控制在2℃的目标，这意味着需要在2050年前将人为排放的CO_2等温室气体量保持在450ppm水平。技术安排与制度安排是人类达到控制温室气体排放目标的两种基本途径。在当前气候治理框架下，全球性气候治理制度尚未建立。要实现二氧化碳大规模减排，发展应对气候变化的相关技术是解决气候变化问题的当务之急。随着2009年哥本哈根气候大会没有达成温室气体长期减排共识，气候治理的重点开始从强制减排转向低碳发展，治理技术将是低碳发展的核心内容。

3.1.1 气候变化治理的五大技术选项

应对全球气候变化，需要人类采取系列的减缓与适应行动。伴随着世界人口增长及发展中国家工业化、城市化进程的加速，人类对于以化石燃料为主体的能源需求还将持续上涨。在未来可预见的时期内，全球温室气体排放量仍会呈上升趋势。据联合国人口基金统计，全世界人口于2011年10月31日达到70亿，世界人口从10亿增长到20亿用了一个多世纪，从20亿增长到30亿用了32年，从60亿人口增长到70亿人口不过12年。未来世界人口增长的趋势下，化石能源需求将持续增长，实现全球气温上升控制在2℃以内的碳减排目标将面临巨大压力和考验。

为减缓气候变化，人类至少能采取四种减少二氧化碳排放的路径：①减少对传统能源的使用；②增加低碳能源使用；③捕集生产过程中的二氧化碳、实现地质封存或利用；④生物固碳。因此，提高能源效率和节约能源、电力和石油等工业生产的低碳化、碳捕集与封存、核能、可再生能源（风能、太阳能等）、碳汇是未来稳定全球气候的基本技术选项。由于全球能源系统及能源需求庞大，人类能源生产已经深深地依赖于化石能源，气候治理技术选项中，"没有银弹"——没有单一选项能实现未来二氧化碳减排目标。这些技术选项中没有理想的唯一管道途径，每一技术选项都已经用于工业生产，今后50年需要继续扩大规模使用这些技术选项，才能实现全球碳排放稳定。

3.1.1.1　节约能源与提高能源效率

节约能源与提高能效是通过直接或间接方式降低人类能源消费从而直接达到减少CO_2排放的气候治理目标。节约能源与提高能效是相互作用的两种途径，提高能效的目的是实现能源节约。能源效率是能源利用过程中能源输出量与能源输入量之间的比率；在发电及能源终端使用部门中还存在提升能效的机会，包括运输业、制造业、电力行业、建筑节能（室内空气调节）等。科学家预测到2054年，全世界将有20亿辆汽车（是目前汽车数量的4倍），以目前每年平均行使1万英里[①]计算，如果每耗1加仑[②]燃油汽车所行驶的英里数（MPG）从30英里增加到60英里，能实现部分稳定碳排放楔子目标（即到2054年碳排放率减少1亿吨/年）。2000年，燃煤电厂平均发电效率为32%，产生世界1/4的二氧化碳排放量（1.7亿吨/年，全世界排放量为6.2亿吨/年）；提高燃煤电厂发电效率，对于有效减少碳排放具有重要作用。在节约能源方面，提倡低碳、节能的生活方式有利于碳减排目标的实现。总之，节约能源与提高能效是达到稳定碳排放楔子的最具有潜力的途径，但是相比较于其他减排途径，节约能源与提高能效选项是不太切实的。在既定技术水平条件下，能源效率从较低水平提升到峰值往往需要数十年甚至上百年的时间。

3.1.1.2　新能源

新能源是包括生物质能源、太阳能、风能、地热能及潮汐能等可再生能源技术。

---

① 1英里=1.609344千米。
② 1加仑（美）=3.785011升。

生物质能源虽然能为发电厂或运输业生产碳中性的燃料，但是由光合作用带来的生物质能能源密度太低（约相当于煤炭热值的1/3），难以实现长期、稳定利用。此外，生物质能大量利用主要粮食（如玉米、黄豆）进行生产，对全球粮食安全产生影响，例如联合国呼吁美国立即暂停政府指令的乙醇生产生物燃料，防止重演2008年粮食危机。据相关研究，如果全球1兆瓦风机增加200万台（即风能规模比目前增加50倍），将实现部分稳定碳排放楔子目标（即到2054年碳排放率减少1亿吨/年）；太阳能规模发展到700倍于目前规模也能实现部分稳定碳排放楔子目标。虽然新可再生能源在世界能源总消费中为增速最快的能源载体，但新能源市场规模扩大能力有限。2000—2013年，OECD国家与中国太阳能、风能等可再生能源年平均消费总量为1040ktoe[①]，仅为OECD国家与中国煤炭年平均消费总量的1/70左右（OECD与中国煤炭年平均消费为78207 ktoe，见附录二）。此外，新能源技术往往能量密度低、能量供应具有间歇性，难以满足大规模工业生产的需要。目前，除水能以外的大部分可再生能源都具有间歇性，产生不能稳定供电的特性，其经济性还不够理想，存在一定的隐形成本，推广普及难度较大。

3.1.1.3 核能

发展核聚变与裂变产生的核能也是实现稳定碳排放的途径之一。如果在2054年核能产生相当于700万千瓦的煤发电能力，需要将目前核能发电规模增加到两倍。2011年，日本9.0级地震引发海啸导致的核泄漏危机增加了公众对核能安全利用的担心，一些国家政府重新审视核能政策（如德国宣布2022年前关闭所有核电站）。扩大规模的核能利用需要恢复公众对核安全、核肥料处理的信心。以核裂变方式实现气候稳定的主要问题在于核燃料，目前世界核能主要以铀−235为原料；但据研究，该原料储量难以满足长期能源政策的需要，核聚变将是未来长期核能来源渠道。在没有突破性的研究进步和核废料处理条件下，核聚变和裂变都不可能在稳定气候中发挥重要作用。

3.1.1.4 碳汇

碳汇（carbon sink）是指利用森林、草地、耕地或海洋中的植物及生物进行的光合作用，吸收大气中的CO_2并将其固定在植被或土壤中，实现从空气中清除CO_2的一种过程、活动与机制。森林和自然草地转换为耕地之后，土壤中存储的一半二氧化碳将释放到大气中。树木实现CO_2转换的时间是约7年。利用土壤和树木实现生物固碳的能力是有限的。

3.1.1.5 碳捕集与封存

碳捕集与封存技术既实现了温室气体减排，又不影响人类利用传统化石能源（如煤）以满足日益增长的能源需求。目前，发展碳捕集与封存技术，做好CCS技术储备

---

① ktoe：千吨石油当量。

是未来采取气候变化行动的保证。煤仍然是全球可靠的、廉价的主要能源类型，尤其是对于美国、中国、印度、澳大利亚等煤电大国。根据能源信息署预测，到 2030 年，煤炭在世界发电总量中比例为 41%，依然占据发电的主体地位。如果不实施碳捕集与封存等先进的清洁煤利用技术，未来大规模温室气体减排目标将难以实现。

3.1.2　碳捕集与封存技术环节

减缓和适应变化的气候是当今国际社会应对气候变化的基本内容。减缓气候变化需要在确定未来可排放温室气体总量的前提下采取多种手段减少人为的 CO_2 等温室气体排放。《联合国气候变化框架公约》第 16 次缔约国大会批准把全球平均气温上升控制在 2℃ 的目标，这意味着需要在 2050 年前将人为排放的 CO_2 等温室气体量保持在 450ppm 水平。国际能源署提出了一系列未来减少温室气体排放的途径，包括碳捕集与储存、可再生能源、核能、发电及转换效率等；指出在未来十年内成本收益最高的减排途径是提高能源效率，十年以后，风能、太阳能、生物质能源等可再生能源将发挥更显著的作用，2025—2030 年间，碳捕集与储存将显示更多的竞争力，到 2050 年，CCS 技术至少起到 19% 的减排效益，远远大于可再生能源温室气体减排成效，并三倍于核能。

碳捕集与封存技术是由目前已经投入商业运营的关键技术组合构成，这些技术环节包括：二氧化碳捕集、运输、注入和封存、利用等。事实上，早期的碳捕集与封存活动并非起源于人们对气候变化的关心，而是为了获得更为经济的 CO_2 来源，尤其是将 CO_2 用于油田以增加石油的流动性及产量。

二氧化碳捕集是 CCS 技术的第一步。碳捕集主要功能是将 CO_2 分离并压缩成液体以便于运输和封存。20 世纪 70 年代末至 80 年代初为提高石油采收率（EOR），美国建设了数座 CO_2 商业化捕集工厂。一座 500 兆瓦的燃煤发电厂将产生平均每天约 10000 吨二氧化碳。目前，从大规模工业设备及发电厂捕集二氧化碳主要有三种途径：①燃烧后捕集；②燃烧前捕捉；③富氧燃料捕集。对于发电厂，目前商业化的 CO_2 捕集系统能达到 85% ~ 95% 的捕集效率。

二氧化碳运输技术是利用火车、卡车及管道的方式将捕集后的 CO_2 运输到封存地点，采取管道运输是目前最经济的大规模 CO_2 运输方式。美国目前拥有的二氧化碳管道超过 3400 英里，其主要功能是将二氧化碳运输到得克萨斯油田和墨西哥湾沿岸地区以提高油田采收率。

二氧化碳地质封存主要通过将二氧化碳封存于枯竭的石油和天然气藏、盐水层、不可开采煤层及深海实现。提高石油采收率（EOR）是目前 CCS 注入和封存环节的主要途径。利用提高石油采收率技术，将二氧化碳注入地质结构中，最早开始于 1972 年，该技术已经发展成为一项成熟技术。2000 年，全球拥有约 84 座投入运营的 CO_2

EOR 商业化或技术示范工程；美国作为该项技术的领导者，拥有 72 项同类工程。

二氧化碳利用是指将捕集后的 CO_2 应用于石油开采、机械加工、化工、消防、食品加工和生物养殖等行业。例如 EOR 技术可提高石油资源的利用率和石油产量，是目前 CCS 技术商业化的主要渠道。CO_2 资源利用是中国在发展 CCS 技术中强调的重点环节，中国将 CCS 技术称为"碳捕集、封存与利用"。在中国的推动下，2012 年举行的第十一届碳捕集与封存年度大会名称改为碳捕集、封存与利用大会（CCUS），首次将利用提升到重要位置。中国相关专家甚至指出，"全球二氧化碳减排不应是 CCS，应是 CCU"。

当前，由于 CCS 技术还处于技术示范阶段，具有不确定性、高成本性特征。该技术的不确定性体现在：一方面，对于全球气候变化及采取相应行动具有不确定性；另一方面，该技术投资带来的成本收益具有不确定性。此外，该技术在应用过程中，会形成一定程度上的能量损失，提高发电成本。CCS 技术应用中还存在一定的潜在风险，包括封存后二氧化碳泄漏对环境、健康造成的潜在影响。

3.2 主要国家的碳捕集与封存技术发展

2008 年金融危机以后，国际社会高度重视发展以碳捕集与封存为代表的新兴清洁能源开发利用，尤其是发达国家纷纷将目光转向新兴清洁能源，在实现低碳经济转型的同时，开辟新的经济增长点、创造更多的就业岗位。随着主要国家技术创新投入，新兴清洁能源技术创新进程加快，新兴清洁能源技术成本和相应产品价格也将逐步降低。为掌握未来技术优势，美国、欧盟、加拿大等发达国家都投入大量资金开展 CCS 研发和示范活动，试图尽早掌握该技术，以实现在控制本国排放和全球产业竞争中占得先机。

3.2.1 中国发展 CCS 的必要性

能源是社会赖以生存和发展的重要物质资源，也是关系国家安全的战略性资源。中国能源消费和生产的刚性结构决定中国将长期依赖煤炭等化石能源资源。虽然 OECD 国家已基本进入油气发展时代，但是中国仍然并将长期处于煤炭时代。这是由中国能源生产和消费结构决定的。据中国国家统计局数据，1978—2012 年，煤在中国能源生产总量平均比例为 74.13%，煤在中国能源消费总量平均比例为 72.3%（表 3.1）。作为世界上最大的煤炭消费国，2020 年中国煤炭需求预计在 2009 年基础上增长 30%，超过 2850 Mtce，出现缓慢下降，并稳定在 2800 Mtce 的水平。未来中国持续大规模使用化石能源是不可避免的。煤现在是、将来（直到 2050 年或更晚）仍是中国能源的主力，这是无法改变的现实。相比较于石油、天然气储量，中国拥有丰富的煤炭资源。目前，中国探明煤炭储量为 1145 亿吨，占世界总量的 14%（中国石油储量仅占世界总量的 1.93%；中国天然气储量仅占世界总量的 1.33%）。

表 3.1　中国能源消费和生产总量的结构（1978—2012）

单位：%

年份	原煤产量占能源生产总量的比重	原油产量占能源生产总量的比重	天然气产量占能源生产总量的比重	煤炭消费量占能源消费总量的比重	天然气消费量占能源消费总量的比重	石油消费量占能源消费总量的比重
1978	70.3	23.7	2.9	70.7	3.2	22.7
1979	70.2	23.5	3	71.3	3.3	21.8
1980	69.4	23.8	3	72.2	3.1	20.7
1981	70.2	22.9	2.7	72.7	2.8	20
1982	71.3	21.8	2.4	73.7	2.5	18.9
1983	71.6	21.3	2.3	74.2	2.4	18.1
1984	72.4	21	2.1	75.3	2.4	17.4
1985	72.8	20.9	2	75.8	2.2	17.1
1986	72.4	21.2	2.1	75.8	2.3	17.2
1987	72.6	21	2	76.2	2.1	17
1988	73.1	20.4	2	76.2	2.1	17
1989	74.1	19.3	2	76.1	2.1	17.1
1990	74.2	19	2	76.2	2.1	16.6
1991	74.1	19.2	2	76.1	2	17.1
1992	74.3	18.9	2	75.7	1.9	17.5
1993	74	18.7	2	74.7	1.9	18.2
1994	74.6	17.6	1.9	75	1.9	17.4
1995	75.3	16.6	1.9	74.6	1.8	17.5
1996	75	16.9	2	73.5	1.8	18.7
1997	74.3	17.2	2.1	71.4	1.8	20.4
1998	73.3	17.7	2.2	70.9	1.8	20.8
1999	73.9	17.3	2.5	70.6	2	21.5
2000	73.2	17.2	2.7	69.2	2.2	22.2
2001	73	16.3	2.8	68.3	2.4	21.8
2002	73.5	15.8	2.9	68	2.4	22.3
2003	76.2	14.1	2.7	69.8	2.5	21.2
2004	77.1	12.8	2.8	69.5	2.5	21.3
2005	77.6	12	3	70.8	2.6	19.8

年份	原煤产量占能源生产总量的比重	原油产量占能源生产总量的比重	天然气产量占能源生产总量的比重	煤炭消费量占能源消费总量的比重	天然气消费量占能源消费总量的比重	石油消费量占能源消费总量的比重
2006	77.8	11.3	3.4	71.1	2.9	19.3
2007	77.7	10.8	3.7	71.1	3.3	18.8
2008	76.8	10.5	4.09	70.3	3.7	18.3
2009	77.3	9.9	4.1	70.4	3.9	17.9
2010	76.6	9.8	4.2	68	4.4	19
2011	77.8	9.1	4.3	68.4	5	18.6
2012	76.5	8.9	4.3	66.6	5.2	18.8

数据来源：中国国家统计局。

　　作为世界上人口最多的国家和煤炭消费大国，中国目前煤炭消费约占世界煤炭总消费的一半。根据 EIU 能源数据和笔者分析，中国煤炭消费占国内能源消费总量的比例始终远远高于其他国家，约 60%。从中国和 OECD 国家煤炭燃烧导致的二氧化碳排放比较中可以看出，在 1990—2013 年的 24 年内，中国已是煤炭燃烧平均排放第一位的国家，煤炭燃烧每年平均排放二氧化碳达到 36.70 亿吨（美国为 19.50 亿吨，位居第二，见附录二）。受到未来经济稳定增长、工业化及城市化的影响，长期来看，中国能源需求将持续增长。这对中国应对气候变化、达到设定的二氧化碳减排目标形成了巨大挑战[①]。2000—2013 年间，中国 GDP 平均增长率为 9.86%；而 OECD 国家 GDP 平均增长率仅为 2.08%（见附录二），中国未来经济增长势头是非常良好的。在全球气候变化治理情境下，CCS 技术既能使中国利用丰富的煤炭资源以满足日益增长的能源需求，又能实现大规模的二氧化碳减排。在二氧化碳减排诸多选项之中，碳捕集与封存将是中国减排的最大贡献者之一。

　　由碳捕集带来的额外能源消耗是未来中国发展 CCS 需要注意的因素。中国作为煤电大国，目前技术尚不成熟的条件下，如果将 CCS 应用于煤电厂将增加能耗，从而提高发电成本。中国还需要加强对该技术的研究和开发，着力降低能耗，实现能源利用和碳减排的双重战略目标。

---

　　① 尽管中国在《京都议定书》中属于自愿减排国家，但是为了积极应对气候变化，中国国务院设定了二氧化碳减排目标：到 2020 年，二氧化碳单位 GDP 排放在 2005 年水平上减少 40%~45%。

3.2.2　美国：CCS 技术开发的主导者

2009 年，奥巴马政府上台后，改变了布什政府在气候变化治理中的消极态度，致力于在清洁能源问题上重新领导世界。抢占清洁能源科技制高点是奥巴马政府政策的立足点，力图通过开发利用清洁能源来领导一场史无前例的革命。CCS 不仅在中国能源发展中具有重要地位，对于美国等煤炭消费大国也具有同样的重要意义。2013 年，美国化石能源行业碳排放达到 51.84 亿吨，从历史上来看，美国化石能源行业长期是世界化石能源二氧化碳排放的"大户"（图 3.1）。其中，煤炭是占美国近 40% 的碳排放来源，美国拥有世界 25% 以上份额的煤储藏量。从 2000—2013 年美国煤炭二氧化碳排放数据可知，美国煤炭二氧化碳排放占世界煤炭碳排放总量的 18.11%，居世界第二位。艰巨而严峻的煤炭二氧化碳减排任务，是美国主导发展 CCS 技术的必然原因。

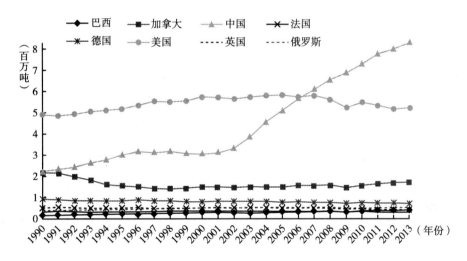

图 3.1　主要国家化石能源行业二氧化碳排放折线图（1990—2013）

3.2.3　欧盟：CCS 技术的积极行动者

作为世界新能源和可再生能源的发源地，欧盟是世界新能源发展最快的地区之一。欧盟在积极发展新能源，这是由地区内部和外部特点决定的。首先，欧盟化石能源资源匮乏，对外依赖度日益增加，但由于中东等地缘政治不稳定，冲击欧盟能源安全和稳定，发展新能源是欧盟的必然选择。其次，欧洲是世界上平均海拔最低的地区，气候变化带来的海平面上升势必威胁欧洲沿海经济发展、人口工业集中的区域。

在引领低碳发展潮流的趋势下，欧盟一直以来是碳捕集与封存技术研发的先驱。2014 年，欧盟议会全体会议表决通过《2013 年欧洲推广应用碳捕集与封存技术执行报告》，其中赞成票 524 张，反对票 141 张，弃权票 25 张，强调可再生能源和碳捕集与封存技术的同等重要性，而不是竞争关系。欧盟致力于在低碳技术领域保持全球领先水平。

3.3 碳捕集与封存：从科学理念到国际共识

现代技术是技术设计者与社会相互作用的产物，这种作用关系不是技术决定论，也不是社会决定论，而是两者的结合。全球应对气候变化背景下，能源环境技术与社会相互作用，催生了碳捕集与封存技术。作为减缓气候变化的重要选项之一，碳捕集与封存技术从理念产生到国际社会的广泛接受经历了较长的时间过程。根据一般技术发展的线性模式（即：基础研究—应用研究—试验与开发），碳捕集与封存技术发展史经历了三个重要发展阶段。

3.3.1 CCS 理念及基础科学研究论证

20 世纪 70—90 年代，CCS 处于理念产生及基础科学研究论证阶段。将化石燃料燃烧产生的二氧化碳收集并储存到海洋或地下的理念最早产生于 20 世纪 70 年代。但是直到 80 年代中期，随着科学共同体和政策制定者对气候变化的广泛关注，碳捕集与封存的相关研究工作才深入开展。90 年代初期，国际能源署设立温室气体研究与开发项目，在推动 CCS 相关科学研究方面起到了重要作用。1996 年，世界第一项碳捕集与封存工程在挪威史雷谱尼（Sleipnir）开始实施。这一阶段，能源领域的少数技术专家推动相关技术试验论证工作，这些工作相对偏离气候变化主流科学界。国际能源署在 90 年代中期对气候变化持谨慎态度，相关 CCS 技术工作只是作为气候变化如果是真正问题时候的相关工作。IPCC 也对将 CCS 作为减缓气候变化的途径持犹豫态度。1995 年，IPCC第二次评估报告并未将 CCS 列入推荐的减缓气候变化选项。1997 年，美国联邦政府也开始把 CCS 技术作为减少温室气体排放的重要技术，美国能源部当年投入 100 万美元研发经费到 CCS 项目。90 年代末，随着相关技术试验工程的开展，CCS 相关法律、规制及社会接受度等问题也开始受到关注。

3.3.2 进入气候治理框架及技术实施

2000—2007 年，CCS 进入气候变化治理框架及技术实施阶段。2000 年，《联合国气候变化框架公约》研讨会正式提出把 CCS 作为全球气候变化政策下缓解化石能源生产者潜在损失的重要技术；为此，2001 年在摩洛哥举行的《联合国气候变化框架公约》UNFCCC（COP-7）正式批准要求 IPCC 针对 CCS 汇编相关技术文件。为响应《联合国气候变化框架公约》的邀请，IPCC 随后开始了 CCS 相关报告的工作。政治因素在 CCS 评估报告工作中占据重要地位。一方面，CCS 初期评估工作主要由包括美国、澳大利亚、加拿大及沙特阿拉伯等国家强力主导，这是因为这些国家国内拥有强大的煤或石油利益集团，他们希望通过 IPCC 推动 CCS 以维持经济方式的持续性；另一方面，在 2001 年布什总统拒绝签署《京都议定书》的背景下，CCS 报告可能成为一条打破国际气候变化政策僵局的路线。

基于美国国内政治气候及能源战略的需要，布什政府也开始把发展 CCS 作为应对气候变化的重要选项，倡导大力发展 CCS 技术及示范工程，形成了 CCS 技术进入气候变化治理框架的驱动力。面对全球气候变化问题成为国际社会的焦点问题，虽然美国加入了《联合国气候变化公约》（1992），但仍然是工业化国家中唯一未签署《京都议定书》的主要工业国家。美国联邦政府应对气候变化的项目主要集中于气候变化科学研究及减排技术开发。据美国科学院相关评论指出，尽管气候变化科学项目投入了 17 亿美元的年度研究经费，推动了对气候变化的科学理解，但在支撑决策方面欠缺有效性。联邦政府应对气候变化的战略焦点集中于气候变化技术而不是气候政策。此外，从美国国内政治格局来看，碳捕集与封存技术创造了煤发电行业及相关州参与应对气候变化的途径。2003 年，布什政府宣布将建设世界上最大的 CCS 工程（FutureGen），并设立碳捕集领导人论坛，号召发展中国家与发达国家政府推动发展 CCS 技术。

2005 年，IPCC 发布 CCS 专项报告，把 CCS 作为减缓气候变化的重要技术选项，直接推动了 CCS 进入气候变化主流领域。德国、荷兰、英国及欧盟相继提出了发展 CCS 技术的相关政治行动（表 3.2）。2007 年，IPCC 发布的第四次综合评估报告中，CCS 被列入能源行业减缓气候变化的关键技术，CCS 技术在全世界范围内进入了大规模技术与工程示范阶段。

表 3.2　各国加入 CCS 政治行动时间表[86]

CCS 早期行动国家 （20 世纪 90 年代末）	CCS 初期行动国家 （21 世纪初）	CCS 行动国家 （2005—2008）
挪威	澳大利亚 加拿大 美国	德国 荷兰 英国 欧盟 中国

3.3.3　技术示范工程建设与内涵延伸

2008 年至今，CCS 大规模技术示范工程建设与内涵延伸阶段。2008 年，八国集团①

---

① 八国集团成员包括英国、法国、德国、美国、日本、意大利、加拿大和俄罗斯八个国家。

（G8）峰会设定于2010年建成20座全流程CCS示范项目，并在2020年前大规模应用CCS，CCS进入了大规模技术示范工程建设阶段，全球CCS技术示范工程数量迅速增长（图3.2）。随着全球CCS示范工程建设的深入开展，2009年，联合国框架之外的推动CCS研究和工程建设的国际组织——全球碳捕集与封存研究院成立。除CCS技术示范工程的开展外，CCS内涵也不断延伸。中国在开展CCS示范工程的同时，还倡导二氧化碳资源化利用，从而降低碳捕集和封存的成本，创造新的产品和就业机会，二氧化碳利用理念也发展成为CCS的重要技术内容。2010年，坎昆世界气候大会（COP16/CMP6）通过了将地质形式的CCS作为清洁发展机制（CDM）项目活动。

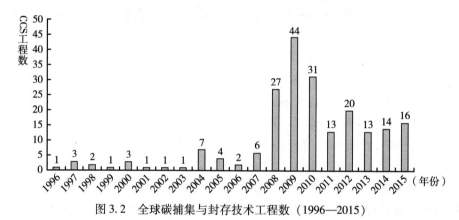

图3.2　全球碳捕集与封存技术工程数（1996—2015）

作者整理，数据来源：NETL's Carbon Capture and Storage Database，时间：2012/3/16

3.4　CCS成为气候治理选项的政治社会原因

科学技术与政治的关系是科学、技术与社会（STS）研究的重要主题。早期相关研究倾向于科学技术的政治价值中立说，认为科学是与政治无关的或者科学应该与政治分离。第二次世界大战以后，以核能技术及生物技术商业化利用为代表的科学活动日益渗透到社会各领域，科学与政治的关系也开始得到重新审视。"人工制品确实拥有政治品质，技术是世界构建秩序的方式。"从委托代理理论和契约关系理论视角来看，清洁能源技术作为国家需求的战略新兴技术，与政治之间体现出一种委托—代理关系。以化石能源行业相关的政治主体是清洁能源技术的资助者和委托者，科学技术共同体是代理者，清洁能源技术是在与政治、社会有效互动中发展的。

3.4.1　化石能源行业的政治影响力

CCS的产生为化石能源行业应对气候变化提供了直接的机会。2000—2013年间，美国化石能源碳排放占世界化石能源碳排放的平均比例为 21.64%，位居世界化石能源碳排放的第一位（见附录二）。其中，煤电行业一直是二氧化碳排放大户，是应对气候变化的重要能源行业。虽然气候变化存在不确定性，但随着世界能源需求的增长，通过能源技术创新提高能源效率是未来世界能源清洁利用的必然战略选择。通过发展 CCS 技术，化石能源行业在未来减缓气候变化治理进程中获得了新的发展前景，因为 CCS 可以改变化石能源作为二氧化碳排放主要来源的"被动"地位，让化石能源（尤其是煤）依然能在限制碳排放的未来发挥作用。在这样的背景下，美国化石能源行业对 CCS 的投资和兴趣逐渐增长，重视发展 CCS 以应对气候变化。

在 CCS 还未进入气候治理框架之前的 20 世纪 80—90 年代，许多美国化石能源行业代表公开反对气候变化理论，批判气候变化科学，积极支持对人类引起气候变化理论不确定性和缺点的研究和行动。随着 90 年代中后期气候变化科学共识的增强，一些化石能源行业开始转变否认气候变化的态度，同时，增加了对 CCS 研究和开发的投资。美国石油天然气公司开始对二氧化碳地质封存感兴趣，一方面，因为他们熟悉地下储藏和 CO_2 注入技术和过程。另一方面，二氧化碳地质封存与石油天然气公司已经掌握的提高石油采收率（EOR）技术直接相关，把二氧化碳封存与 EOR 结合既降低 CCS 成本，又为石油天然气公司带来一定的商业收益。如果 CCS 成为现实，将对煤电厂产生最大影响；但是相比较于石油天然气行业，美国煤炭企业参与 CCS 研发速度较慢，能力也相对有限。

煤在美国具有强大的政治影响力。美国 50% 的电力生产来源于煤发电，许多人和地区从事煤开采、煤炭运输及燃煤电厂的运营。煤炭行业的规模及美国对煤的依赖程度是美国在制定限制碳排放政策犹豫的决定性因素。从政治角度看，对于煤占据地区经济主体的中西部州（怀俄明、西弗吉尼亚、肯塔基、宾夕法尼亚等），其政治代言人或领导人始终对气候变化立法表示强烈的关注。加之，美国给予各州在国家政治代议体系中相当大的权力，这种煤非正式联盟具有巨大的影响力。因此，对于煤炭依赖的州及其政治代表（参议员及众议院议员等），CCS 提供了在限制碳排放的未来煤炭行业发展的潜在前景。

利益集团及其游说组织在推动 CCS 发展中发挥了重要作用。麦迪逊在《联邦党人文集》中认为政治中的派系和团体将危及团体外的个人和团体利益。由于利益集团在美国政治生活中不可避免，允许社会存在多种利益集团的多元主义成为解决团体政治的答案。通常，活动在美国能源与政策领域的游说组织包括三种类型：第一，商业企业及其行业协会（trade association），他们以企业利润为核心、关注开发美国能源及其他自然资源；第二，非营利公共利益集团，即非营利组织（not-for profit），他们一般以相关共有的环境哲学为原则，资金来源于基金会资助或公共募捐；第三，专业研究与政府组织，由相关问题的专业人士组成。来自美国从事 EOR 的石油天然气公司、煤炭生产企业及煤电公司组成了推动 CCS 发展的"能源政策支持联盟",他们把 CCS 看作是在限制温室气体排放时的必要生存手段;这个"能源政策支持联盟"还包括化石能源生产州的选举官员、州石油天然气规制部门及联邦美国能源部。在国会参议院 4 位议员和 1 位众议院议员支持下,2011 年由相关机构发起国家提高石油采收率行动(National Enhanced Oil Recovery Initiative),公开向国会建议采取联邦生产税优惠政策,以促进碳捕集与封存工程的商业化。

3.4.2　逐年增长的反对煤的公众舆论

尽管煤具有强大的政治影响力,但是美国公众反对燃煤电厂继续大规模使用煤的情绪持续增长。2000—2005 年间,电力公司计划建设超过 150 座燃煤电厂,但是到 2007 年末,仅有 10 座燃煤电厂建成,25 座电厂还在建设中;2007 年间,59 座燃煤电厂建设计划取消或延迟。对气候变化的担心在 15 座燃煤电厂建设计划取消中发挥主要作用。2007 年 4 月,美国最高法院规定将二氧化碳列入污染物,授权环境保护署有权规制二氧化碳排放。2008 年夏,佐治亚州富尔顿县法官依据美国最高法院的规定,裁定燃煤电厂必须拿到二氧化碳排放许可才能建设。鉴于公众的反对,包括佛罗里达、加利福尼亚、佐治亚、堪萨斯等州都宣布新建燃煤电厂必须建设 CCS。

"没有 CCS 就没有煤"成为煤炭行业回应公众对"清洁煤"质疑的新的方式。"清洁煤"概念原来是指减少煤燃烧过程中粉尘、二氧化硫及重金属排放的技术,现在主要指是碳捕集与封存技术。清洁煤概念的最初提出,体现了美国对协调未来环境、经济发展的关心,但是由于许多产业支持的信息行动没有提供实质的信息解释"清洁煤",导致"清洁煤"概念逐渐遭到公众质疑。2008 年 12 月,田纳西金斯顿电厂发生了美国历史上最大的煤炭粉尘泄漏,引起公众对煤使用的环境负面效应的关注;环保主义者指出这次事故再次证明"清洁煤"根本不存在。这样的背景下,作为新的"清洁煤"概念,CCS 在公众反对煤过程中起到了调和与替代作用。随后,一些反对煤倡议者开始认为可以把发展 CCS 作为暂停煤电厂的替代选择,号召"除非建设 CCS,否则没有新建燃煤电厂"。为响应"没有 CCS 就没有煤"的号召,新建燃煤电厂方案都增加了 CCS 预留的计划,渐进地开展了 CCS 燃煤电厂建设。

环保组织也是影响和推动 CCS 发展的重要利益相关者。环保组织往往通过政治游说和公众教育在影响公共决策者和公众方面发挥独特作用。对于 CCS,虽然美国许多环保组织没有表示支持或反对,但是自然资源保护委员会(Natural Resources Defense Council)对 CCS 技术发展持赞成态度。总体看来,美国环保组织对 CCS 采取了广泛的接受态度。

3.4.3 国际组织及科学组织的推动

为改变美国在国际气候治理中扮演的"阻碍者"角色，美国凭借在技术创新的领先地位，成为致力于发挥以技术应对气候变化的技术领导者。在国际互动与国内政治气候下，美国政府选择与包括中国在内的国家开展国际能源合作，大力投资和推动CCS 技术发展。2003 年，在 2005 年 IPCC 发布 CCS 专项报告之前，布什政府发起碳封存领导人论坛，以此作为 CCS 信息交流的国际平台。碳封存领导人论坛初期成员包括了中国、印度和南非等新兴经济体国家在内。

国际组织在推动 CCS 发展中发挥了重要作用。国际能源署是推动 CCS 的国际组织中的先锋。在 OPEC 石油禁运的影响下，OECD 国家于 1974 年成立了国际能源署（IEA）。国际能源署目前已经发展成为全球能源发展的咨询机构，尤其是在减缓气候变化与可持续发展等主题方面。IEA 于 1991 年成立专门的温室气体研究和开发项目（IEA GHG）。作为第一个关注 CCS 的国际机构，IEA GHG 组织召开了第一次 CCS 国际会议；通过主办《温室气体控制国际期刊》，促进 CCS 科研交流；每年定期举办国际CCS 暑期学校。从 2003 年起，IEA 开始了 CCS 推动工作；一方面，出版了 CCS 建模及基础数据的书籍；另一方面，自 2006 年起，CCS 也开始每年出现在国际能源署权威能源咨询报告——《世界能源观察》重点内容中。此外，成立于 2009 年的全球碳捕集与封存研究院（GCCSI）也是推动 CCS 技术示范与商业化的专门国际组织。作为总部位于澳大利亚堪培拉的非营利组织，全球碳捕集与封存研究院以每年 1 亿澳元的预算从事 CCS 咨询与组织工作。

科学共同体也是影响 CCS 发展的重要方向力量。科学共同体通过科学研究评估及专业组织直接或间接地影响政府资助的重点及国家层面减缓气候变化的论述。2005 年，IPCC 发布 CCS 专项报告，推动了 CCS 概念在国际气候治理内的合法化，并综合评估了CCS 技术减排潜力和挑战。随着国际气候治理过程中政治挑战的凸显，科学家开始将CCS 看作新的行动路径。CCS 被视为是减缓气候变化技术选项中的一项技术。奥巴马总统科学顾问 John P. Holdren 也是倡导联邦政府增加包括 CCS 技术在内的能源技术资助的支持者。他在哈佛大学任教期间还主持了美国与中国科技部、中国科学院的 CCS技术发展研讨会，倡导中美相关机构的研究合作。

3.5 小结

自 20 世纪 50 年代开始，科学家作为政策倡议者，在提出科学事实基础上，以科学描述和政策描述两种方式把气候变化问题列入气候变化治理议程，推动了全球性气候治理框架的初步建立。政府间气候变化专门委员会成为影响气候变化治理议程设定的重要平台。科学家和环境意见领袖组成的非正式小组是气候变化治理议程设定的重要补充。当科学家成功把气候问题列入气候治理议程后，政治和经济因素开始发挥决定性作用。气候变化治理执行过程充满着分歧与权变。自《联合国气候变化框架公约》第七次缔约方会议宣布议定书准备开始执行以来，气候治理在执行初期进展缓慢。2001年，布什政府执政后，宣布退出《京都议定书》，以观察员身份参加缔约方会议。发展中国家在气候治理及其框架建立、执行中面临许多挑战性问题。

后京都时代，要实现二氧化碳大规模减排，发展应对气候变化的相关技术是解决气候变化问题的当务之急。气候治理技术选项包括：①节约能源与提高能效；②新能源；③核能；④碳汇；⑤碳捕集与封存。由于全球能源系统及能源需求庞大，人类能源生产已经深深地依赖于化石能源，因此，气候治理技术选项中，"没有银弹"——没有单一选项能实现未来二氧化碳减排目标。

自20世纪70年代科学理念产生以来，碳捕集与封存（CCS）经历了基础科学研究论证、技术实施、技术示范工程建设等三个重要发展阶段。碳捕集与封存技术之所以从科学理念迅速发展成为国际气候治理选项的共识，除技术本身优越性外，重要的政治社会因素在于：发达国家化石能源行业的政治影响力、发达国家社会出现逐年增长的反对煤使用的公众舆论、国际组织及科学组织的推动。

中国能源消费结构决定中国将长期依赖煤炭资源。未来中国持续大规模使用化石能源是不可避免的。煤现在是、将来（直到2050年或更晚）仍是中国能源的主力，这是无法改变的现实。如果欠缺煤的大规模清洁利用，势必将对中国应对气候变化、达到设定的二氧化碳减排目标形成了巨大挑战。发展CCS技术，促进煤的清洁利用和清洁能源技术创新，是中国未来迎接能源和环境挑战、推进可持续发展的必然选择。建设有效的CCS技术创新系统是促进CCS技术开发和应用的先导路径。

第4章 清洁能源技术创新系统的
结构与功能

科技创新实践活动证明，非技术因素已经远远超过技术因素，成为技术创新及其产业化的重要障碍。在技术创新系统（technological innovation system）视角下，技术创新的成功实现不仅仅取决于科学家和工程技术人员，更重要的是，由社会、经济和政治等因素内在链接形成的社会技术系统（social-technical system）直接影响着技术进步。研究清洁能源技术创新活动，不仅要从技术本身出发，还要分析技术以外的创新系统因素。

4.1 技术创新系统理论的溯源与本质内涵

著名美籍奥地利经济学家熊彼特（J. A. Schumpeter）最早对"创新"概念进行理论诠释，他认为创新是一种新的生产组合，包括五种执行组合的情况：采用新产品、引进新的生产方法、开辟新市场、控制原料供应来源、实现工业组织化等。熊彼特强调创新是经济增长的内生因素，是经济发展的核心，非连续均匀群聚式地出现创新导致了经济周期性波动和商业循环。继20世纪初熊彼特提出创新理论以后[①]，逐渐形成了创新研究的系列理论研究范式。

4.1.1 从创新系统理论范式理解技术创新

第二次世界大战以来，传统的对科学知识转化为技术的理论理解是基于线性创新模式的。线性创新模式由万尼瓦尔·布什于1954年提出，线性创新模式认为创新活动是线性的过程，由研究开始，再过渡到应用研究，最终进入商业化应用的过程。但是，近几十年来，线性创新模式在解释现代的创新活动中显出了不足之处，单纯的技术推

---

① 熊彼特在《经济发展理论》中首次提出创新理论，该书于1912年以德文发表，后于1934年由哈佛大学列为《哈佛经济丛书（第46卷）》英译本译出。

动和市场拉动解释并不能完全追踪创新扩散的轨迹。越来越多的学者开始认为在理解创新扩散中不应该仅仅考虑到经济系统，还应该分析影响技术创新活动的社会系统。尤其是对于新兴技术的发展，逐渐形成的社会网络导致集体创新评估，社会系统结构会促进或阻碍系统中创新的扩散。一系列的理解创新扩散的系统模式随之产生，包括国家创新系统（national systems of innovation），区域创新系统（regional innovation systems），产业创新系统（sectoral systems of innovation）和技术创新系统（technological innovation systems）。创新系统范式普遍认为知识和技术通过行动者在创新过程中的互动、社会网络而流动。

创新系统研究模式强调创新的效率取决于创新主体互动的效率而非单个的个体绩效。创新系统的研究成果集中体现于国家创新系统引入与实践应用。受 19 世纪经济学家李斯特（Georg Friedrich List）"政治经济国家系统"理论的影响，伦德沃尔（Bengt-Ake Lundvall）是第一位使用"国家创新系统"的学者。但英国经济学家弗里曼（Chris Freeman）是国家创新系统研究的引领者，1987 年，他在其专著《技术政策与经济运行：来自日本的经验》书中提出"国家创新系统"，指出了国家创新系统的开创性定义："一个主权国家内的公共部门和私人部门中各种机构组成的网络，这些机构的活动和相互作用促进了新技术和组织模式的开发、引进、改进和扩散"。"国家创新系统可以被定义为由公共部门和私营部门的各种机构组成的网络，这些机构的活动和相互作用决定了一个国家扩散知识和技术的能力，并影响国家的创新表现"（OECD，1999）。自此以后，国家创新系统框架被用于许多国家研究，最成功的是韩国 20 世纪末的经济增长的解释。

马克·道奇森（Mark Dodgson）利用国家创新系统的理论框架分析了中国台湾与韩国的国家创新体系，提出面临全球创新变革背景下亚洲地区国家创新系统的适应性与刚性。区域创新系统作为国家创新系统的延伸，逐渐成为研究热点。1992 年，英国学者库克（Philp Nicholas Cook）较早提出区域创新系统理论，他认为区域创新系统是由在地理上相互分工与关联的生产企业、研究机构和高校等构成的区域性组织体系，而这种体系支持并产生创新。威格（Wiig）认为，区域创新系统在定义上可以看作是与国家创新系统类似的概念。阿什海姆（Asheim）等认为区域创新系统具有两个核心特征：区域高度集聚的企业、制度基础设施，基于此，提出了区域创新系统的三种模式：嵌入的区域创新网络、区域网络创新系统、国家创新系统的区域化。

CCS 技术创新本质上属于能源技术创新活动。全球化时代，能源技术创新已经不再受到国家、地区的边界限制，动态开展于复杂的组织系统中，因此，国家创新系统、区域创新系统和产业创新系统框架难以完全评估能源技术开发成功和失败的原因及方式。技术创新系统路径为正确评估能源技术系统提供重要机会。

4.1.2　技术创新系统的三大结构性部件

技术创新系统是指为发展特定的技术，相关行动者在基于相关制度基础上形成的互动和相互作用的关系。分析技术创新系统的结构部件是研究创新系统的第一步。技术创新系统结构包括三大基本组成部分：制度、行动者网络、技术发展。有些学者认为行动者、网络及制度是技术创新系统的结构部件。有些学者在评估英国 CCS 技术创新系统时则认为制度基础、行动者网络及技术发展是技术创新系统的结构部件。有些学者从社会技术视角出发认为技术现状、论述及行动者网络是主要的维度。尽管技术创新系统强调创新活动中非技术因素的重要性，但是技术因素本身不应该被排除在技术创新系统研究中，否则，这样的系统分析是不完全的。考虑到 CCS 技术特征及发展阶段，本研究认为制度、行动者网络及技术发展是技术创新系统的基本结构部件。

4.1.2.1　制度

制度是技术创新系统结构的重要部件。因为技术创新不仅仅是由企业开发的，而是在一定的社会制度框架中塑造的。事实上，近年来，制度理论是创新系统研究路径的直接理论来源。制度是人为设计的对人类活动的结构性制约，包括正式制约方式（如规则、法律和宪法），也包括非正式的制约（行为规范、传统及自我强加的行为准则）及其执行特征。20 世纪 80 年代，在研究日本成功实现技术赶超时，学术界认为日本通产省发起的社会与制度变革促进了日本技术创新成功。随着不同领域科学技术变革，制度结构也应该实现变革，因为没有任何制度安排是一劳永逸的。著名的"李约瑟之谜"（Needham Puzzle）[①] 也揭示了制度是推动科学技术发展的动力和保障。新制度经济学也认为，以往人们所认识到的经济增长的原因，如技术进步、投资增加、专业化和分工等并不是经济增长的原因，而是经济增长本身。经济增长的原因只能到引起这些现象的制度因素中寻找。新制度经济学认为制度创新决定技术创新，好的制度选择会促进技术创新，不好的制度选择会遏制技术创新的发展或使其偏离正确的轨道。

4.1.2.2　行动者网络

如果从企业微观视角看，企业技术创新活动往往在创新过程中围绕企业形成各种正式和非正式合作关系结构，即企业创新网络。从宏观技术创新层面，在技术创新系统内部，技术开发通常涉及多种行动者，包括技术开发者、技术采用者、技术规制者，

[①]　中国学界常常把"李约瑟之谜"理解为对于"中国近代科学为什么落后"这一历史现象，众多学者的观点大致分为：文化原因论、地理环境原因、制度原因等。李约瑟博士（1900—1995）是研究中国科学技术史的英国专家，以撰著多卷本的《中国的科学与文明》（中文通常译作《中国科学技术史》）著称于世。

行动者不仅创造和利用技术，还规制技术发展。行动者网络的力量与组成对于技术发展的成功具有重要意义。

4.1.2.3 技术发展

基础科学研究、研究和开发、示范、应用（RDD&D）是新技术发展经历的基本过程。因此，新技术发展过程可划分为以下几个基本阶段（表4.1）：

表 4.1 中国新兴技术发展四阶段及其主要行动者[108]

阶段	定义与活动描述	主要行动者
基础科学研究	在学术机构主导下，开展基础研究和实验；以相对较低成本进行实验探索，确定技术应用研究要求，制定技术发展路线图，估测应用成本及商业可行性	中国科学院系统；高校
研究和开发	沿着技术路线图，开展应用研究和系统整合；展开先导试验示范，重新定义技术建设和运行成本及商业可行性	中国科学院系统；高校；中央政府部门下属研究机构；地方政府部门下属研究机构；军队系统研究机构
示范	工业规模技术初步执行，通常在政府和产业界合作资助下完成，主要任务是评估和改进设计、建设及运营过程，在预算水平上定义建设和运营成本	企业；大学；中科院系统；中央政府部门下属研究机构；地方政府部门下属研究机构；军队系统研究机构
应用	企业大规模采用新技术，在公司经营层面进行成本和收益分析	企业

（1）基础科学研究。基础科学研究是科技创新活动的起点，是科技创新的源泉。该阶段创新活动的主要行动者是大学和科研机构，创新活动的形式主要表现为：基础科学理论发现，创新产出衡量指标是论文。

（2）研究和开发阶段（R&D）。主要任务是探索技术细节。研究和开发是科技创新活动的中间关键环节，在创新价值链中起着承上启下的链接作用。该阶段创新活动的主要行动者是企业、大学和科研机构，创新活动形式表现为技术应用研究，新技术、工艺及流程的发明、创造，创新产出衡量指标是技术专利。

（3）技术示范。主要任务是测试新技术。技术示范是新兴技术走向成熟的过渡阶段，一旦示范成功，技术将很快走向商业化应用进程。

（4）技术应用与商业化。技术应用及商业化阶段是科技创新活动的目标和归宿，主要任务是大规模采用新技术、实现技术商业化应用。该阶段创新活动的主要行动者应该是企业，创新活动形式表现为科技成果转化、科技服务与推广，创新产出衡量指标是科技创新的经济效益。

4.1.3　技术创新系统顺畅运行的七大功能

分析技术创新系统结构之后，开展创新系统功能评估，才能找出技术创新系统功能弱项，以此作为制定公共政策的出发点，以提高技术创新系统的效率和有效性。研究技术创新系统功能的完善程度是分析创新系统在各关键过程的表现。尤其是对于科学技术分析者，评估创新系统功能的"好"与"坏"对于促进技术创新系统的良好运行是十分必要的。基于技术创新系统研究的一般共识，本研究将从以下七个维度评估技术创新系统功能：创业试验活动、知识发展、知识扩散、市场指导、市场培育、资源流动及技术合法化（表4.2）。

表4.2　技术创新系统功能定义与评价指标[103,109]

技术创新系统功能	定义	指标
F1:创业试验活动	由技术创业者开展的包括技术商业化试验、研究和开发、技术示范及建立新企业的活动	新技术开发者数量;技术示范工程活动数量;新技术企业数量
F2:知识发展	通过研究和开发投入进行的基础研究、技术突破活动,是创新的先决条件	研究和开发;专利;学术论文;研发投资
F3:知识扩散	知识和技术在创新主体之间转移的过程	科研和技术研讨会数量;行动者网络的规模
F4:市场指导	通过政策指导为新的技术投资者提供的促进其投资与预期的引导	针对具体技术政府和产业界提出的发展目标;产品价格或税收政策;规制压力;未来产业增长预期和潜力
F5:市场培育	通过新技术应用和政策干预形成的新市场空间	新形成市场数量、类型和规模;市场培育的动力
F6:资源流动	通过政府、风险投资或金融企业投入的人力资本和金融资本投资	资本和风险资本总量;人力资源总量和质量;后备资源数量和质量
F7:技术合法化	政府、支持联盟及公众对技术提供的技术支持,以应对相关行动者对技术的抵制	对于技术的公众态度;公众论述;政府研究和开发项目支持;支持联盟与政策支持

4.2 美国 CCS 技术创新系统的结构组成分析

依托世界上最先进的能源技术基础，美国拥有领先的 CCS 技术创新系统，这不仅表现在技术占有方面，还体现在制度基础建设方面。

4.2.1 美国 CCS 技术开发的制度基础

美国采取以技术驱动的自愿减排放模式应对气候变化为 CCS 技术创新奠定了坚实的制度基础。美国拥有强大科学研究和技术基础，在应对气候变化方面将焦点更多关注于气候减缓技术而不是气候政策。尽管美国国会和相关州提出了许多限制温室气体排放的草案，但是国会通过全国性的气候政策依然不明朗。采取从"技术路径"应对气候变化，美国非常重视发展气候技术。尤其是美国投入巨大的研究和开发经费支持 CCS 技术开发。尽管布什政府（2001—2009）拒绝签署《京都议定书》并表示该议定书是"不现实的、不断紧缩的紧箍咒"，但是布什政府对 CCS 技术给予了持续的政治支持。2003 年，布什总统宣布启动"未来煤电工程"，作为布什政府气候变化项目的基石。奥巴马上台后，将清洁能源视为政府提供清洁能源、创造就业和碳减排的重要途径。奥巴马政府建立专门的碳捕集与封存工作组，该工作组由 14 个行政部门和联邦机构组成致力于加速 CCS 技术的商业化进程。

清洁煤行动、碳封存项目及碳封存区域伙伴的设立为美国 CCS 研究和开发提供了长期制度支持。为识别碳封存区域测试机会，七大碳封存区域伙伴（Regional Carbon Sequestration Partnerships）在美国能源部的支持下于 2003 年成立（图 4.1）。七大碳封存区域伙伴的职能是确定 CO_2 地质封存最好的方法以保障应用相关技术安全地、永久地实现 CO_2 封存。碳封存区域伙伴是由超过 350 个组织、覆盖 42 个州和 4 个加拿大省份组成的公私合伙关系。除直接研究和开发经费资助外，贷款担保及税收优惠也用于促进 CCS 技术工程建设。

已有的成熟地质封存政策为二氧化碳注入和封存提供政策模板。不同于其他国家在地质封存方面几乎是"白板"，美国开展注入二氧化碳以提高采收率已经有超过 35 年[①]的历史，占据世界 EOR 工程项目的主体。目前，超过 110 个 EOR 项目在美国投入运营，主要分布在德克萨斯州二叠纪盆地，并拥有 3900 英里的二氧化碳运输管道。因此，美国已经建立了成熟的地质封存政策；"美国 CCS 发展问题不是规制的缺失"。

美国环境保护署对新建化石能源电站的新规定，构成能源企业发展 CCS 的政策基础。2012 年 3 月，环境保护署发布新的限制政策：新建化石能源电站在能源生产中 CO_2

---

① 1972 年，二氧化碳首次被用于注入西德克萨斯油田，以提高石油采收率。

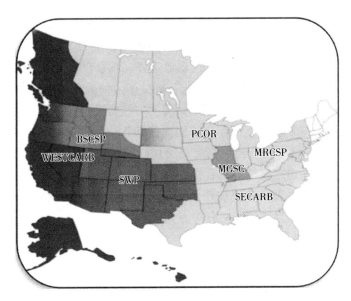

图 4.1　美国七大碳封存区域伙伴

来源：参考文献［111］。

排放不得超过 1000 磅/（瓦·小时）。根据这一规定，只有新建的燃气发电站在不增加成本的条件下满足这项标准；新的燃煤电站只有使用 CCS 才能达到这项要求。此外，联邦政府拥有 291 万平方千米土地①，为二氧化碳地质封存提供了充足土地供应。

4.2.2　美国 CCS 技术的行动者网络

4.2.2.1　政府 R&D 资助者

作为美国联邦政府能源管理与 R&D 资助机构，美国能源部在 CCS 技术研究和开发中发挥着关键作用。美国能源部至少从 1997 年开始资助 CCS 相关研究和开发，当时美国能源部仅仅为 CCS 项目投入 100 万美元。2008 年以后，美国能源部 CCS 资助呈急剧增长趋势。美国能源部下属的国家能源技术实验室（National Energy Technology Laboratories，NETL）通过设立碳捕集项目资助了一大批 CCS 科学研究项目。由美国能源部化石能源办公室管理和国家能源技术实验室主导的碳捕集项目主要资助焦点集中于以下三个领域：核心研究和开发、基础设施及全球协同合作。

为加速 CCS 技术应用，美国能源部直接资助大型 CCS 技术工程。2009 年《美国复兴和再投资法案》为化石能源发展清洁煤或燃煤电站实施碳捕集与封存提供 34 亿美元

---

① 国防部、美国能源部、土地管理局、垦务局、渔猎局、国家公园服务局、森林服务局等机构拥有联邦土地。

的经费，其中 24 亿美元用于资助碳捕集与封存工程。2010 年，美国最大的 CCS 工程——未来煤电工程，获《美国复兴和再投资法案》10 亿美元资助，用于重组未来煤电 2.0 工程。第三轮美国能源部清洁煤行动也选择三项新的 CCS 工程，给予高达 31.8 亿美元的资助以加速以商业化规模的碳捕集与封存为代表的清洁煤技术发展。此外，《美国复兴和再投资法案》提供超过 5.75 亿美元的经费投入到产业界的碳捕集工程中。

美国能源部还和国务院合作，在全球建立共同执行 CCS 的合作平台，如碳封存领导人论坛（CSLF）。布什总统、奥巴马总统及其科学顾问都是 CCS 发展的关键支持者。尤其是体现在中美关系中，清洁能源合作成为美国推动中美合作的重要内容。2014 年，美国国务卿克里到访北京表示希望加强清洁能源合作应对气候变化，双方通过中美气候变化工作组，实施碳捕集利用和封存等方面的合作。

4.2.2.2 技术工程规制者

美国环境保护署（EPA）负责保护人类健康和环境，是联邦政府层面规制二氧化碳地质封存的主要规制部门。在由奥巴马总统设立的碳捕集与封存工作组中，环境保护署和美国能源部是提出克服 CCS 发展障碍方案的共同主持机构。对于规制 CCS，环境保护署的主要职责是：在《清洁空气法案》下制定地质封存的温室气体报告机制；在《安全饮用水法案》下制定地下注入控制规制政策；评估对人类健康及环境的风险。从 CCS 技术过程角度看，EPA 必须关注于碳封存，执行《清洁空气法案》和《安全饮用水法案》。2008 年，为加强对二氧化碳封存井的规制，环境保护署修订地下注入控制项目，提出联邦政府对此的最低要求（各州可以在此基础上增加更多的规制条件。为解决 CCS 技术示范工程中的规制问题，像 EPA 一样的政府行动者正发挥着显著的作用。除联邦政府规制者外，相关州（伊利诺斯、堪萨斯、华盛顿）也正积极通过执行二氧化碳地质封存规制发展 CCS。

4.2.2.3 技术开发者

CCS 技术的出现为美国化石能源行业应对气候变化提供了机会。自从 CCS 成为国际社会气候治理议程后，化石能源行业不再只是二氧化碳排放者，通过发展 CCS 技术他们可以在应对气候变化中发挥重要作用。化石能源行业也开始改变他们对气候变化的传统态度和应对战略，发起多项 CCS 技术示范工程。埃克森美孚（全球最大的石油公司之一）曾在 1998—2005 年间投入近 1600 万美元用于资助 43 个组织，宣传气候变化科学的不确定性以混淆视听，以否认气候变化中人为因素的埃克森美孚公司投资超过 1 亿美元用于支持 CCS 工程。另外，CCS 也得到了来自煤炭产业公司的支持，包括煤炭采掘公司及将 IGCC 与 CCS 结合的发电企业。为提高石油、天然气生产效率，石油天然气公司大力发展 EOR，深入到 CCS 工程活动中。美国 CCS 工程行动者网络可视化网络图（图 4.2）表明，来自产业界的强大的行动者已经广泛地参与到美国 CCS 技术开发中；美国能源部在 CCS 工程中发挥着领导角色。

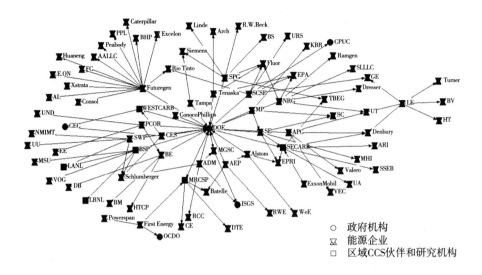

图 4.2　美国 CCS 工程行动者网络可视化网络图①

来源：作者根据相关数据分析。见缩略词表。

4.2.2.4　知识和技术提供者

参与到 CCS 技术与非技术方面的科学研究者对于影响政府资助重点和国家论述具有重要作用。作为 CCS 技术的领先者，美国在 CCS 研究和开发方面投入巨资。在美国能源部的资助下，大学、国家实验室、研究中心、技术提供者及私营企业都参与到 CCS 相关研究中。基于 Web of Science 检索数据库，美国在发表 CCS 相关文本方面排名第一，大学是美国 CCS 研究的主力军。科学共同体已经建立起有效的 CCS 行动者网络，以促进学术界与产业界的交流和合作。通过建立和产业界、大学的伙伴关系，系列的政府实验室（如洛斯阿拉莫斯国家实验室、劳伦斯伯克利国家实验室）参与到 CCS 相关基础研究和技术示范应用中。

4.2.2.5　技术应用促进者：环境 NGOs

环境非营利组织（NGO）通过政治游说、公共教育和宣传在影响公共决策和公众态度方面具有重要作用。相比较于其他利益相关者（包括产业界和政府行动者），公众倾向于更加信任 NGO 提供的信息。与核能源（裂变）相比，NGO 组织认为 CCS 更具有吸引力。世界资源研究所、环境防卫基金会、自然资源保护委员会、塞拉俱乐部、皮尤全球气候变化中心、忧思科学家联盟、绿色和平组织和其他联盟都积极参与到

① 此图根据美国 20 项碳捕集与封存工程数据，运用社会网络分析得出，数据来源：http：//sequestration. mit. edu/，时间：2012/01/05。

CCS 相关政策与宣传中；他们扮演着不同的角色，有些组织对 CCS 持赞成态度，有些组织对 CCS 持反对态度。作为 CCS 的支持者，世界资源研究所发布了针对碳捕集、封存工程各阶段的指导纲领，提出了 CCS 规制框架。由科学家、工程师、学者、环保主义者、商业界和公共部门领袖组成的美国碳封存理事会呼吁发展 CCS 技术，以提供低廉、无污染的能源渠道。

4.2.3　美国 CCS 技术开发、示范和应用概况

为加快 CCS 技术研究和开发，美国能源部逐年增加相关项目经费投入，2008—2012 财政年度共计投入 57 亿美元到 CCS 相关研究、开发和示范项目领域中。在总计投入达 20 亿美元的产业 CCS 项目中，能源部（DOE）投入 14.2 亿美元，分担产业界 CCS 开发成本的 70%。依托政府对示范工程的巨额资助，截至 2014 年 2 月，美国拥有 19 项 CCS 工程，其中 7 项 CCS 工程已经处于运营状态（图 4.3）。美国工业界在工业工程中利用二氧化碳具有很好的发展势头，尤其是天然气处理和肥料生产；再加上最强烈的 EOR 机会为工业界在碳捕集、管道运输及油田运营者提供了强大激励。

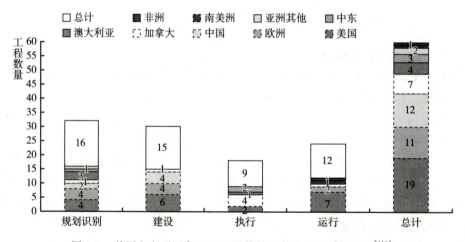

图 4.3　美国和主要国家 CCS 工程数量（截止 2014 年 2 月）[116]

4.3　中国 CCS 技术创新系统结构与功能评估

4.3.1　中国 CCS 技术创新系统结构组成

在 CCS 项目建设的推动下，中国 CCS 技术创新系统已经得到初步建立，CCS 技术创新体系具有明显的结构特征。

4.3.1.1　制度

中国能源与环境管理体制是 CCS 技术发展的制度基础。在集权化的能源与环境决策管理体制下，为积极应对气候变化，中国政府设立了相应的机构，出台了气候变化相关政策、国家气候变化行动方案及相关国家发展规划，为 CCS 技术创新系统提供了良好的制度条件。全国人大、国务院及其各部委制定的主要气候变化政策中都将 CCS 技术作为减缓气候变化的重要选择。作为最高立法机关，全国人大于 2009 年 8 月审议通过了《全国人民代表大会常务委员会关于积极应对气候变化的决议》。该决议指出，发展碳捕集技术是积极应对气候变化的有效措施。作为发展中国家制定的第一个气候变化行动方案，《中国应对气候变化国家方案》提出 CCS 是温室气体减排的关键领域。此外，多数中国气候变化行动都把 CCS 技术视为减排气候变化的重要选择。2007 年，14 个中央机构联合发布《中国应对气候变化科技专项行动》，该行动指出发展 CCS 技术，制定 CCS 发展路线图和开展 CCS 技术工程的示范。自 2009 年以来，中央政府每年发布《中国应对气候变化的政策与行动》。该行动认为中国在气候变化行动中发展 CCS 的第一步是建立 CCS 技术支撑体系。2010 年，中国首个碳捕集、利用与封存产业联盟也随之设立。

在这样的政策和制度背景下，CCS 得到了国家科学和技术发展规划、国家科技项目的实质性的优先支持。2006 年制定的《国家中长期科学和技术发展规划纲要（2006—2020 年)》提出中国应当发展高效、清洁和二氧化碳零排放的减排技术。2011 年，《国家"十二五"科学和技术发展规划》把碳捕集、利用和封存技术列入"十二五"期间中国技术发展的重点。2012 年，国家能源局出台《国家能源科技"十二五"规划》，提出燃煤电厂大容量 CO_2 捕集与资源化利用技术等高效清洁火力发电技术是"十二五"能源科技发展的重点。"863"国家高技术发展项目在先进能源领域中设立了 CCS 主题的研究项目，为 CCS 相关示范工程提供了专门的资助。

专门的 CCS 中央政府政策文件也逐渐出台。2013 年，国家发展和改革委员会（国家发改委）发布推动碳捕集、利用和封存试验示范的通知，探索建立相关政策激励机制；科技部印发《"十二五"国家碳捕集利用与封存科技发展专项规划》，推进中国二氧化碳捕集、利用与封存技术的研发与示范。

4.3.1.2　行动者网络

煤电、石油与天然气企业、能源环境相关科学共同体及政府机构是中国 CCS 技术创新系统的主要行动者。以中国最大的 CCS 工程——绿色煤电工程为例，五大发电工业、煤炭企业、相关投资企业均参与绿色煤电工程投资，包括中国最大的煤炭开采企业（神华集团）、中国最大的发电企业（华能集团）等。中国国内及与国际相关的 CCS 工程行动已经建立起以发展 CCS 为中心的链接国有企业、政府部门、国际商业及研究者的网络。基于在中国建设的 CCS 示范工程，本研究建立了中国 CCS 工程行动者网络，并将其可视化（图 4.4）。

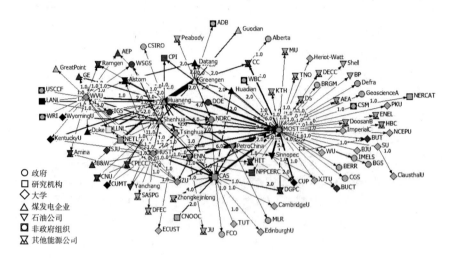

图 4.4　中国 CCS 工程行动者网络可视化图

注：该社会网络分析是基于 35 个 CCS 研究项目及 24 个 CCS 示范工程、1 个 CCS 产业联盟数据产生的。见缩略词表。

作为管理者、资助者，政府机构在推动 CCS 技术发展中处于核心地位。为应对气候变化和促进能源技术创新，国务院作为国家最高行政机关对发展包括 CCS 在内的清洁能源技术高度重视。作为国家宏观经济与能源管理的政府部门，国家发改委涉及重大 CCS 技术示范工程的审批，如绿色煤电工程。从中国 CCS 工程行动者网络可视化图中可以看出，科技部作为 CCS 技术开发资助者在推动 CCS 技术发展中发挥核心领导角色。在国家科技计划（尤其是"863"计划）的资助下，CCS 已经成为国家重点技术，CCS 相关基础研究也开始聚焦提高原油采收率、多联产及热转换技术。

化石能源国有企业是中国 CCS 技术的开发者。为发展 IGCC 技术从而实现燃煤电厂电力生产的清洁化，中国五大发电企业都相继投资于 CCS 技术示范工程。其中，三家发电企业制定了大型 CCS 工程建设计划。2005 年 12 月，五大国有发电企业和三家煤炭投资企业宣布启动总投资达 58 亿元人民币的绿色煤电工程。该工程将建设新的绿色煤电示范电厂，捕集能源生产过程中 60% 的二氧化碳排放。此外，石油天然气企业也对 CCS 重要技术环节——EOR 表示了极大兴趣。作为中国最大的石油和天然气企业，中石油和中石化两家企业自 2007 年以来开展了旨在提高石油和天然气产量的 EOR 示范工程建设。

科学共同体不仅从事 CCS 基础研究，还发起了促进技术开发的示范工程建设。科学共同体对 CCS 的态度，不仅仅能影响政府资助的方向，也能对公共论述及 CCS 行动产生积极影响。基于世界最大的基础研究数据库 Web of Science，运用科学计量学方法①可以得出，中国作者发表共计 7649 篇碳捕集或碳封存领域的学术论文，是仅次于美国的第二大 CCS 相关论文产出国（美国为 13935 篇），见图 4.5。中国 CCS 基础研究的主要行动者包括中国科学院、清华大学、浙江大学等（图 4.6），中国科学院是中国 CCS 基础研究的主干力量，发表论文数占国内 CCS 论文的 22%。中国科学院作为国家自然科学与高技术研究机构，不仅在江苏省发起了 CCS 技术示范工程建设，还成功实现了二氧化碳制塑技术的商业化利用。目前资助中国 CCS 基础研究的主要项目来源是国家自然科学基金、"973"基础研究计划、中央高校科研业务经费及中国科学院（图 4.7）。

美国	13935	31.170%	
中国	7649	17.109%	
德国	3026	6.769%	
日本	2727	6.100%	
英国	2585	5.782%	
加拿大	2486	5.561%	
法国	2294	5.131%	
澳大利亚	2087	4.668%	
韩国	1784	3.990%	
西班牙	1710	3.825%	
意大利	1347	3.013%	
印度	1243	2.780%	
荷兰	1086	2.429%	
瑞士	866	1.937%	
巴西	756	1.691%	
瑞典	730	1.633%	
新加坡	621	1.389%	
中国台湾	615	1.376%	
波兰	587	1.313%	
苏格兰	583	1.304%	
挪威	580	1.297%	
俄罗斯	546	1.221%	
比利时	484	1.083%	
丹麦	451	1.009%	
伊朗	405	0.906%	

图 4.5　CCS 基础研究国家或地区排名（前 25）

---

① 主题：（carbon）AND 主题：（capture）OR 主题：（carbon）AND 主题：（storage），Web of Science，时间：2014/2/17

中国科学院	1714	22.408%
清华大学	367	4.798%
浙江大学	294	3.844%
北京化工大学	230	3.007%
复旦大学	229	2.994%
北京大学	189	2.471%
南京大学	182	2.379%
上海交通大学	173	2.262%
天津大学	167	2.183%
南开大学	154	2.013%
华东理工大学	144	1.883%
大连理工大学	141	1.843%
吉林大学	139	1.817%
中国科技大学	137	1.791%
华中科技大学	128	1.673%
山东大学	104	1.360%
四川大学	104	1.360%
华南理工大学	101	1.320%
哈尔滨工业大学	99	1.294%
兰州大学	94	1.229%
中山大学	92	1.203%
清华大学（台湾）	92	1.203%
湖南大学	86	1.124%
中国科学院大学	83	1.085%
东南大学	82	1.072%

图 4.6　中国 CCS 基础研究机构排名（前 25）

中国国家自然科学基金	2124	27.768%
国家基础研究计划（973）	439	5.739%
中央高校科研基金	363	4.746%
中国科学院	314	4.105%
中国国家自然科学基金	297	3.883%
中国国家自然科学基金	249	3.255%
中国国家自然科学基金	234	3.059%
新世纪优秀人才支持计划	171	2.236%
国家基础研究计划（973）	135	1.765%
中国博士后基金	133	1.739%
中国科技部	117	1.530%
中国国家自然科学基金	108	1.412%
中国国家自然科学基金	98	1.281%
中国国家自然科学基金	94	1.229%
国家基础研究计划（973）	71	0.928%
中国教育部	71	0.928%
国家高技术研究开发计划	71	0.928%
中国国家自然科学基金	62	0.811%
高校博士点基金	58	0.758%
高校博士点基金	57	0.745%
111 计划	56	0.732%
中国科技部	56	0.732%
上海重点学科计划	56	0.732%
973计划	55	0.719%
国家留学基金	55	0.719%

图 4.7　中国 CCS 基础研究的主要资助项目来源

4.3.1.3　技术开发、示范与应用

随着国际社会对 CCS 的高度关注，中国近年也开始了 CCS 示范活动。自 2008 年以来，许多 CCS 示范工程相继启动，标志着中国 CCS 技术发展已经进入技术示范阶段。在政府研究和开发资助下，研究机构、高校开展了 CCS 基础研究和技术开发工作。"十一五"期间，共计超过 10 亿元的研发经费投入到 CCS 研究中。如图 4.8 所示，截至目前，中国已经开始或完成 20 个 CCS 工业示范工程建设。目前，通过国际项目合作和中国自主创新，中国已经掌握了主要的碳捕集与利用技术（如 EOR）。但是，在碳封存、封存监测及二氧化碳运输方面，中国还需要进一步的技术进步与突破。

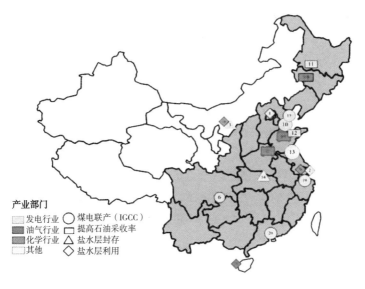

产业部门
发电行业　煤电联产（IGCC）
油气行业　提高石油采收率
化学行业　盐水层封存
其他　　　盐水层利用

图 4.8　中国 CCS 示范工程地理分布

4.3.1.4　中国、美国 CCS 技术创新系统结构比较

由于能源技术基础和能源消费结构的不同，尽管中美两国 CCS 技术创新系统都处于初步形成和发展阶段，但是两国 CCS 技术创新系统还存在巨大差异。总体上来看，美国 CCS 技术创新系统依托先进的能源技术创新体系，技术发展较早，在 CCS 基础研究和技术开发方面处于世界领先地位，拥有较强的 CCS 技术创新系统和支持 CCS 发展的行动者网络。较强的行动者参与到中美两国 CCS 技术创新系统中，包括政府机构、能源企业和科学共同体。能源相关管理机构是支持 CCS 工程执行的主导力量。但是由于中美政治体制差异，两国 CCS 技术创新系统在关键行动者方面都具有各自特点。

首先，CCS 相关政府管理与规制机构行动者层面。在能源工程的集权管理下，中

国地方政府几乎很少参与到 CCS 工程中；然而，由于美国能源工程管理权更多在州政府层面，州政府相关机构（例如加州能源委员会、俄亥俄州煤炭发展局等）都直接参与到 CCS 工程管理中。在政府机构行动者层面，中国国家发改委（能源局）是中央政府能源管理机构，但是能源研究和开发项目几乎都是由科技部管理；然而，美国能源部不仅具有能源管理职能，还负责能源研究和开发项目经费管理。美国环境保护署通过制定 CCS 规制政策，参与到 CCS 相关环境管理；由于 CCS 工程发展阶段或职能定位原因，中国环境管理机构尚未介入 CCS 相关管理活动。

其次，CCS 相关能源企业及非政府机构行动者层面。在政府 R&D 投入的引导下，越来越多的能源企业启动了 CCS 工程，美国参与 CCS 工程活动的多数是私营企业，而中国参与 CCS 工程活动为国有企业（甚至中央企业，如五大发电企业、两大石油企业及煤炭企业）。除能源行业体制性差异外，CCS 技术成本和风险因素也是阻碍私营企业投资示范工程的重要因素。由于科技体制的差异，中国科学院系统及大学参与到 CCS 基础研究和技术示范中；美国大学和国家实验室参与到 CCS 相关基础研究中。环境 NGO 在美国政治中扮演重要的角色，但在中国却没有相同的作用。中国尚未形成真正意义上、发达的独立的 NGO 组织体系，参与 CCS 工程的 NGO 组织是极少的；然而，美国在公民社会架构下，NGO 是社会重要力量，CCS 相关 NGO 组织参与到了 CCS 工程相关公共活动中。

因此，中国在建设 CCS 技术创新系统方面，借鉴发达国家经验的同时，应当采取结合自身能源消费结构特点的 CCS 发展路径，综合考虑 CCS 技术的成本和风险，坚持 CCUS 的技术发展取向，基于自身 CCS 创新系统特点，制定适合自身 CCS 发展政策。

4.3.2 中国 CCS 技术创新系统的功能评估

中国 CCS 技术创新系统结构的分析表明，中国已建立较强的创新系统结构。CCS 技术发展从中国气候变化和能源政策中获得了较强的制度支撑。政府能源管理改革的统一趋势促进了重大 CCS 技术的示范和应用。来自能源企业、高校、研究机构及政府部门组成的行动者已参与到 CCS 创新网络活动中。但是，这并不一定代表 CCS 在中国发展的可持续能力。为进一步研究 CCS 技术创新系统可能存在的功能弱项及障碍，分析创新系统功能是十分必要的。为实证评估中国 CCS 技术创新系统功能，本研究在《碳捕集与封存技术创新调查问卷》（见附录一）中设置五分制的李克特量表（含 12 个问题），选取国内科研机构、高校及能源企业等单位①直接从事 CCS 技术研究和工程

① 问卷调研对象为来自以下工作单位的直接从事 CCS 研究的 25 名教授、副教授或教授级工程师、高级工程师：中国科学院煤化所、中国科学院工程热物理研究所、中国科学院山西煤化所、清华大学、浙江大学、华中科技大学、中国石油大学、中国矿业大学、中国地质大学、北京林业大学、华能集团、神华集团及中国气象局，其中包括直接从事 CCS 技术示范工程建设的专家、CCS 基础研究方面的专家及相关政策研究专家。

示范的高级专家，进行了专门的问卷调研工作。问卷设计了包括基础研究竞争力、技术竞争力、创业活动、知识扩散、市场指导、人力资本供给、金融资本供给、公众支持、市场培育、政府支持、市场需求、技术扩散和溢出等 12 项指标，对技术创新系统所拥有的创业试验、知识发展、知识扩散、市场指导、市场培育、资源流动、技术合法化等 7 项重要功能进行了量化评价。通过问卷数据整理和分析，中国 CCS 技术创新系统各功能评价情况如（图 4.9）。

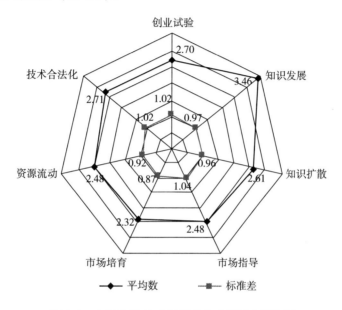

图 4.9　中国 CCS 技术创新系统功能评分网状图

4.3.2.1　创业试验

缺少充满活力的试验，技术创新系统将停滞。不确定性及高风险性是能源技术在其发展生命周期初期的基本特征。因此，开展创业试验活动可以减少新技术应用中的不确定性。同时，在技术创新系统内部，创业者为创造市场价值将潜在的知识转化为工程行动，创业者对于创新系统的良好运行至关重要。由于 CCS 示范工程的建设，12 家企业、1 个大学和 1 个科研机构直接发起了 CCS 创业试验活动。随后，为发展 CCS 相关技术，3 家新的企业相继成立。一些中小企业（中科金龙及新奥等）也开始对 CCS 创业活动表示出了极大兴趣。随着各类 CCS 示范工程的实施，中国 CCS 创业活动得到了相对较高的评价（平均评分：2.70；标准差：1.02）。较高的标准差也表明，对于中国 CCS 创业示范活动，还缺乏共识。

初期，中国 CCS 创业活动是由华能集团于 2008 年北京奥运会前夕进行的。华能北京热电厂二氧化碳捕集示范工程开始于 2007 年 12 月，7 个月后，工程正式投入运营。

作为中国首个二氧化碳捕集装置，该工程捕集能力达到 3000 吨/年，采用燃烧后捕集技术，由华能集团自主设计、自主建设。截至目前，该装置已经成功投入商业化运营，二氧化碳捕集产品主要用于食品工业利用。联合主要电力和投资企业，华能集团还建立了绿色煤电公司，执行绿色煤电工程。作为华能集团的另外一座新的碳捕集工程，上海石洞口电厂 CCS 示范工程也于 2009 年 7 月开始启动，该工程总投资达 1.5 亿元，于 2009 年 12 月完工投入运营。该工程通过利用燃烧后捕集技术，实现二氧化碳年捕集能力达 12 万吨。

后来，随着国际社会应对气候变化压力的逐年增加，中国逐渐重视发展包括 CCS 技术在内的气候变化技术。政府把 CCS 技术列入国家科技发展计划，以国家科技计划的形式资助 CCS 技术研发，为大型国有企业、大学及科研机构开展 CCS 创业活动创造了良好的制度条件。神华集团、大唐集团也相继提出建立鄂尔多斯 CCS 工程、大唐 CCS 工程。神华集团基于中美清洁能源技术合作的框架，与美国西弗吉尼亚大学开展技术合作，进行 CCS 工程的前期研究。2009 年 6 月，神华集团完成可行性研究。两个月后，内蒙古自治区政府发改委批准了神华集团鄂尔多斯 CCS 工程。2010 年 6 月，神华集团 CCS 工程开工建设，计划总投资 2.1 亿元，工程碳捕集与封存能力 10 万吨/年[①]。6个月后，工程装置产生液化二氧化碳。2011 年 6 月，神华 CCS 工程已经向地下盐水层注入近万吨 CO_2。2011 年 9 月，大唐集团与法国阿尔斯通公司签署合作备忘录，共同在大庆油田和胜利油田附近建设两座 CCS 示范工程。阿尔斯通公司向工程提供碳捕集技术，两项工程计划二氧化碳年捕集量将达到 100 万吨/年。

4.3.2.2 知识发展

由于知识经济的兴起，知识成为经济增长的最重要来源。因此，知识发展是技术创新系统的核心功能。知识发展的内涵主要包括科学知识、技术知识两方面。在对中国 CCS 技术创新功能评价中，CCS 技术专家对"知识发展"给予了最高的评价（平均分：3.46；标准差：0.97）。这表明技术专家高度一致地认为 CCS 创新系统的知识发展功能是令人满意的。专家建议政府应当继续加大对 CCS 示范工程的资助，从长远来看可以提高相关技术储备。一些专家指出，进一步发展 CCS 技术十分必要，有利于降低 CCS 技术的高成本，为未来大规模 CCS 技术商业化奠定基础。

总体上来看，中国 CCS 知识发展的主要动力来源于由政府、产业界及国际项目资助的 CCS 工程。初期的国际 CCS 合作项目（如中美清洁能源合作项目、中欧碳捕集与封存合作项目、中英煤炭利用近零排放合作项目、中澳二氧化碳地质封存项目）是启动 CCS 知识发展的导火索。更为重要的是，中国政府通过国家高技术计划（"863"）、国家基础研究计划（"973"）等对 CCS 研究和开发及示范工程提供了资助，资助的方

---

① 基于人民币与美元汇率 6.3 的条件下大约为 3300 万美元。

向包括碳捕集、碳利用、提高采收率（EOR）及碳封存等。在政府 CCS 项目的引导下，工业界也开始启动 CCS 工程，例如中石油、中石化、华能及神华等。

此外，20 世纪 80 年代开始发展整体煤气化联合循环（IGCC）和提高采收率等早期能源技术创新活动为中国 CCS 知识发展打下了基础。一方面，IGCC 技术早在 1994 年列入国家科技发展规划，政府建立了 IGCC 示范项目研究小组以完成 IGCC 工程建设的可行性研究。后来，1999 年，中国首个 IGCC 工程得到批准开工建设，但是由于技术等原因，IGCC 工程没能建设成功。多年来，IGCC 技术发展为中国发展 CCS 技术提供了较强的技术积累。另一方面，石油天然气行业的 EOR 作为 CCS 技术的延伸，也开始成为主流的驱油技术。

4.3.2.3　知识扩散

知识扩散对于新兴技术在创新网络内部的创新行动者之间传播和发展具有重要的促进作用。会议和技术合作是知识或技术扩散的基本途径。对于中国 CCS 知识扩散，技术专家给予了中等评价（平均分：2.61；标准差：0.96）。这表明中国 CCS 技术创新系统目前还缺乏行动者之间的知识和技术交流。

这种知识扩散状态可以由技术创新系统结构中制度缺失来解释。通常来讲，建立 CCS 技术合作关系是由于两种原因：分担技术成本和共享技术。对于中国发电企业，他们通常是为分担 CCS 工程成本而开展合作，而非分享技术。这可以从两个制度方面进行解释：首先，目前中国还没有建立大规模像美国区域碳封存合作伙伴的 CCS 技术合作平台；其次，中国国家创新体系内部，产学研缺乏合作广泛存在。

4.3.2.4　市场指导

市场指导是吸纳新企业及组织投资于新技术创新的重要因素。对于市场指导功能，技术专家给予较低的评价（平均分：2.48；标准差：1.04）。一些专家认为中国目前还没有指导 CCS 发展的政策；由于缺乏 CCS 相关政策，对于新企业投入 CCS 技术创新，市场指导功能较弱。但是，一些专家也提出通过制定 CCS 相关指导以明晰 CCS 示范工程运行中的产权和职责问题，从而将 CCS 技术过程标准化、理性化。总之，缺乏市场指导和市场标准增加了企业进入 CCS 市场的风险。相反，一些专家则认为政府事实上为发展 CCS 设定了明确的目标。国家科技计划是新进入者投资的有效指导。宏观层面，CCS 也在国家科技计划及气候变化方案中提及。目前，主要的国家科技计划也启动了资助 CCS 技术的发展项目。他们认为随着中国制定温室气体自愿减排交易活动规范政策后，未来 CCS 市场会更好。

4.3.2.5　市场培育

除政府支持外，发展 CCS 技术事实上是以市场导向的商业化为目标的。在发展 CCS 技术时，中国将重点始终放在 CCS 的市场开拓上，而不仅仅是简单的封存。在 CCS 示范工程建设初期，碳捕集后的产品即投入到商业化使用，用于饮料及食品行业。

中国在 CCS 概念上加入了"利用"环节，倡导碳捕集、利用和封存。从政府政策到产业界的论述，CCUS 概念更为重视二氧化碳利用。技术专家对 CCS 技术市场培育给予了最低的评价（平均分：2.32；标准差：0.87），这表明技术专家对 CCS 技术市场培育具有较深的担心。一些专家认为如果不能长远考虑碳捕集的经济效益，政府或企业难以承担 CCS 技术的高成本。

一般说来，新技术的市场发展过程通常经历三个阶段：护理市场、桥梁市场及成熟市场。对于成功的技术创新系统，从初期的市场形成到大规模的市场形成，通常经历几十年时间。结合中国 CCS 市场的规模和动力，中国 CCS 市场目前还处于从护理市场到桥梁市场的转型期。一方面，CCS 技术高成本和高风险影响了 CCS 市场发展。CCS 封存地点研究的低效降低了企业投资于 CCS 产业的积极性。另一方面，石油天然气行业的 EOR 活动为 CCS 找到了市场空间。尽管在碳捕集方面 CCS 具有一定的额外能量消耗，但是一些专家建议把二氧化碳整合进入化学能源转化和利用过程，将产生更少的甚至近零的能量消耗。总之，中国 CCS 市场还处于发展期，未来发展还取决于 CCS 技术成熟和政策支持。

4.3.2.6 资源流动

资源流动是衡量技术发展的长期资源投入及保证技术创新系统长期良好运行的指标。一般来讲，这包括两种类型的创新活动资源投入：人力资本和金融资本。资源流动得到相对较低的评价（平均分：2.48；标准差：0.92）。这表明中国 CCS 技术创新系统缺乏资源流动，尤其是金融资本流动（平均分：2.17；标准差：0.88）。相比较于金融资本流动，人力资本流动得到较高的评价（平均分：2.78；标准差：0.951）。

尽管 CCS 示范工程获得政府资助，但是工程很难从市场获得金融投资。除绿色煤电工程获得来自亚洲开发银行的贷款支持，还没有任何 CCS 工程获得金融资本投资。融资问题是全球 CCS 技术发展的共同问题，中国也不例外。加快 CCS 技术发展还需要引入新的金融激励方法和机制。中国在 CCS 人力资本投入方面是乐观的。燃煤电厂及石油天然气行业为 CCS 技术发展提供了充足的、高素质的人力资本供给，因为这些能源企业多数是中央企业，拥有高素质的人力资本供给。

4.3.2.7 技术合法化

公众和政府是推动新兴技术合法化的两个方面。首先，公众领域的技术合法化为技术创新系统良好运行创造良好环境。其次，从政策支持角度看，技术支持联盟是技术合法化的推动力量。支持联盟往往将新技术工程列入政策议程，通过游说为新技术发展提供资源和合法性。由于中国能源决策高度集中于强政府体制，政府拥有多数的能源企业，政府对于国家能源决策拥有较高的权威，因此，对于中国 CCS 技术合法化讨论，政府支持是最基本的因素。对于技术合法性，技术专家给予 CCS 技术较高的评价（平均分：2.71；标准差：1.02）。

公众对于新兴技术的态度可以从公众论述中间接得到反应。从社会技术系统视角看，新兴技术不仅在技术过程中形成，还受到公众论述的影响。其次，主要燃煤发电企业和石油天然气企业组成支持联盟推动 CCS 技术发展。在国家发改委和科技部的领导下，CCS 支持联盟作为技术"催化剂"，不仅推动了 CCS 工程建设，还成为目前气候变化技术框架中的行动者组成部分。但是，较高的评价标准差表明由于具有较高的风险性和成本，CCS 技术仍然受到质疑。

4.3.3　中国 CCS 技术创新系统建设的政策建议

评估 CCS 技术创新系统为研究技术创新系统之间的差距提供了充分的认知。能源创新系统的差距只有填补认知上的差距才能得到缩小。CCS 技术创新系统评估表明，在政府支持下，通过启动系列的创业试验活动，中国已经积累了较高的 CCS 知识基础。但是一些创新系统的功能弱项还明显存在，这包括市场培育、市场指导及资源流动等。美国、加拿大、荷兰、挪威及澳大利亚 CCS 发展也表现出了同样的功能强项和弱项，这些国家过去十年广泛的 CCS 知识基础和知识网络积累仍然伴随着以有限的创业活动开拓 CCS 市场（创业活动和市场培育都是世界主要国家 CCS 技术创新系统功能评价中的较低项目，表4.3）。总体上来看，中国 CCS 创新系统已经处于形成阶段。这样的阶段下，还需要大规模的创业试验促进知识发展；同时，加强市场指导和资源流动，激励新技术投资者，才能加快技术合法化进程。只有弥补理解能源创新系统认知上的不足才能改进能源创新系统。上述 CCS 技术创新系统评价为加快技术创新找到了关键政策问题。为加快 CCS 技术创新，建设完善的 CCS 技术创新系统，需要制定以下政策。

表 4.3　中国与美国、挪威、加拿大等国家 CCS 技术创新系统功能比较

国家 \ 功能	创业活动	知识发展	知识扩散	市场指导	市场培育	资源流动	技术合法化
中国	2.70	3.46	2.61	2.48	2.32	2.48	2.71
美国	3.0	3.9	4.2	3.2	2.0	2.8	2.9
加拿大	3.1	3.9	3.2	2.6	2.0	3.1	2.9
荷兰	2.5	3.7	3.7	3.3	2.0	2.5	3.0
挪威	2.7	3.9	4.0	3.0	2.9	3.1	4.1
澳大利亚	3.3	3.7	3.5	3.0	2.1	2.9	2.8
平均水平	2.88	3.76	3.54	2.93	2.22	2.81	3.07

数据来源：其中，加拿大、荷兰及澳大利亚相关数据来源于文献［104］；美国数据来源于文献［103］；挪威数据来源于文献［121］。

（1）加强 CCS 技术示范工程建设的政府 R&D 投入，以减少新兴技术开发中的不确定性和支撑技术扩散。CCS 技术创新系统七大功能中，高的知识发展功能（平均评价：3.46）和低的市场培育（平均评价：2.32）表明中国 CCS 发展中存在相当发展障碍。根据问卷调研结果，技术的高成本、不确定性和风险是阻碍 CCS 技术功能发挥的最显著因素。76% 的受访专家认为，CCS 成本是阻碍中国 CCS 发展的重要因素（图 4.10）。许多技术专家建议政府不仅应该增加对 CCS 技术示范的投入，还应该通过建立知识扩散的融资机制将知识发展最大化。政府 R&D 资助能通过在政府和能源企业之间实现成本分担、减少技术潜在成本和不确定性，加速 CCS 技术开发。资助技术联盟组织 CCS 技术示范工程对于减少技术不确定性具有重要潜力。技术联盟是政府、研究机构、大学和企业协同合作的有效方式。这种公私合作关系能减少 CCS 技术应用中的高成本和风险性特征。

（2）推进跨部门技术创新合作，促进知识扩散和资源流动。知识扩散（平均评价：2.61）和资源流动（平均评价：2.48）都是中国 CCS 技术创新系统功能的弱项。宏观层面，由于"五路大军"组成的中国科技体制内部具有封闭性特征，企业、研究机构和大学独立从事技术示范活动，而不是通过协同合作行动；这也导致在能源企业之间，发电企业和石油天然气企业进行 IGCC 和 EOR 合作较少。没有制度性、政策性机制激励不同部门之间开展协同合作。但是，由跨部门合作带来的 CCS 商业化经济机会是巨大的。如果政府提供相关基础条件或资源，协调 CCS 全过程中的能源企业，这种知识和资源共享将加速 CCS 技术示范。此外，还应该提供鼓励产业界与科研机构、大学之间协同合作的机制和资源，例如，政策制定者可以考虑建立区域 CCS 联盟，将一定区域内能源企业、科研机构和大学链接起来，协同促进 CCS 技术示范工程建设。

（3）通过制定综合性的 CCS 政策和技术标准规范，加强对 CCS 技术示范活动的规制，以提高 CCS 相关市场指导与技术合法化。目前，中国还没有制定专门的 CCS 政策规制 CCS 工程活动。72% 的受访专家认为，政策缺失是阻碍中国 CCS 发展的重要因素（图 4.10）。问卷调研中，专家建议制定相关政策是十分必要的，尤其应明确 CCS 技术应用的标准，促进 CCS 从技术向大规模商业化实现转型。目前最关键的、需要明确的规制政策是二氧化碳封存安全监测的相关标准。但是，政府没有强制要求能源企业、研究机构和大学 CCS 活动之间共享技术标准。

制定统一的技术标准也是为新企业进入 CCS 投资提供有效市场指导（平均评价：2.48）和市场培育（平均评价：2.32）的重要途径。目前 CCS 技术，尤其是二氧化碳捕集技术已经有了较好的发展，但是 CCS 技术相关标准规范研究较少，随着 CCS 技术的发展以及更多项目的开展，相关标准制定需求不断增加。

国家层面，相关能源管理机构应当在国家"十二五"发展规划框架下制定 CCS 发展规划。此外，政府应该考虑设定碳强度目标，达到能源强度的收益和燃料消费结构

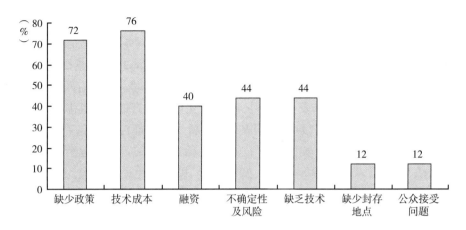

图 4.10　影响和阻碍中国 CCS 发展的障碍及因素

的变化的同时，也能显著加速 CCS 技术开发。征收碳税也会为 CCS 在扩大碳使用市场方面提供技术优势。包括政府直接资助在内，将多种 CCS 激励政策工具（如税收优惠和贷款担保）整合进入 CCS 发展支撑政策体系中。

（4）加快和鼓励 CCS 技术商业化进程，尤其重视工业应用过程中的二氧化碳利用，以扩大相关创业活动和市场培育。本研究调研的多数专家都认为应当继续扩大 CCS 技术创业试验活动（平均评价：2.70）。2012 年，中国国家发展和改革委员会应对气候变化司和全球碳捕集和封存研究院在北京签署合作谅解备忘录，表示中国将努力实现碳捕集和封存技术在中国的商业化推广应用。为扩大 CCS 创业试验活动和市场，需要制定相关政策，引导新企业参与 CCS 技术开发（尤其是私营企业部门），才能加快推进 CCS 的商业化推广应用进程。此外，为向 CCS 创业试验及商业化活动提供良好社会环境，重视 CCS 技术合法化，提高公众对 CCS 技术的理解和认知起着重要作用。许多专家认为 CCS 技术的公众认可还需要通过大众媒体、科学普及及学校教育来实现和加强。

4.4　小结

无论是技术推动（基础研究—技术应用—商业化）还是市场拉动等传统线性创新模式不能完全追踪创新扩散的轨迹。在理解技术创新中不应该仅仅考虑到经济系统，还应该分析影响技术创新活动的社会系统。碳捕集与封存技术正是在这种特定的复杂技术创新系统中塑造和发展的。本文利用技术创新系统理论框架分析了中美两国 CCS 技术创新进展。基于对 CCS 技术专家的问卷调研，本书对中国 CCS 技术创新系统功能进行了实证评估。

CCS 创新系统结构方面，美国依托先进的能源技术创新体系，CCS 技术研究和发展较早，在 CCS 基础研究和技术开发方面处于世界领先地位，拥有较强的 CCS 技术创新系统和支持 CCS 发展的行动者网络。美国采取以技术驱动的自愿减排放模式应对气候变化为 CCS 技术创新奠定了坚实的制度基础。清洁煤行动、碳封存项目及碳封存区域伙伴的设立为 CCS 研究和开发提供了长期制度支持。已有的成熟地质封存政策为二氧化碳注入和封存提供政策模板。环境保护署对新建化石能源电站的新规定，构成能源企业发展 CCS 的政策基础。美国 CCS 技术创新系统内部的行动者包括：政府 R&D 资助者、技术工程规制者、技术开发者、知识和技术提供者、技术应用促进者、环境 NGOs 等，来自产业界的强大的行动者已经广泛地参与到美国 CCS 技术开发中；美国能源部在 CCS 工程中发挥着领导角色。

总体上来看，中国 CCS 创新系统还处于形成阶段。中国能源与环境管理体制是 CCS 技术发展的制度基础。在这样的政策和制度背景下，CCS 得到了国家科学和技术发展规划、国家科技项目的实质性的优先支持。煤电、石油与天然气企业、能源环境相关科学共同体及政府机构是中国 CCS 技术创新系统的主要行动者。科学共同体不仅从事 CCS 基础研究，还发起了促进技术开发的示范工程建设。对中国 CCS 技术创新系统的实证评估表明，在政府支持下，通过启动系列的创业试验活动，中国已经积累了较高的 CCS 知识基础。但创新系统的功能弱项还明显存在，包括市场培育、市场指导及资源流动等。这样的阶段下，还需要大规模的创业试验促进知识发展；同时，加强市场指导和资源流动，激励新技术投资者，才能加快技术合法化进程。

为此，建议采取下列政策措施，加速 CCS 技术创新系统建设：

（1）加强 CCS 技术示范工程建设的政府 R&D 投入，以减少新兴技术开发中的不确定性和支撑技术扩散。

（2）在 CCS 发展中推进跨部门合作，以提高知识扩散和资源流动性。

（3）通过制定综合性的 CCS 政策加强对 CCS 技术示范活动的规制和标准化，以提高 CCS 相关市场指导与技术合法化。

（4）加快和鼓励 CCS 技术商业化进程，尤其重视工业应用过程中的二氧化碳利用，以扩大相关创业活动和市场培育。

第5章 清洁能源协同创新平台的构建与优化

科技创新是创新主体在科学技术领域的创造性、创新性活动。通常有三层内涵：一是原始性创新，即努力获得新的科学发现、新的理论、新的方法和更多的技术发明；二是集成创新，即各种相关技术有机融合，形成具有市场竞争力的产品；三是对先进技术的引进、消化、吸收与再创新。对于清洁能源等应用性技术而言，完成创造、发明新技术意义上的科技创新并不意味着创新活动走到终点。最终实现产业创新才是清洁能源技术创新的终极经济目标和归宿。只有完成产业创新，清洁能源在市场经济竞争中才具有长久的生命力。目前，中国 CCS 发展尚处于技术示范阶段，技术创新与产业创新活动都在同步发展中。在构建高效的技术创新体系的同时，还需要面向市场、同步推进产业创新进程。当前，中国 CCS 产业创新面临的关键制约和瓶颈是如何实现产业协同创新，提升产业协同合作创新能力。为此，需要构建多元开放的产业协同创新平台，耦合碎片化、分散化的 CCS 创新链条和创新资源。

5.1 产业协同创新与中国产业创新能力

国际上关于产业创新的研究开始于 20 世纪 60 年代。英国经济学家弗里曼是产业创新研究的先驱，他于 1974 年出版了第一部产业创新的专著《工业创新经济学》。伴随着国家创新系统理论的丰富与完善，产业创新研究也逐渐走向产业创新系统理论研究范式。

5.1.1 产业创新与产业创新系统理论

5.1.1.1 产业创新的内涵

产业创新先驱弗里曼认为产业创新包括技术和技能创新、产品创新、流程创新、管理创新（含组织创新）和市场创新等诸多内容。在国外产业创新理论的影响下，国内产业创新研究也于 20 世纪 90 年代逐渐兴起。有学者认为：所谓产业创新是指新兴产业的形成过程，产业创新能力是指形成新兴产业的能力，即指能够满足新的需求，或者满足同样的需求却可以节约更多资源的产业的形成与普及能力。有学者以国际产业分工的视角分析产业创新，认为产业创新是产业由低技术水平、低附加价值状态向高技术高附加价值状态演变的过程。也有学者认为，产业创新是指特定产业在成长过程中或在激烈的国际竞争环境中主动联手开展的产业内企业际的合作创新，并对产业创新、企业创新、国家创新进行了区分。

本文结合创新活动的发展过程和生命周期，认为产业创新是产业技术创新与市场创新的复合体，是产业技术从研究和开发阶段走向大规模商业化应用，从而实现技术的产业经济价值的过程。如果说技术创新强调技术成功的创造，那么，产业创新则强调技术成功实现产业化。技术创新、制度创新和产业创新是三个处于平行层面的概念，他们都具有经济增长效应，技术创新为经济增长创造新的生产可能性边界，并对制度创新提出需求，为产业创新提供新的基础；制度创新为技术创新、产业创新提供条件，推动生产函数向生产可能性边界靠近；技术创新通过制度创新进行扩散，进而扩展为产业创新；产业创新为制度创新与技术创新提供新的更高的基础条件，从而促进技术创新与制度创新。

5.1.1.2　解释产业创新的理论：产业创新系统

如何理解和解释产业技术创新是理论研究的重要主题。有学者认为，国际上主要有四种产业创新模式：技术推动模式、政策拉动模式、企业联动模式和环境驱动模式。这种分析模式实质是采用线性分析模式，将产业创新的成果归因于某一要素，如技术、市场或政策。在产业创新实践中，单一的线性模式往往难以完全解释丰富的产业创新活动。一种新的产业创新理论分析框架应运而生，即产业创新系统理论。

产业创新系统（又称部门创新系统、部门创新体系）是国家创新系统的延伸。产业创新系统研究始于 20 世纪 90 年代，相比于产业创新、国家创新系统、区域创新系统，是一个新兴的研究领域。意大利学者佛朗哥·马莱尔巴（Franco Malerba）是产业创新系统（sector innovation system）[①] 研究的开拓者，他基于产业生命周期理论、产业边界联系与依赖及创新系统理论，提出了产业创新系统概念，认为产业创新系统包括"一组特定产品构成的系统，其中的一系列部门为这些产品的创造、生产和销售提供了大量的市场和非市场的互动"。佛朗哥·马莱尔巴把产业看作是行动者相互作用的系统，其中，他们作用的方式包括正式和非正式的关系、市场和非市场的互动等。波特在创新模型（钻石模型）中，把产业基础纳入创新系统，贯穿了深刻的产业创新系统思想。

产业创新系统研究是继技术创新理论和国家创新系统理论之后创新管理领域兴起

---

① 意大利学者 Malerba 提出 Sector Innovation System，中国国内学者多数将其译为产业创新系统，本人也认为将 SIS 译为产业创新系统更适合分析产业创新与产业外的制度、公共部门的联系。

的新兴前沿领域。产业创新系统在创新体系中具有承上启下的作用，是联结企业创新系统和国家创新系统之间的桥梁。柳卸林等国内学者通过研究自主创新、非技术创新与产业创新体系的关系后，认为自主创新中，过于强调以技术为基础的创新，而忽视非技术的创新，包括管理创新、服务创新、商业模式创新、供应链的创新等，提出了建立产业创新体系框架，以理解中国产业的自主创新。

5.1.2　协同创新是提升产业创新能力的战略选择

从产业创新系统的理论视角来看，实施协同创新，促进产业创新市场主体与非市场主体之间的有效互动，是破除产业创新障碍、提升中国产业创新能力的战略选择。走协同创新道路，可以将市场与非市场力量、技术和非技术力量有效吸附集中起来，共同推进产业创新整体发展进程。产业协同创新包含以下几方面的内容：

第一，产业内创新主体之间的协同创新。对于具体的高技术产业，创新主体往往是多样化的，尤其是清洁能源产业。清洁能源产业内部的创新主体，既包括大型能源企业，又包括科研机构和高校。这种意义上的产业协同创新，就是产业内部的产学研结合。芬兰通过在电子通信产业领域建立包括诺基亚等 200 多家信息通讯企业 29 所大学以及一批科技中介和金融服务机构在内的信息通讯技术联盟，长期称雄全球最具创新精神国家的排行榜。现阶段，依靠政府、企业或者大学和科研院所任何一种组织的力量来单独进行共性技术的创新，实力都较为薄弱，而联合政府、大学、科研机构以及企业等各方力量，提升产业协同能力是产业创新的重要保障。

第二，产业之间创新主体协同创新。产业与产业之间的创新活动并不是相互独立的，有关联产业之间的创新活动是相互影响和制约的。以碳捕集与封存产业为例，直接涉及两个产业之间的创新活动，一是碳捕集技术环节的煤电产业；二是碳封存技术环节的石油产业。两个产业创新活动是统一的整体，只有通过产业协同创新，促进产业融合，从而可以提升传统产业水平，并实现产业创新。

第三，产业与政府、社会等创新环境之间的协同创新。产业创新活动是技术创新、制度创新、组织创新、环境创新的组合创新，它的成功实施往往需要政府、企业、高校和科研机构等多方主体协同和合作来进行。同时，它的实施必然也要受到政策制度、文化、法律体系和社会价值等多方面的影响。同技术、组织一样，文化也是产业协同创新的重要内容。根据相关调研，许多大中型企业囿于传统的观念和制度框架，沿袭以国家为主体、政府计划推动的技术创新模式，面向市场的组织与文化建设缓慢，在技术创新与组织、文化创新的协调方面准备不足，导致企业技术创新动力不足。

5.1.3　跨行业部门协同创新是 CCS 产业创新障碍

CCS 技术开发具有显著的协同创新特征。CCS 是一项综合性的集成技术体系。CCS

技术创新活动的全流程成功实施需要多部门跨行业协同合作。这种协同创新特点不仅表现在技术上，还体现在管理和政策领域。目前，跨行业、跨部门是 CCS 产业全流程创新面临的障碍。

首先，CCS 技术涉及许多单项技术，而且需要开展从捕集、运输、利用到封存等多项技术的集成。这就需要各个技术环节创新行动者围绕 CCS 产业创新链条开展密切的合作，实现产业内部、产业之间的协同创新。由于碳捕集与封存涉及煤炭、电力、石油天然气、运输、化工等众多行业，且涉及业内的大型国有企业，多数是中央能源企业，如何有效实现这些大型企业之间、不同行业企业之间协同合作，是 CCS 产业创新需要直面的客观问题。中国目前 CCS 成功的运行案例集中在油气领域，尚无专门从排放源（如电厂或钢铁厂）到封存地的一体化商业运行项目。其次，中国 CCS 技术创新体系中，企业与科研机构、高校实现产学研紧密结合也是促进中国 CCS 技术创新体系快速发展的必要环境和条件。最后，在管理层面，CCS 还涉及多个政府管理部门，在具体的 CCS 项目方面要多个政府部门的审批和协调（如发改委、科技、国土、环保及海洋等部门），而不同部门对 CCS 态度可能会存在差异。因此，政府管理部门如何有效协调行业及企业间的利益，制定跨行业协同创新机制，是政府在政策制定时需要考虑的复杂问题。

5.2 构建产业协同创新平台，协同推进产业创新

产业协同创新平台是链接产业创新系统各主体的枢纽。现实来看，增强产业创新能力是改变中国处于产业价值链低端困局和提升产业竞争力的必然选择。在理论意义上，构筑产业创新支撑平台，进而丰富和完善产业创新系统，是适应创新理论系统集成化、网络化发展新趋势的要求。当前，国家创新体系理论大框架已经形成，区域创新系统研究也日渐成熟，继续将创新系统理论深入中观到产业创新层面，探索产业创新平台及其扩散机制，有利于完善国家创新系统理论，并在实践上探索建立产业技术创新平台，建立科研与产业联系的纽带与桥梁。

产业协同创新是产业创新主体要素内实现创新互惠知识的共享，资源优化配置，行动最优同步、高水平的系统匹配度，协同创新的有效执行关键在于协同创新平台的搭建。各种清洁能源发展面临许多共性技术，即一种能够在一个或多个产业中得以广泛应用或共享的技术。构建协同创新平台，有利于为清洁能源共性技术攻关提供基础平台，系统跨越和克服技术发展中存在的各种制约因素和障碍，例如清洁能源共同面临的技术不确定性、市场准入门槛高、市场应用难等问题。

5.2.1 创新平台的内涵、特征与功能

平台最早是一个工程概念，从 20 世纪初的汽车生产大批量的流水作业到 30 年代的

航空工业开发 DC3，被逐渐引入到管理思想与实践之中，出现了产品平台、技术平台、创新平台等平台类型。1999 年，美国竞争力委员会在题为《走向全球：美国创新新形势》的研究报告中，提出了创新平台（platform for innovation）的概念。Vesa Harmaakorpi 和 Satu Pekkarinen 提出了区域发展平台分析作为区域创新政策的工具，可以理解为基于产业的商业潜在行动者活动的平台，潜在行动者包括企业、技术中心、行业中心、研发中心、教育组织等，并强调发展平台是以产业为基础的支撑产业发展的平台，包括发展组织、区域创新系统。国内科技创新平台建设起步较晚，是一个新生事物、实践层面，还有许多值得完善的地方。理论上，对创新平台的研究也还刚刚起步，相关的研究还缺乏系统性，在创新平台的定义、结构和功能上还没有形成统一的认识。

5.2.1.1 创新平台的内涵

在促进官产学研合作的制度安排意义上，创新平台与美国、欧洲等地区由政府资助的产学研联盟是对应的概念，例如美国半导体制造技术研究联合体（SEMATEC）、美国电力研究所（EPRI）、美国工程研究中心（ERC）、日本超大规模集成电路技术研究联合体（VLSI）。战略联盟能让企业集中其资源于核心技术与竞争力上，同时获得其从市场方面缺乏的能力。科技创新平台是指某一区域中一系列共享要素的集合，包括知识、信息、技术、人才、政策及其相互联系。它包括物质性的公共设施与公共组织，以形成一个有利于提出原创性理念、进行研究开发、科技成果转化、收集创新信息、交流与扩散的共享平台。

5.2.1.2 创新平台的特征与分类

在科技创新体系之中，科技创新平台的特征表现为：公共性、基础性、非营利性、共享性、协调性、开放性等。由于科技创新平台具有公共性和非营利性的特征，政府应给予一定的扶持和投入，逐步建立和完善服务功能，将产业创新平台的建设列入政府重点扶持和资助的项目管理；最终，产业创新平台转变为商业创新服务公司运行。按照公共服务平台在创新技术产业化过程中的作用不同，科技创新平台分为以下三类：研发公共服务平台、创业公共服务平台、条件公共服务平台。

5.2.1.3 创新平台的功能

第一，降低创新成本。科技创新平台通过建立公用技术平台，可以大大降低企业进行技术创新的信息搜寻成本；公用技术平台的建立、发展和运行从多角度考虑交易成本，可以降低创新活动的资产专用性和不确定性，降低创新的交易成本。第二，促进创新资源集聚、共享，提高创新资源利用率，形成更强的协同创新合力，优化科技资源整合和配置。第三，微观上，科技创新平台具有创新放大效应和人才孵化效应。创新平台对科技创新活动的影响包括：对科技团队创新能力的放大、对科研人员创新心理的正面影响。

5.2.2 建设多元开放的产业协同创新平台

在当前中国正如火如荼开展的新兴清洁能源技术创新活动中，由于缺乏创新平台的支撑，出现了企业、高校及科研院所之间的无序、低水平竞争现象。对于新兴能源技术，单靠单一的创新主体难以完成创新任务，需要搭建清洁能源创新平台，推动新兴清洁能源技术扩散，提升新兴清洁能源技术创新体系的运行效率。在清洁能源产业创新能力建设中，能源技术创新与良好的产业创新协同平台密不可分。清洁能源产业协同创新平台是有效引导和集成产业创新资源聚集，推进产业创新系统快速发展的重要组成部分。CCS 技术的全面发展需要不同行业技术的集成和优化，并开展跨行业的全流程示范，而中国目前尚缺少行业间的创新合作平台，示范项目也只是侧重于单个技术环节。集中体现在研发和示范活动多为单个企业主导，尚缺乏跨行业的合作与平台。因此，在当前条件下，要大规模促进 CCS 技术创新和应用，建设产业协同创新平台是促进 CCS 技术走向成熟和应用的必然选择。

5.2.2.1 产业协同创新平台的主体

产业协同创新平台是集成产业创新系统内的各主体要素（政府、企业、高校、研究机构、金融机构、创业中心），为产业技术升级而开展共性技术与关键技术攻关，并为产业提供共性技术服务和基础研究理论支撑的组织形态。相对于企业提供专有技术而言，产业技术创新平台具有满足产业研发共同需要的公共性、开放性特征。作为链接产业创新系统各主体的枢纽，产业协同创新平台为创新系统中的各要素之间相互发生作用提供共性技术和基础理论，是加速科技创新的基础性工具。

为加快推进 CCS 技术开发，主要发达国家都相继建立起各种 CCS 创新平台，促进跨行业、跨领域的技术合作和经验分享，从而加强技术成果的转化。例如美国建立区域性碳封存合作倡议，包括美国 43 个州、加拿大 4 个省共 350 多个组织；日本建立由发电、石油、工程等行业共 37 家公司联合成立的日本碳捕集与封存有限公司；欧盟"零排放合作平台"，由欧盟委员会与几十家欧洲能源企业、非政府组织、研究机构、学界和金融机构共同建立，推动欧盟 CCS 期间计划等；2010 年 9 月，欧盟委员会又推出全球首个 CCS 示范项目网络平台——"CCS 项目网络"，要求获欧洲能源复兴计划资助的 6 个 CCS 项目共享知识成果和示范经验。

2013 年，在科技部的倡导下，中国华能集团公司、中石油、中石化和国电集团四家作为理事长单位牵头，联合中联煤、清华大学、北京大学、中科院武汉岩土力学所等 28 家理事单位，建立的二氧化碳捕集、利用与封存（CCUS）产业技术创新战略联盟是中国碳捕集与封存技术产业协同创新平台建设非常良好的实践探索。

5.2.2.2 产业协同创新平台组织模式

有学者研究一般公共服务平台的建设背景、国内外建设现状，提出了公共服务平台建设的四种模式：政府支撑模式、产业园模式、共享共建模式和企业自建模式。有学者分析了国际产业共性技术创新平台建设模式，包括领先型技术创新平台模式、追赶型技术创新平台模式、从追赶到领先型的技术创新平台模式，提出了建设产业共性技术创新平台的战略模式选择。

综合国内外创新平台建设实践，产业协同创新平台的组织模式可以分为四种：①由产业骨干企业组建的产业创新平台；②数家企业通过股份制等形式组建的产业创新服务平台；③由高校、科研院所与相关企业出资组建的创新服务平台；④在政府主导下建立的产业创新服务平台。

前两者一般采用市场化运作机制，后两者多以事业单位运行或采取事业单位与市场化运行并行的混合模式（图5.1）。目前，中国各地已经开展了多种多样的产业创新平台建设，以集成电路产业为例，中国科学院成立了EDA中心，面向科学院提供EDA工具和芯片设计技术服务，并向全国芯片设计行业提供产业上下游资源技术支持；科技部在全国成立8个国家级集成电路设计产业化基地；工业和信息化部组建软件与集成电路促进中心，搭建科技创新成果转化的公共服务平台。

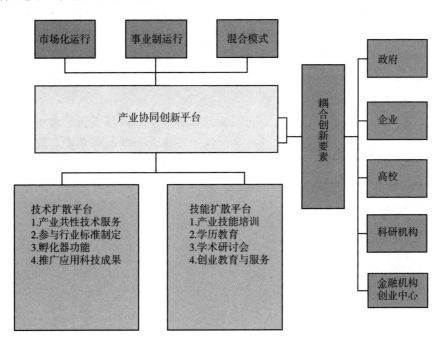

图5.1　产业协同创新平台的组织形式及功能架构

5.2.2.3　产业协同创新平台的功能

宏观角度看，搭建产业技术创新平台，通过平台机制，可以耦合当前科技需求、研究和开发、产业化等"割裂"的创新链，整合分散的科技资源，实现产业创新资源的共享，提高科技基础设施的利用效率，牵引行业科技创新活动，培养高层次的科技创新人才队伍。产业技术创新平台对辐射产业创新的机制途径主要是依靠技术扩散与技能扩散来实现的，一方面，平台为产业提供共性技术研究与开发服务，加速先导技术在全行业的扩散，促进技术溢出；另一方面，平台利用丰富的科教资源，开展产业技能培训服务，把高端的行业技能向全行业普及与推广。

（1）提供产业共性技术研究与开发服务。

（2）参与行业技术标准的制定。

（3）具有孵化器功能，提供创业、推广应用服务。

（4）开展产业技能培训服务，加强产业技能扩散。

5.3 小结

实现产业创新是在市场经济条件下清洁能源技术创新成功的必然要求。在产业创新系统中，产业创新不仅取决于技术水平本身，与技术发展相关的系统环境也影响和制约着创新活动。当前我国产业创新能力低，从产业创新系统的角度看，缺乏协同、合作是主要原因。总体上来看，协同创新是我国产业创新能力提升的战略选择。这一整体判断对 CCS 技术也不例外，要实现 CCS 全流程产业创新，必须破除当前 CCS 跨行业、跨部门的协同合作障碍。

构建产业协同创新平台是走向协同创新的重要抓手。科技创新平台作为科技创新活动的新型组织载体，在服务和推进产业创新中发挥着公共服务功能。围绕产业创新目标，建设多元开放的产业协同创新平台，能有效加快新兴清洁能源技术创新活动，降低技术创新成本，促进技术扩散与技能扩散。

第6章 清洁能源大科学工程
实施案例研究

工程活动是现实的、直接的生产力。在国家创新体系和国家水平的创新之战中，工程创新是创新活动的"主战场"；通过工程智慧，可以有效突破壁垒和躲避陷阱。建设大科学工程是人类迅速发展技术以战胜重大挑战的有效手段。在未来人类发展进程中，气候变化或能源问题毫无疑问将是大科学工程面对的最重大的挑战。纵观历史，技术在一定程度上解决了人类发展中的重大社会问题。"相比较于运用社会工程的方式，技术安排（Technological Fix）在过去已经不同程度上解决了人类社会面临的贫困与战争等重大问题"。对于未来人类面临的气候变化等重大问题，技术仍然是人类社会实现可持续发展的首选方案。

建设 CCS 重大工程，以工程化的方法推进 CCS 技术研发和应用是当前 CCS 技术创新实践的共同形式；但在 CCS 工程组织上，各国碳捕集与储存技术创新工程存在不同的组织模式。由于市场在提供 CCS 技术中存在失灵现象，为有效应对全球气候变化带来的挑战，世界各国相继启动大规模的碳捕集与储存技术工程建设。据全球 CCS 研究所统计，截至 2014 年 2 月全世界已经有 59 座大规模的 CCS 工程，其中，21 项 CCS 工程已经处于运行状态（见图 4.3）。美国政府为 CCS 示范工程提供了大量的政府财政直接资助。为了更多创造就业岗位和实现绿色技术创新，美国相关州政府对碳捕集与封存工程表现了极大的关注，例如伊利诺伊州、德克萨斯州等。美国能源部依托《美国复兴与再投资法案》，投资 31.8 亿美元用于加速清洁煤技术研发和碳捕集与封存商业化建设。

大科学工程是指为加快相关领域科学研究和技术研发，投资数十亿资金、时间跨度长达十年以上的重大科研和技术开发工程。自 20 世纪曼哈顿原子弹工程以来，包括人类基因组计划、国际空间站等在内的许多大科学工程开始在世界范围内得到发展；一些大科学工程建设取得成功，一些大科学工程也走向失败。"大科学工程不是大机器，分析大科学工程需要从公共管理研究路径出发，促进工程主体之间的互动"。一般把技术创新工程看作一系列的政策阶段，这对于准确反映工程的技术生命周期具有重要意义，这样来看，技术创新工程阶段大致包括议程设定、决策、执行等。在大科学工程阶段划分基础上，本书展开案例比较研究。

6.1　美国未来煤电工程实施的案例研究

面对重大科学技术挑战，启动大科学工程是美国联邦政府的通常做法。20 世纪 60 年代的美苏争霸的冷战格局下，苏联于 1961 年成功实现将人类首次送入太空，使得美国在太空竞赛中处于落后地位。为获得太空竞赛中的领先地位，1961 年约翰·肯尼迪总统启动阿波罗登月工程，并于 1969 年成功实现首次人类登月。为探索人类基因奥秘，美国能源部与国立卫生研究院于 1990 年启动人类基因组计划，并于 2002 年完成基本任务。为建立太空空间观察实验室，美国国家航空航天局领导五国太空机构于 1984 年开展国际空间站计划，并于 2011 年达到目标。面对大规模二氧化碳减排挑战，建设 CCS 大科学工程成为政府的新选项。

6.1.1　美国能源环境决策的主体分析

三权分立是美国政治体系的突出特点。美国是实行总统、立法机关和司法机关三权分立、相互制衡的宪政民主①国家。这样的政治体制决定了美国能源环境领域的决策体系具有多中心的特点。能源环境决策不仅仅取决于总统，也往往受到国会或其他机构的影响。

6.1.1.1　国会及其专门委员会

美国国会是由众议院和参议院组成的两院制立法机构。众议院（House of Representatives）由代表各州地区的 435 名投票议员和 5 名非投票代表组成，任期为两年；参议院由 100 名代表各州的议员组成，任期为 6 年。一般说来，众议院议员大约代表着 60000 位选民。由于州大小的差异，来自纽约州、德克萨斯州和加利福尼亚州等大州的参议院议员代表着上千万的选民。无论众议院还是参议院，都设置了专门委员会（Committee and Subcommittee）。委员会主要职责是起草法案、主持政策问题听证及行政机构调查活动。第 110 届国会中，共有 16 个参议院常务委员会和 20 个众议院委员会（表 6.1）。

---

① 民主（Democracy）源于古希腊，意味着多数人统治；相对于一个人统治类型——独裁（Autocracy）。民主根据公民参与程度分为直接民主（公民直接针对法律投票）和间接民主（公民通过选举代表制定法律，即代议制民主）。美国联邦政府全部实施代议制民主。美国许多州仍然实施直接民主，例如修改州宪法以禁止同性恋结婚。宪政民主是以宪法为根本文件确定政府的结构、权力及界限。

表 6.1   美国 110 届国会常务委员会组成及成员数

众议院			参议院		
委员会	分委员会数量	成员数	委员会	分委员会数量	成员数
农业委员会	6	46	农业、营养和森林委员会	5	21
拨款委员会	12	66	拨款委员会	12	29
军事服务委员会	7	61	军事服务委员会	6	25
预算委员会	0	39	银行、住房和城市事务委员会	5	21
教育和劳工委员会	5	49	预算委员会	0	23
能源和商务委员会	6	57	商务、科学和交通委员会	7	23
金融服务委员会	5	70	能源和资源委员会	4	23
外交事务委员会	7	50	环境和公共工程委员会	6	19
国土安全委员会	6	34	金融委员会	5	21
房屋管理委员会	0	9	对外关系委员会	7	21
司法委员会	6	40	健康、教育、劳工和养老委员会	3	21
自然资源委员会	5	49	国土安全和政府事务委员会	5	17
监督和政府改革委员会	5	41	司法委员会	7	19
规则委员会	2	13	规则和管理委员会	0	19
科学技术委员会	5	44	小企业与创业委员会	0	19
小企业委员会	5	31	退伍军人委员会	0	15
官员行为标准委员会	0	10			
交通和基础设施委员会	6	7			
退伍军人委员会	4	29			
方法和手段委员会	6	41			

资料来源：文献 [93]。

在宪法的授权下，国会和总统共同拥有联邦能源与环境政策制定的职责。纵观历史，国会在设定环境政策总体方向方面比白宫更具有影响力。国会能源环境领域的行动具有双重属性，一方面，国会是国家能源环境立法实体；另一方面，国会也是由代表不同选区和州的选举官员组成的会议。强烈的选举激励驱使国会成员在能源、环境及资源政策方面更多思考地方和区域影响，而非国家利益。此外，许多重要能源环境政策产生于国会参议院和众议院常务委员会，主要的能源环境领域国会委员会包括：众议院农业委员会，拨款委员会，能源和商务委员会，资源委员会，科学技术委员会，交通和基础设施委员会等；参议院农业、营养和森林委员会，拨款委员会，商务、科学和交通委员会，能源和自然资源委员会，环境和公共工程委员会等。

6.1.1.2 总统

总统在美国公共政策制定中拥有重要权力，主要扮演五种关键角色。首先，总统是政府首脑，总统直接发布行政协定及行政命令制定公共政策；总统还具有制定和执行公共政策的制度资源，总统通过下属内阁行政部门执行联邦项目；总统行政办公室相关机构向总统提供政策建议（管理和预算办公室、科技政策办公室、总统科学技术咨询委员会等）；白宫工作人员向总统提供政治建议（总统科学顾问）。其次，总统是立法领导者，在宪法和法律授权下，总统通过国会议员、媒体、利益集团及公众，向国会提出议案；总统对国会通过的议案具有否决权及单项否决权。再次，总统是军队最高统帅和国家元首。最后，总统是政党和舆论领袖，拥有非正式的决策权力，如总统拥有说服政策相关者的权力。第二次世界大战以来，尤其是20世纪70年代石油危机以来，能源问题往往是总统政策议程的主要议题（表6.2）。

表6.2　第二次世界大战以来美国总统政策主要议题

总统	执政时期	主要议题					
		国防	太空	能源	环境	卫生	经济及其他
杜鲁门	1945—1953	√					
艾森豪威尔	1953—1961	√					
肯尼迪	1961—1963		√				√
约翰逊	1963—1969	√			√		√
尼克松	1969—1974		√	√	√		√
福特	1974—1977						√
卡特	1977—1981			√	√		
里根	1981—1989				√	√	√
老布什	1989—1993	√	√				√
克林顿	1993—2001				√	√	
小布什	2001—2009	√		√			
奥巴马	2009			√			√

6.1.1.3 联邦行政机构（Federal Bureaucracy）

在美国政治体系中，行政人员（Bureaucrat）在政策制定与执行中发挥着重要的作用，这些作用包括：解释和执行法律，制定规则，提供专家建议和解决争端。由联邦行政部门、独立行政机构及规制委员会、政府公司构成的联邦行政机构在美国能源环境决策中也扮演重要角色。目前，联邦内阁部门——美国能源部（DOE）、独立行政机构——环境保护署（EPA）是美国联邦能源环境决策的主要行政机构。

联邦政府部门建立能源管理系统最早追溯到 1910 年，当时联邦政府在内政部设立矿务局，负责煤开采标准及安全事务。20 世纪 70 年代末开始，能源成为美国国家技术发展的首要优先领域（Top Priority）。数年后，美国能源研究与开发（R&D）支出从支持原子能单一技术的数亿美元调整为支持更广范围能源技术的数十亿美元。同时，能源研究和开发管理机构也发生了显著的变化。第二次世界大战后建立的能源管理机构——原子能委员会（Atomic Energy Commission）于 1974 年撤销，其职能划分给两个新的机构——能源研究开发局和核能规制委员会；1977 年，卡特总统签署《美国能源部组织法案》，美国能源部作为联邦政府内阁部门成立，行使联邦能源局、能源研究和开发局、联邦电力委员会等机构职能。美国能源技术政策发生了巨大变化。

1970 年 12 月，为应对日益增长的环保关注，在尼克松总统的主导下，环境保护署作为向总统直接汇报的独立机构成立。环境保护署成立初期，国会和总统并未赋予其新的职能或权力，EPA 只是整合内政部、农业部、原子能委员会等相关部门部分项目而组建。环境保护署部门预算从 1970 年 10 亿美元增长到 2011 年 86.82 亿美元，雇员数量也从 1970 年的 4084 人增加到 2011 年的 17359 人。EPA 在组织结构上采用新的规制途径：EPA 只有一个行政负责人（administrator），不同于其他规制机构由委员会负责；EPA 不是总统内阁部门，但 EPA 负责人由总统任命，并报参议院批准。EPA 除华盛顿总部外，在相关的州设 10 个区域分局（图 6.1）。

6.1.1.4 司法机构

司法机构通过裁决环境冲突案件[①]，对美国环境决策施加影响。2007 年 4 月，美国联邦最高法院就"马萨诸塞州等诉环境保护署"案做出裁定："二氧化碳是污染物，可以由环境保护署规制。"该判决对美国环境和能源政策制定产生着巨大影响。对于环境冲突（environmental conflict），事实上大约 50% 的环境案件是通过讨论和辩论等非正式途径在法庭外解决的；当法律冲突进入司法程序，多数是由州法院层面解决。由于美国采取双法院系统，联邦司法机构、州和地方司法机构共同组成美国司法体系。美国法院影响环境政策的途径和方式表现在：①决定谁拥有和不能拥有起诉权利；②法院通过决定哪些案件符合审查条件来影响环境政策；③选择审查标准；④解释环境法律；⑤选择补救措施。美国联邦司法机构由地区法院、上诉法院和最高法院组成。联邦司

---

① 上诉法院判决也是美国法律的重要来源之一，其他法律来源包括：宪法（联邦和州）、法律法规（联邦、州和地方）、行政规章（行政机构制定）、行政命令（总统和州长签发）。

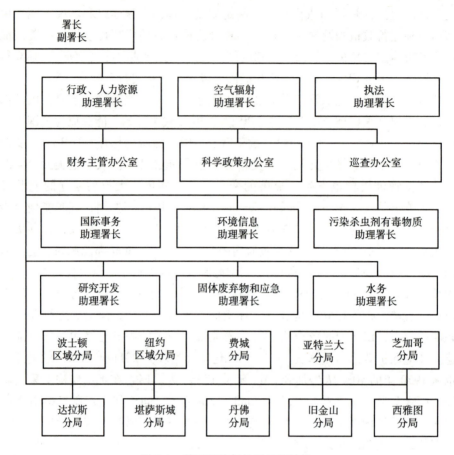

图 6.1 美国环境保护署组织结构

法机构通过两种途径影响公共政策制定：首先，直接制定法律，即在没有相关立法情况下，法官可以制定普通法；其次，解决公共法律政治争端，包括司法审查。

6.1.1.5 州及地方政府

能源环境活动不仅受到联邦政府的管理，一项具体的能源环境技术工程决策和实施还要受到所在州政府（state government）、县政府（county government）、市政委员会（council）等政府机构的管辖。相比较于联邦政府，州和地方政府寻求创造性的环境问题解决方案，具有政策创新的优势。美国各州颁发超过 90%的环境许可证（超过全国环境行动的 75%），共计仅需要联邦政府提供 20%的资助。州政府主导管理如下环境政策领域：大多数废弃物管理；地下水保护；土地使用管理；运输和电力规制，各州环境保护能力排名见表 6.3。在应对气候变化方面，州政府率先制定减少温室气体减排的政策，例如威斯康星州、加尼弗尼亚州、马萨诸塞州、俄勒冈州等。

表 6.3　美国各州环境保护能力排名[132]

排名	州	总分	排名	州	总分
1	俄勒冈	73	26	爱荷华	34
2	新泽西	71	27	爱达荷	31
3	明尼苏达	64	28	新罕布什尔	31
4	缅因	59	29	蒙大拿	30
5	华盛顿	57	30	弗吉尼亚	29
6	麻省	57	31	亚利桑那	29
7	佛蒙特	55	32	罗德岛	28
8	康涅狄克	45	33	田纳西	28
9	伊利诺伊	45	34	夏威夷	28
10	佛罗里达	43	35	俄亥俄	26
11	马里兰	43	36	科罗拉多	25
12	加州	42	37	堪萨斯	24
13	佐治亚	42	38	密西西比	23
14	宾夕法尼亚	42	39	南达科他	22
15	印第安纳	41	40	路易斯安那	22
16	达拉维尔	40	41	内布拉斯加	20
17	德州	40	42	内华达	18
18	纽约	39	43	阿拉斯加	17
19	犹他	39	44	西弗吉尼亚	17
20	北卡罗来纳	38	45	北达科他	17
21	威斯康星	37	46	俄克拉荷马	15
22	南加州	37	47	阿肯色州	15
23	肯塔基	36	48	新墨西哥	11
24	密苏里	36	49	怀俄明	10
25	密歇根	36	50	阿拉巴马	8

6.1.2　联邦政府科技预算的形成过程

　　"总统提出预算草案、国会安排预算"是美国联邦政府预算过程的基本原则。预算由总统提出，国会要么接受、要么拒绝总统的预算提议。国会下属参议院和众议院委员会负责考虑总统预算请求。在 1974 年《国会预算与保留管制法案》授权下，参议院和众议院预算委员会成立，预算委员会的职能是确定预算"蛋糕"的总规模及其组成。当两院预算委员会预算决议达成协议后，拨款委员会将负责分配预算"蛋糕"，确定具体政府项目的资助水平。如果两院预算委员会在 5 月中旬没有达成协议，拨款委员会将根据自己所属议院的预算委员会指导分配预算。6 月，众议院拨款委员会准备拨款议案，参议院拨款委员会修改众议院拨款委员会通过的议案，参众两院拨款议案版本通常是不同的。近年来，巨大的参众两院拨款议案导致所有的拨款议案最终进入综合拨款法案。9 月，参众两院会议委员会就预算支出达成最后协议，提交总统签署。如果总统否决国会预算议案，预算议案将重新由国会委员会讨论。10 月 1 日，财政年度开始。如果国会在此之前没有通过或总统没有签署拨款法案，国会必须通过决议以保证相关机构的运行。

联邦机构通常于 9 月中旬向总统预算管理办公室（OMB）提交下一年度初步预算请求。总统预算管理办公室审核预算数额并提出修改建议。联邦机构负责人禁止从事向总统预算管理办公室的正式游说活动，但是机构官员往往向 OMB 工作人员解释和说明预算请求。在感恩节前，OMB 通常"回传"预算修改额度给相关机构。联邦机构可以继续要求相应预算额度，但是预算管理办公室只考虑很少请求。联邦机构通常只有当明确表示高的资助重点或受到显著的政治压力而增加预算水平，才会继续提出预算请求。12 月，预算管理办公室审查联邦机构的上述请求，并完成总统下一财政年度预算提议的终稿。所有的决定通常在圣诞节前做出。1 月末，年度总统国情咨文可能提出预算行动，对下一财政年度预算提议做改动。在总统批准预算提议后，财政年度预算提议（预算年度执行开始于 10 月 1 日）送至政府印刷办公室，于 2 月第一周公布。届时联邦机构举行系列的说明会，为公众和媒体解释预算提议的详情。

6.1.3　未来煤电大科学工程概念形成

自 1973 年石油危机以来，能源一直被视为美国公共政策议程中的优先议题。1973 年，受到第四次中东战争影响，石油输出国组织宣布石油禁运，导致石油价格暴涨。为回应石油危机，尼克松总统发起了"独立工程"（Project Independence）行动，以在 1980 年前实现美国能源自我供应。他曾指出，他是美国首位提出广泛的能源项目及把能源作为第一要务的总统。后来，1977 年卡特总统签署《美国能源部组织法案》，建立美国能源部，行使能源政策制定与资助能源研究和开发的职能。从此以后，能源成为历届总统政策议程中的优先议题。

另外，为了应对气候变化，美国政府将关注焦点转向了技术而不是政策，以技术为重点应对气候变化的战略促进了美国在发展 CCS 技术方面取得领先地位。尽管美国在气候谈判中发挥着重要作用，但是美国仍然是目前工业化国家中唯一没有批准《京都议定书》的国家。随着美国国内科学界及社会对应对气候变化的公共呼声日益增强，联邦政府对限制国内二氧化碳排放仍然没有出台相关规制政策。因此，作为一种清洁能源技术，CCS 开始成为美国应对能源和气候变化双重挑战的重要选项。在煤行业层面，CCS 技术使得"清洁煤"成为可能，以此也缓解了公众对燃煤电厂的日益反对情绪。煤行业及高度依赖煤发展经济的州对发展 CCS 表示了强大的支持。

联邦政府对二氧化碳捕集和封存的兴趣始于克林顿政府时期。1999 年，美国能源部长 Bill Richardson 在针对煤专家的演讲中强调："碳封存是继能源效率、低碳能源后气候战略的第三条腿"。2001 年，布什政府执政初期成立国家能源政策发展小组（National Energy Policy Development Group），为能源政策提供建议。数月后，布什政府设立清洁煤行动（Clean Coal Power Initiative，CCPI），加速先进技术发展以保证为美国提供清洁、可靠和实惠的电力。同时，作为美国能源最高管理部门，美国能源部自 1999 年开始重视发展 CCS 技术，并认为 CCS 是实现二氧化碳排放管理的第三条途径。除了增加 CCS 研究和开发资助外，美国能源部还设立区域碳捕集联盟（Regional Carbon Sequestration Partnerships）和碳捕集领导人论坛（Carbon Sequestration Leadership Forum），推进 CCS 技术的示范和应用。

6.1.4　工程决策

作为美国减缓气候变化的旗舰工程，布什总统于 2003 年 2 月宣布启动未来煤电工程。按照计划，未来煤电工程将建设总投资达到 10 亿美元的世界第一个零排放的燃煤发电工程。该工程将建设发电量为 275MW 的燃煤电厂，并实现二氧化碳的捕集与封存。同年 11 月，布什总统签署国会拨款法案，增加对几个关键煤电技术的资助。参议院和众议院内务拨款委员会支持布什总统的清洁煤行动，批准了启动未来煤电工程的议案。同时，总统的行动也得到了能源行业的支持。电力和煤炭行业的大企业纷纷加入了未来煤电行动。2005 年，由电力和煤行业公司参加的非营利组织——未来煤电产业联盟成立。该组织通过与美国能源部建立合作伙伴关系，推进未来煤电工程的设计、建设和运营。在推动工程的公共部门与私人部门的伙伴关系中，美国能源部计划直接资助工程建设成本的 74%，其余部分由未来煤电产业联盟承担。未来煤电产业联盟设立了由各出资公司代表组成的董事会。美国电力公司前执行官迈克·穆德（Mike Mudd）出任未来煤电产业联盟 CEO。截至 2006 年，参加未来煤电工程的成员已经从开始的 6 个增加到 12 个，其中包括来自中国和印度的能源公司。布什政府新任美国能源部长斯宾塞·亚伯拉罕（Spencer Abraham）也是未来煤电工程的坚定支持者。

6.1.5　初期执行与中止

为更好地引导未来煤电工程的执行，美国能源部专门设立了新的工程管理岗位，积极召募具有政治和预算管理背景，而非工程技术背景的人员。因为，未来煤电工程的执行涉及协调许多不同的联邦行政部门，包括环境保护署和国务院（中国和印度对未来煤电工程的投资）等，以及在工程选址中会涉及州和地方政府及其公共服务委员会。在美国能源部监督和管理下，未来煤电产业联盟于 2006 年 5 月开始工程选址工作。该工程的竞争性选址引起了许多州的高度兴趣。七个州针对未来煤电工程选址要求提出了初期方案，方案数达到 12 个。德克萨斯州对潜在的选址进行了初步选定，最后向未来煤电产业联盟提交了两份选址计划。7 月，伊利诺伊州和德克萨斯州的四处选址进入了工程选定程序，这个程序包括由美国能源部依据《能源环境政策法案》做出工程综合评价及更多的选址评估。伊利诺伊州和德克萨斯州的政策制定者都同意承担二氧化碳地质封存的责任。2007 年 11 月 8 日，美国能源部发布最终环境影响报告（Final Environmental Impact Statement），认为从环境影响的角度分析，这四处选址都是可以接受的。随后，环境保护署于 2007 年 11 月 16 日在联邦纪事中发布最终环境影响报告可行性通知（NOA）。根据联邦法律，美国能源部应当在 NOA 发布之后至少 30 天做出最终决定记录（Final Record of Decision）。2007 年 12 月，未来煤电产业联盟宣布工程选址于伊利诺伊州马顿县。随后美国能源部并没有签署最终决定记录，而是因攀升的工程成本取消了未来煤电工程[①]。2008 年 1 月 30 日，美国能源部正式声明不会签署最终决定记录，并会停止对未来煤电工程的资助。

6.1.6 再启动与执行

尽管美国能源部于 2008 年 1 月停止了未来煤电工程，未来煤电产业联盟仍然致力于工程活动，从国会中积极争取支持。6 个月后，参议院拨款委员会通过为未来煤电工程拨款 1.34 亿美元的法案，用于支持在伊利诺伊州建设未来煤电工程。2009 年，奥巴马执政后，清洁煤技术在他的能源政策议程中得到了更多的重视。实际上，在奥巴马 2008 年竞选运动中，他承诺支持发展清洁煤技术，并有发展五座商业化规模的装备 CCS 的燃煤电厂。奥巴马政府初期，伊利诺伊州参议院迪克·多宾（Dick Durbin）、伊利诺伊州代表和美国能源部部长候选人朱棣文专门讨论未来煤电工程的发展问题。2009 年 6 月，新任美国能源部长朱棣文宣布重新启动未来煤电工程。2009 年 7 月 14 日，美国能源部为未来煤电工程颁发最终决定记录（Record of Decision），标志着未来煤电工程再次得到启动。2010 年，能源部宣布启动 FutureGen 2.0 工程，该工程不再新建电站，而是采用改造旧电站，用于碳捕集与封存工程，并开展了二氧化碳封存地点选址工作。2011 年，伊利诺伊州摩根县被选为工程二氧化碳封存地，但电站及封存工程建设预计于 2013 年春开始进行。

6.2 加州氢能工程决策与实施案例研究

在加尼弗尼亚州圣华金河谷南部边缘地带克恩县（Kern County），世界两个最大的

---

① 2009 年 3 月国会审计员指出能源部错误计算了未来煤电工程的成本，事实上，当时工程成本仅仅上升了 39%，而不是一倍。

能源公司正兴建新型的发电厂。2007 年，英国石油（BP，国际石油七姊妹之一①）和力拓集团（澳大利亚跨国性矿产集团）宣布投资 6400 万美元建设由燃煤或天然气驱动的氢气发电工程（HECA）。同时，新的设施将捕集发电过程中 90% 的二氧化碳排放，并将其封存于地质结构之中。技术上来看，该工程是同类发电工程中的首例，代表了能源领域合作开展能源技术创新示范的趋势。为建设这项工程，英国石油公司和力拓集团建立了新的企业——氢能国际，作为管理工程的实体机构。该工程预计总投资约 23 亿美元，联邦政府分担 3.08 亿美元，占工程建设总成本的 11%；工程计划于 2016 年建成年捕集 200 万吨 CO_2 的生产能力。

6.2.1　加州 HECA 工程初步决策形成

2008 年，在 BP 前管理者刘易斯·吉利（Lewis Gilles）和力拓集团前管理者彼得·坎宁安（Peter Cunningham）的领导下，HECA 工程向加州能源委员会提出了工程许可申请，开始申请在克恩县建设 IGCC 发电厂的"电站选址及许可的初步评估"。加尼弗尼亚州内，能源委员会是 50MW 及其以上规模热力发电站许可的主管机构。工程许可程序需要工程环境分析，包括将工程对环境负面影响最小化的措施及方案分析。在许可申请条件要求下，HECA 工程改变了工程计划，将 CO_2 排放间接导入 5 英里远的 Elk Hills 油田，以提高油田采收率。该油田拥有者美国西方石油公司（Occidental Petroleum）同意购买工程碳排放以支持油田 EOR 运营。这样将碳排放销售，而非简单地质封存，为工程提供了额外的利润来源，增加了工程的经济可行性。到 2009 年 8 月，加州能源委员会接受了工程许可申请，这意味着加州能源委员会已经获取工程足够信息，将开始 HECA 工程的许可审批程序。

HECA 工程在启动初期得到了州和地方管理部门的支持。贝克斯菲尔德（Bakersfield）市长哈维·霍（Harvey Hall）是工程的热衷支持者，表示工程将为当地提供超过 1000 个临时建设工作岗位和约 100 个固定电厂工作。加州州长施瓦辛格签署行政命令，设定加州在 2050 年达到温室气体排放在 1990 年基础上减排 80% 的目标。依托于加州通过《2006 气候变暖应对法案》和施瓦辛格州长的支持，加州公共事业委员会（California Public Utilities Commission）是州政府层面关键支持者。2008 年，加州公共事业委员会批准加州区域电力供应企业南加州爱迪生公司（Southern California Edison）修改费率表以共同资助 HECA 工程 3000 万美元开展可行性研究，包括 HECA 许可、工程及经济可行性。该项修改是州政府支持发展温室气体减排技术的信号。2009 年 9 月 30 日，美国能源部和加州氢能公司签署合作协议，将通过《美国复兴和再投资法案》下的第三轮清洁煤电行动为工程提供 3.08 亿美元的政府资助。

---

① 国际石油七姊妹包括：埃克森美孚、壳牌、英国石油公司、德士古（雪佛龙）、纽约标准石油、加尼弗尼亚标准石油、海湾石油。目前前四家公司继续营业。

来自产业界、联邦政府、州和地方政府层面的支持为 HECA 工程顺利完成许可程序、开工建设铺平了道路。除加州能源委员会及公用事业委员会外，包括环境保护署、美国鱼类和野生动物局、圣华金河谷空气污染控制局、加州环境保护部等政府机构参与了 HECA 工程的初期建设。2010 年，圣华金河谷空气污染控制局发布证明，表示 HECA 工程符合空气质量标准和要求，这是加州能源委员会颁布工程许可、启动 HECA 工程建设的关键一步。

6.2.2　英国石油的退出与工程再执行

工程在许可申请方面取得的进展很快遇到了来自产业界合作伙伴的挑战。作为工程半个行业伙伴，BP 开始面临由于 2010 年夏季墨西哥湾漏油事件带来的经济危机。BP 失去支持 HECA 工程建设的经济能力，必须在是否继续支持工程做出选择。此外，力拓集团也没有足够的资金单独支持完成该项工程。由于超过 3 亿美元的 DOE 资助已经处于进行中，DOE 开始寻找 HECA 工程新的投资者。在这样的条件下，工程长期投资是可行的，也符合所有规制和法律条件，得到了州和地方政府的广泛支持；工程缺少的只是使工程启动建设的短期资金支持。2011 年夏，SCS 能源公司签署有条件从 BP 和力拓集团接管 HECA 工程的协议。原来工程组织者（BP 和力拓）不打算取得已经向工程投入 0.55 亿美元成本补偿。与美国能源部修改后的协议也允许工程根据市场需求决定使用来自化石能源的氢能发电或尿素生产。尿素是广泛应用于农业的肥料。发电厂继续捕集发电生产中 90% 的二氧化碳，将其运输到附近油田以提高石油采收率。美国能源部和 SCS 表示，这项增加电力和尿素生产的修改将帮助工程创造新的商业模式以补偿工程高成本带来的经济挑战。2012 年 5 月，SCS 能源公司向加州能源委员会递交建造一座 300MW 的氢能发电厂的修订申请。工程预计于 2013 年 6 月开始建设，2017 年 2 月完成工程建设，2017 年 9 月进入商业化运营。

6.3　中国绿色煤电工程决策与实施案例研究

相比较于中国，无论是系统结构部件还是系统功能方面，美国具有更强的 CCS 技术创新体系。但是这并非必然保证大科学工程的成功实施。对于重大科学工程，政治因素在工程决策与执行中起着更为重要的作用。中国的政治体制及能源环境决策体系在这方面更具有制度优势。

6.3.1　中国能源环境的管理部门

6.3.1.1　政府机构与能源管理改革

走向集中的中国能源管理改革是能源工程决策的基本背景。自 1978 年改革开放以来，中央政府先后经历了六次政府机构改革，尤其在经济和能源管理部门方面做出了巨大调整。几乎每届政府都会发起政府机构改革，这包括 1982 年、1988 年、1993 年、2003 年及 2008 年政府机构改革。对于能源管理机构改革，共计 11 次国家能源管理和监管改革（表 6.4）。自 1993 年取消能源部以来，中央政府没有形成统一管理能源的部门；能源管理职责分散于相关部委，如煤炭工业部、电力部、国家计委等。近年，能源管理逐渐出现了走向集中管理的趋势。一方面，原国家计划委员会调整为国家发展和改革委员会（简称国家发改委），负责煤、电力、石油及天然气行业的能源管理；另一方面，在国家发改委的管理下，国家能源局于 2008 年成立，专门负责能源行业管理。两年后，国务院设立国家能源委员会作为国家能源管理最高协调机构，其日常工作由国家能源局负责。

表 6.4　自 1978 年以来中国中央政府能源管理部门改革

年份	中央政府能源管理机构改革
1978	撤销石油化学工业部,设立石油工业部、化学工业部
1979	水利电力部撤销,分设水利部和电力工业部
1980	国家能源委员会成立,负责统筹协调煤炭、电力、石油三个部门的工作,煤炭工作具体事务仍由煤炭工业部管理
1982	国家能源委员会撤销;再次将水利部和电力工业部合并。设立水利电力部
1988	能源部成立,撤销煤炭工业部、石油化学工业部、水利电力部和核工业部,重新恢复水利部
1993	能源部撤销,再次设立煤炭工业部;组建电力工业部
1998	撤销煤炭工业部和电力工业部,设立由国家经贸委管理的国家煤炭工业局、国家石油化学工业局、电力司
2001	撤销国家煤炭工业局、国家石油化学工业局,由国家经贸委和计委等有关部门负责能源行业管理
2002	国家电力监管委员会成立
2003	国家计委变更为国家发改委,实施对煤炭、电力、石油天然气等行业的管理
2008	国家能源局成立,下设煤炭司、石油天然气司、电力司、新能源司和可再生能源司等,对能源行业实施管理
2010	成立国家能源委员会,由总理担任主任,国家能源委员会办公室主任由发展改革委主任兼任,副主任由能源局局长兼任,办公室具体工作由能源局承担

来源:《瞭望》,2010 年第 5 期。

6.3.1.2 国务院及其行政部门

国务院作为国家最高行政机关，是国家行政决策体系的核心机构。除由国务院下属相关部委承担具体管理工作外，2010年，国务院在能源管理方面还成立了由国务院总理担任主任的国家能源委员会（NEC），协调能源管理工作。国家能源委员会还具有制定国家能源发展战略、审议能源安全和能源发展中的重大问题、统筹协调国内能源开发和能源国际合作的重大事项等职能。

实施能源管理改革后，中国建立了新的能源工程审批管理机制（图6.2）。根据国务院投资体制改革文件，不同类型的能源工程应该采取不同的审批程序。对于水力发电工程，由国务院相关部委负责审批发电能力超过25MW的发电工程，地方政府相关部门负责审批发电能力低于25MW的发电工程。同时，国务院相关部委负责审批新建的火力发电工程。因此，目前，国家发改委及其所属的国家能源局是负责审批基于IGCC电厂的CCS工程的领导机构。

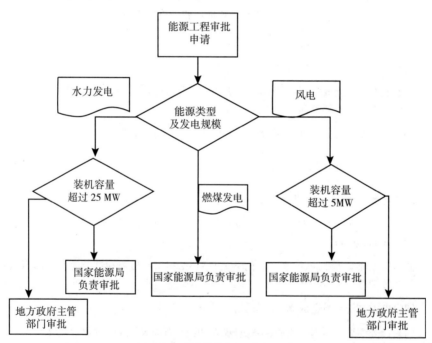

图6.2 中国能源工程审批程序

来源：根据国务院文件《关于投资体制改革的决定》〔2004〕20整理。

6.3.2 绿色煤电大科学工程概念形成

中国绿色煤电工程的概念形成具有长期的历史，该概念实质上主要缘起于20世纪

90 年代初期发展 IGCC 的能源技术创新活动。一直以来，中国电站能源生产效率仅仅为能源生产总效率的 1/2 左右（表 6.5）。为提高电站能源生产效率、推进能源技术创新，1994 年，国家科委电力部、国家计委等三部三委成立 IGCC 领导小组，启动 IGCC 项目示范研究。1999 年，山东烟台 IGCC 电站示范工程得到有关部门批准正式立项。由于设备引进及管理体制等方面原因，该工程进展缓慢。2003 年，美国宣布实施未来煤电工程后，作为中国五大发电集团之一，华能集团为加快企业能源技术创新，于 2004 年起倡导并组织实施绿色煤电工程。华能集团成立了绿色煤电计划领导小组、工作小组和课题组，领导小组组长由集团公司总经理亲自担任。

表 6.5　中国能源生产效率（2000—2011）

年份	总效率(%)	发电及电站供热总效率(%)	炼焦总效率(%)	炼油总效率(%)
2011	72.3	42.4	96.4	97
2010	72.8	42.4	96.4	96.9
2009	72	41.7	97.4	96.6
2008	71.6	41	97.8	97.2
2007	70.8	40.2	97.6	97.2
2006	71.2	39.9	97.8	96.9
2005	71.6	39.9	97.6	96.9
2004	70.9	39.5	97.6	96.4
2003	69.4	38.8	96.1	96.8
2002	69	38.7	96.6	96.7
2001	69.3	37.6	96.5	97.9
2000	69	37.4	96.2	97.3
平均值	70.83	39.96	97.00	96.98

来源：中国国家统计局，http://www.stats.gov.cn/，时间：2014/02/05。

6.3.3　工程决策

6.3.3.1　进入决策议程——"863"计划

"863"计划是能源技术进入国家政策议程的基本途径。自 1986 年实施"863"计划起，能源技术被列入国家高技术发展的优先选项。1986 年 3 月，王大珩、王淦昌、杨嘉墀和陈芳允等四位中国科学院院士联名向中共中央写信，提出《关于跟踪研究外国战略性高技术发展的建议》。在这封信里，科学家认为国家应该发展高技术，追踪外国高技术发展项目，如美国星球大战计划、欧洲尤里卡计划。作为当时中国最高领导人，邓小平批准了这个建议，指出"此事宜速作决断，不可拖延"。6 个月后，中央政府建立了国家高技术发展计划（"863"计划），用以资助六个主要高技术领域的技术研发。1986—2005年间，共计300亿元投入到六大高技术领域中。相比较于其他的国家科技计划，"863"计划占据了最大的国家财政拨款比重。"863"计划在设定国家优先发展技术中也起到关键作用，"863"计划资助的技术较容易地进入公共政策议程。能源技术一直是"863"计划资助的主题领域。25年来，"863"计划根据国家经济发展，几次调整了资助的重点技术领域。但是，能源技术始终是"863"计划主要资助主题（表6.6）。

表6.6 "863"计划资助重点主题领域

1986—1996 （"七五"、"八五" 计划时期）	1996—2000 （"九五" 计划时期）	2001—2005 （"十五" 计划时期）	2006—2010 （"十一五" 计划时期）	2011—2015 （"十二五" 计划时期）
1. 生物技术 2. 空间技术 3. 信息技术 4. 激光技术 5. 自动化技术 6. 能源技术 7. 新材料技术 8. 海洋技术	1. 生物技术 2. 信息技术 3. 自动化技术 4. 能源技术 5. 新材料技术 6. 海洋技术	1. 信息技术 2. 生物和现代农业技术 3. 新材料技术 4. 先进制造技术 5. 能源技术 6. 资源和环境技术	1. 信息技术 2. 生物和医疗技术 3. 新材料技术 4. 先进制造技术 5. 先进能源技术 6. 资源和环境技术 7. 海洋技术 8. 现代农业技术 9. 现代交通技术	1. 信息技术 2. 生物和医疗技术 3. 新材料技术 4. 先进制造技术 5. 先进能源技术 6. 资源和环境技术 7. 海洋技术 8. 现代农业技术 9. 现代交通技术 10. 地球观察与导航技术

作者根据缔约方会议资料整理而成。

"863"计划能源主题领域为CCS技术提供了资助，也为CCS列入政策议程创造了条件。国际气候变化问题成为国际社会关注的共同问题，中国作为世界上最大的二氧化碳排放国，也开始重视发展CCS技术应对气候变化。尽管作为非义务减排国家，中国政府设定了自主减排的国家目标。2009年11月，国务院常务会议决定到2020年全国单位GDP二氧化碳排放比2005年下降40%~45%，作为约束性指标纳入"十二五"及其后的国民经济和社会发展中长期规划。这样的背景下，"863"计划自2006年起发布了三项CCS相关项目，给予CCS技术重大研发资助。

在能源和CCS技术成为国家技术发展重点背景下，绿色煤电技术也开始进入政策制定议程。工程计划阶段，科技部对绿色煤电工程研究和开发活动表示重视。2004年

9 月,绿色煤电工程发起者——华能集团就绿色煤电工程计划向科技部做了专门报告。两个月后,科技部高新司复函华能集团,表示将会给予绿色煤电工程优先资助考虑。2004 年 11 月 30 日,华能集团总经理李小鹏应邀参加科技部组织的企业创新政策论坛,绿色煤电工程在这次论坛上被提及。作为 CCS 技术的关键环节,整体煤气化联合循环(IGCC)也被列入国家科学技术中长期规划的优先主题。绿色煤电工程也开始申请"863"计划先进能源技术主题的资助,2006 年,科技部批准了绿色煤电工程申请"863"计划的资助。从此,绿色煤电技术进入了政策议程。

6.3.3.2　工程决策与执行

2005 年 12 月,在中共中央政治局委员、国务院副总理曾培炎见证下,华能集团与 7 家发电、煤炭、投资公司①在人民大会堂签署协议,共同成立绿色煤电公司,启动绿色煤电工程,工程预计历时 15 年,耗资 58 亿元。根据绿色煤电工程实施计划,绿色煤电的目标是研究开发和示范推广以整体煤气化联合循环(IGCC)为基础,以煤气化制氢、氢气轮机联合循环发电和燃料电池发电为主并进行 CO_2 分离和处理的煤基能源系统,建成一座 40 万千瓦级氢气轮机和燃料电池发电示范电站,从而大幅度提高煤炭发电效率和达到污染物和 CO_2 的近零排放,形成自主知识产权的绿色煤电技术。

国家层面的宏观工程决策做出后,华能集团开始了绿色煤电工程一期——建设天津 IGCC 示范电厂许可的申请工作。根据绿色煤电工程计划,2006—2011 年间,将建设华能天津 IGCC 示范电站。在工程建设初期,华能天津 IGCC 项目得到了天津市政府的支持。2006 年 9 月,华能集团与天津市政府就绿色煤电 IGCC 示范项目签署合作协议,天津市政府将向该项目提供建设用地、行政审批等方面的政策支持。5 天后,天津市发改委主持绿色煤电工程启动会,就工程选址、环境评估及公用事业等协调天津市主要部门。

2007 年,绿色煤电 IGCC 电站项目通过了天津市环保局的初步环境评估,并得到了国家环保总局的核准。2008 年,IGCC 电站项目完成可行性研究,取得国家能源局的路条,这意味着国家发改委已经收到工程申请者的相关信息,并启动许可认证程序。2009 年 5 月,国家发改委批准了华能天津 IGCC 示范电站工程。绿色煤电 IGCC 工程进展很快吸引了来自产业界伙伴公司的参与。天津津能公司向 IGCC 电站投资电站建设总成本(2.1 亿元)的 25%。2009 年,来自美国的国际最大煤炭公司——博帝能源(Peabody)也加入绿色煤电工程,向工程投资 0.21 亿元人民币(持有绿色煤电公司 6% 的股份)。在中央政府部门、地方政府及产业界的支持下,绿色煤电工程已经完成一期 IGCC 电站建设任务,250MW 的 IGCC 电站于 2012 年完成投产;预计 2016 年完成绿色煤电工程建设,装备捕集生产过程中 60% 的二氧化碳,年 CO_2 捕集量将达 160 万吨。

---

①　绿色煤电公司由中国华能集团控股(52% 股份),中国大唐、中国华电、中国国电、中国电力投资、神华集团、国家开发投资公司、中煤集团及美国博迪能源等八家入股企业各拥有绿色煤电公司 6% 的股份。

6.4　大科学工程实施五要素模型分析

虽然美国未来煤电工程于 2003 年由布什总统宣布启动，但工程执行过程经历了停止与再启动的波折；工程实质建设活动于 10 年后才开展，进展相对缓慢。加州氢能工程自 2008 年提出之后也经历了 BP 退出导致的艰难的工程执行局面。中国绿色煤电工程虽然由能源企业宣布发起，但目前已经完成一期 IGCC 电站建设，工程进展较快。在这三个工程执行过程中，都面临技术上、组织上以及政治上的障碍，那么，什么是影响大科学工程执行的关键因素呢？人们可能会提出上百个影响因素。本研究将基于大科学工程五要素模型①，比较中美 CCS 大科学工程决策与执行过程，分析影响大科学工程执行的关键因素。

6.4.1　目标

国家目标对大科学装置的建造、运行、改造等发展环节有直接影响。成功的大科学工程应该拥有清晰的技术目标。虽然大科学工程通常在实施中拥有许多非技术的目标，但是为便于参加大科学工程的机构与人员之间交流和定义，大科学工程应该有清晰的技术目标。清晰的工程技术目标可以用来衡量工程进展、评估资源重要性，及时调整行动。目标可能会发生变化，但是应该及时、明确地告诉工程的参加者。例如，阿波罗登月工程的技术目标是把人送到月球并让他安全返回地球，人类基因组计划的目标是对数量达到 30 亿的人类基因密码测序。对于中国绿色煤电工程，由于采取了分步进行的"三部曲"目标体系，第一阶段以完成建设 IGCC 电站为重点。明确的分步骤的技术目标促进了未来煤电工程的执行。对于美国未来煤电工程，由于在工程启动初期并未明确技术目标（是建设 IGCC 电站还是实施 CCS 示范？），影响了工程的初期执行。后来，未来煤电工程逐渐放弃了建设新的 IGCC 电站目标，选择改造旧电厂以达到碳捕集与封存示范的作用。对于加州氢能工程，经济性目标的逐渐明确（建设 IGCC 电站、EOR 及生产肥料）促使工程摆脱由于 BP 及力拓集团退出工程建设带来的困局，HECA 工程得以重生。

6.4.2　组织

公共管理者必须运用三项基本公共管理工具执行相关公共政策，从而达到相关公共管理目标。这三项基本工具是组织、人事和财政。无论公共管理者倡议的项目是新

---

① 大科学工程成功执行的五要素模型是在研究阿波罗登月工程、人类基因组计划及国际空间站计划等系列大科学工程决策与执行过程基础上，由雪城大学马克斯维尔学院拉姆布莱特教授（William H. Lambright）提出。

项目还是旧项目，他必须关注组织、人事和财政等三项基本工具，因为公共管理是一个处于变化的动态过程，绝不是已经完成的最终产品。不经组织化的社会不能形成公共管理主体——政府。著名德国社会科学家马克斯韦伯也曾指出："除了建立组织，没有其他办法能让人类完成复杂的事务"。

20 世纪以来，人类最重要的和最有影响的管理组织形式是科层组织（bureaucracy）。目前人们几乎都工作在科层组织中，绝大多数的生产和生活需要的产品和服务都是由科层组织提供的。通常来看，科层组织定义为以下基本要素：第一，通常有超过 100 位员工组成的大组织；第二，具有科层化的组织结构，员工通过命令链条向最高管理者负责；第三，明确定义了每名员工的角色和责任；第四，员工的行动和决定基于非人格化的规则；第五，招募员工从事具体工作是基于员工技能和相关培训。科层组织具有五个基本维度是：第一，规模；第二，科层等级，科层等级是所有复杂系统的基本特征。控制幅度、管理层次；第三，专业化；第四，基于规则决策；第五，基于成绩的招募和考核。科层制组织也存在自身的问题：在结构方面：过度复杂化；本位主义；过度分工带来的碎片化；文牍主义。在权力方面：大型组织权力集中化，与民主社会冲突。

大科学工程的组织（organize）是指实施大科学工程主体之间"由谁来做什么"，这既包括正式和非正式的命令指挥链条，也包括劳动分工。目前，CCS 大科学工程体现两种组织模块。

6.4.2.1　政府直接资助 + 产业联盟组织

美国能源部作为联邦政府能源管理机构，主管该项工程，是未来煤电工程的投资主体，虽然在资助方式上采取财政直接投资的方式，但是，美国能源部在未来煤电工程的实施上采取了独特的组织与管理模式：依托非营利组织——未来煤电产业联盟，执行未来煤电工程建设与管理工作。为了便于未来煤电工程设施设计与建设，美国能源部与未来煤电产业联盟建立伙伴关系。未来煤电产业联盟被赋予了管理工程选址、吸纳能源企业参与工程的权力和任务（图 6.3）。同时，未来煤电产业联盟作为非营利组织，拥有董事会，董事会成员包括了向该项工程出资企业。然而，未来煤电产业联盟要求，任何成员不能从产业联盟中获取任何直接的经济利润；作为非营利实体，产业联盟将拥有电站并将电力、水和其他副产品投向市场。任何未来煤电工程运行的收入将用于补偿工程的运行成本。因而，这样的制度安排强调了未来煤电工程的研究及示范作用。

基于国际应对气候变化与国际清洁能源技术合作框架，美国能源部吸纳各国政府及能源企业参与未来煤电工程，共同分担工程实施风险和成本。目前，产业联盟成员来自世界各国主要的能源及装备企业投资，能源行业对投资未来煤电工程的兴趣逐渐上升，投资企业从最初的 6 家已经攀升到 2007 年的 13 家，这些入股能源企业业务遍及

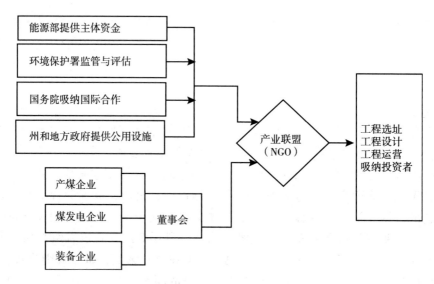

图 6.3　美国未来煤电工程组织实施模式图

非洲、澳大利亚、加拿大、欧洲、中国、南非及美国等地区①。此外，美国能源部为引导未来煤电工程建设，设立了专门的工程项目管理职位，主要面向拥有政治及预算管理经验的人员招聘，而不要求是工程技术人员。未来煤电工程的实施还需要协调联邦政府相关机构，包括联邦政府环保部、联邦政府国务院（美国国务院）、州和地方政府、州公共服务委员会。

　　以非营利组织为形式的产业联盟是碳捕集与封存技术创新工程组织实施的新主体。美国未来煤电工程把工程组织和实施任务赋予非营利组织。一方面，产业联盟属于税法"501（c）"组织，即美国能享受税收免除的非营利公司和协会，政府间接给予碳捕集与封存技术创新工程税收政府扶持。另一方面，美国能源部与产业联盟建立伙伴关系，向产业联盟提供工程建设需要的主体财政资金。工程建成后，由产业联盟负责工程运营，产业联盟成员企业不能从工程运营获取任何收益，运营收入将用于补偿建设和运行成本。这意味着，政府从未来煤电工程建设到运行的各项环节，都给予了政策支持，全过程地实现了公共部门与私人部门建设碳捕集与封存工程中的成本和风险分担。

6.4.2.2　政府研发资助＋能源企业主导组织

　　中国绿色煤电工程及加州氢能工程都采取了政府研发资助＋能源企业主导的组织模式。由能源企业牵头，并联合国内外能源投资企业共同投资，是 CCS 技术工程组织

---

① 来源：未来煤电产业联盟发布新闻通讯，*Luminant Joins FutureGen Alliance*，2007。

实施的基本模式。

首先,对于绿色煤电工程,在工程计划阶段,华能集团作为该工程的发起者,为了提高煤发电效率和研发清洁能源技术,率先提出了中国绿色煤电工程,开展了绿色煤电工程的论证及研究工作。2004 年起,华能集团制定了《华能集团公司发展绿色煤电的初步规划》和《绿色煤电项目 2005 年工作计划》,成立了绿色煤电计划领导小组、工作组和课题组。另一方面,在绿色煤电工程实施第一阶段项目——天津 IGCC 建设中,华能集团牵头与天津市政府及其相关部门紧密合作,完成了绿色煤电工程选址、申请及审批、IGCC 示范电站建设等工作。政府支持绿色煤电工程建设的主要方式表现在提供技术研发资助及工程建设需要的政策支持。中国政府对绿色煤电工程的资助,主要体现在相关技术的研发经费资助,而不是政府直接提供工程建设资金。在绿色煤电工程计划阶段,科技部表示将对绿色煤电项目关注和支持,并将在《国家中长期科学技术发展规划》和“十一五”计划中统筹考虑支持绿色煤电有关的研究领域。“十一五”国家“863”计划先进能源技术领域“以煤气化为基础的多联产示范工程”重大项目批准了华能集团绿色煤电工程技术相关的三项课题。此外,在华能集团的牵头下,绿色煤电工程还获国家发改委和财政部的批准,接受亚洲银行提供 1.35 亿美元贷款和 125 万美元的技术援助赠款。

其次,加州氢能工程的实施也采取了政府研发资助 + 能源企业主导的组织模式。美国能源部在第三轮清洁煤行动计划下为 HECA 工程提供分担建设成本的资金援助。工程发起者退出之后,新的工程实施者(SCS 能源)修改了工程计划,主导未来工程执行。与中国绿色煤电工程组织模式不同之处在于,初期 HECA 工程的发起者(BP 和力拓集团)及目前 HECA 工程执行者(SCS 能源公司)均为私营能源企业,中国绿色煤电工程参与者均为国有能源及投资企业(大部分是中央直接管理的企业)。

6.4.2.3　CCS 大科学工程组织模式比较

政府、企业及非营利组织等跨部门参与碳捕集与封存技术创新工程,成为能源技术创新工程组织实施的共同模式。气候变化问题已经从纯自然科学问题转变为涉及国际公共事务、国家事务及地区公共事务的公共问题。碳捕集与封存技术创新工程作为典型的环境技术创新,具有较高的外部性和风险性特征。企业和市场在提供碳捕集与封存技术方面是欠缺积极性的,需要政府及公共部门的介入和干预。公共部门和私人部门在能源技术创新中的合作有利于实现风险和成本的分担。碳捕集与封存技术创新工程具有高风险性,一方面,技术研发阶段存在风险;另一方面,工程实施还存在二氧化碳地质储存风险。在美国未来煤电工程中,非营利组织——产业联盟负责组织工程实施和运营,美国能源部提供工程实施的主体经费,产业联盟成员——各国能源企业共同投资,这种政府、非营利组织和能源企业公私合作组织实施碳捕集与封存技术创新工程有效分担了工程风险和成本。在中国绿色煤电工程建设过程中，政府提供了前期技术研发经费资助及贷款政策支持，能源企业牵头组织工程实施和管理，并联合国内外能源企业共同投资，体现了政府与企业在工程实施中的合作、风险和成本分担关系。

明晰各类组织在大科学工程执行中的角色和分工是工程成功执行的关键。开展大科学工程是组织之间的技术创新，而非单个组织技术创新。不同组织在工程执行过程中发挥着不同作用：技术开发者、技术使用者、资金资助者等。虽然美国未来煤电产业联盟在工程选址等方面发挥重要作用，但是美国能源部由于对工程提供巨大资金支持，通过撤资、协商工程选址方案等方法，仍然实际控制未来煤电工程；未来煤电产业联盟和美国能源部在工程角色定义方面的模糊和波动导致了工程决策的延迟、产业界合作者的丧失及缺乏工程进展透明度。

6.4.3　政治支持

政治维度是高度集成的工程活动因素之一。政治支持对于任何大科学工程的成功实施都是核心要素。大科学工程的技术目标是由政治目标所决定的，因为大科学工程往往需要巨大的政府投资；仅靠技术目标来维持大科学工程的实施是远远不够的。人类基因组计划（HGP）成功实施的整个过程中都得到了政治支持。未来煤电工程的产生、中止及再启动过程是与当时变化的政治环境及政治参与者紧密联系的。未来煤电工程的初期执行过程中，美国社会，尤其是州和地方政府为 FutureGen 工程提供了广泛的支持，这是因为在目前经济不景气背景下，重大技术工程与创造就业紧密相关。工程执行初期，美国能源部部长斯宾塞·亚伯拉罕（Spencer Abraham）是未来煤电工程的强力支持者。但是 2005 年，萨缪尔·博德曼（Samuel Bodman）取代 Spencer Abraham 成为美国能源部部长后，对未来煤电工程的兴趣不明确，特别关注工程攀升的建设成本。同时，在 2005—2006 年间，美国能源部发起了新的旨在促进 CCS 研究和开发的几个行动。虽然这些行动在二氧化碳捕集规模上还比较小，但是为能源和电力公司与美国能源部合作执行 CCS 技术提供了替代方案。

依托华能集团作为中央直接管理能源企业的制度优势，绿色煤电工程获得中央政府部门和地方政府的广泛支持。除国家发改委批准工程建设外，中央政府关键部门还参与了绿色煤电工程，包括科技部、财政部、国家环保总局及国家电网。科技部在工程计划初期即表示将对工程提供优先 R&D 支持；工程执行期间，通过科技部"863"计划为工程提供了研究和开发经费资助。财政部通过同意 IGCC 工程利用亚洲开发银行贷款，为工程增加了 1.35 亿美元贷款及 125 万美元的赠款。国家电网给予绿色煤电 IGCC 电站入网许可。地方政府也为绿色煤电工程建设提供了重要政治和政策支持。2007 年，在与华能集团党组书记、总经理李小鹏的会谈中，天津市市委书记张高丽表示"将全力支持华能集团在津发展，提供优质高效服务，创造良好环境"；天津市市长戴相龙表示"将努力提供优质高效服务，共同推进双方合作项目建设"。在天津市市委书记、市长的指示下，天津市发改委作为地方工程管理主要机构，开始推动 IGCC 工程相关工作。天津市发改委召开专门的 IGCC 工程启动会，就工程选址、环境评估及水电在市政府部门之间展开协调。2007 年，绿色煤电工程 IGCC 电站通过天津市环保局的环境初步评估，并到得国家环保总局的核准。来自中央政府、地方政府的政治支持为绿色煤电工程顺利开展创造了有利条件。

6.4.4　竞争与合作

竞争与合作是大科学工程的基本管理战略。阿波罗登月工程、人类基因组计划及国际空间站计划等大科学工程都体现了竞争与合作的特点，例如阿波罗登月工程是美国为了在与苏联的太空竞赛中获胜而执行的大科学工程。竞争在开展 CCS 大科学工程中得到了体现。宏观层面，国家之间在发展能源技术存在竞争效应，占领能源技术制高点是国家发展 CCS 大科学工程的基本背景；中观层面，对于地方政府（美国为州和地方政府），地方政府之间在经济发展与创造就业的竞争为 CCS 工程建设提供了良好的执行条件；微观层面，为加快能源技术创新，在中央能源企业竞争中取得优势，华能率先启动了绿色煤电工程。

大科学执行过程中，政府、企业与大学、研究机构的跨部门合作也是促进大科学工程顺利执行的重要因素。CCS 大科学工程执行过程表明，单一部门难以独立完成能源大科学工程，能源大科学工程的成功执行需要多部门（公共部门与私营部门）之间的协同合作。来自产业界行动者与政府部门的协同合作有利于为 CCS 技术在应用初期提供积累经验和政治信任的激励，这体现在美国能源部和中国科技部对 CCS 工程 R&D 资助推动了 CCS 技术从研究开发走向技术示范。跨部门合作提供了协调政府与产业界发展能源大科学工程的机制。

6.4.5　领导力

公共管理领域没有比领导力更为重要、有趣和充满奥秘的事情。外部公共管理环境的变化经常影响着工程目标的实现。领导力是保证大科学工程稳步实现目标的核心要素，也是大科学工程成功实施唯一的最重要的因素。领导力不仅在工程实施的技术层面需要，还充分体现在管理和政治层面。政府资助的大型、长期的技术工程极难开始、维持及完成。强有力的领导力能在大科学工程执行的生命周期整合各方面政治力量支持工程建设。在华能集团及其管理者的强力领导下，中国绿色煤电工程不仅取得中央政府多个部门和地方政府的政策支持，还得到来自国内外相关行业企业等方面的积极参与。对于美国未来煤电工程，领导力在美国能源部取消工程支持至再启动之间发挥了重要作用。因此，对于大科学工程执行，非常需要建立强而有力的领导力，构建执行大科学工程的协同网络。

6.5 小结

加速推进新兴技术开发和应用，不仅需要构筑有效的技术创新系统，还必须以建设大科学工程为抓手，带动和引领技术大规模示范及应用。纵观历史，建设大科学工程是人类迅速发展技术从而战胜重大挑战的有效手段。大规模实现二氧化碳减排需要大力推进 CCS 大科学工程示范建设。本文选择美国未来煤电工程、加州氢能工程及中国绿色煤电工程为研究案例，从大科学工程执行的五要素视角，提出了加快 CCS 大科学工程建设的管理建议：

（1）设计明晰的分步骤的工程技术目标。

（2）确定各类组织在工程执行中的角色和分工。

（3）取得广泛、持续的政治支持。

（4）重视工程执行中的竞争与合作。

（5）领导力是整合工程建设所需资源的核心。

第7章　清洁能源技术政策
制定与工具选择

政府在推动技术创新中发挥着重要作用，已经成为普遍共识。在不同的国家或地区，不同的技术创新部门，针对技术创新的不同阶段，政府支持、鼓励和激励技术创新的方式及程度各有不同。以碳捕集与封存技术为例，降低捕集成本和加速示范工程建设是技术开发面临的主要任务和挑战。为加速 CCS 技术示范与应用，主要发达国家都相继选择了一定的政策工具，制定了激励 CCS 技术发展的公共政策。这些政策工具包括：税收激励、贷款担保、建立碳排放交易体系、强制 CCS 及 CO_2 定价、政府补贴及奖励。在国际气候治理项目的带动和政府科研项目的资助下，中国广泛开展了碳捕集与封存技术示范工程建设，但是目前仍然缺少推动 CCS 技术发展的专门政策激励。为向未来的 CCS 政策制定提供工具选择，本研究基于发达国家在发展 CCS 技术方面的政策实践，分析和提出了中国促进 CCS 技术发展的政策选项。通过建立"三位一体"的政策评估标准，结合中国能源与环境政策做法，可以得出税收优惠、政府补贴、贷款担保及奖励应该是未来政策制定者加快 CCS 技术开发和应用的优先政策选项。

7.1　清洁能源技术政策制定的理论基础

7.1.1　消除技术创新系统"系统失灵"

对于理解技术创新，科技政策研究共同体已经达成一般共识，即以分析创新系统为理解创新的最优途径，例如"国家创新系统"。不同于传统研究创新的路径，技术创新系统视角下的创新成效不仅取决于技术本身，还受到社会、经济和政治的影响。尤其是对于当代气候治理背景下的能源技术创新，更多的研究焦点应当关注能源创新系统，从而改变目前学术界对能源技术创新的不完全理解，例如过多关注能源研发预算。对于相关技术创新系统，公共政策介入的核心价值在于完善和强化技术创新的激励机制，削弱和消除技术创新的阻碍机制，提高创新系统弱项的创新功能。作为一项新兴的能源环境技术，碳捕集与封存技术也是在特定的创新系统中产生和发展的。不同于传统基于市场失灵的政策干预技术创新的视角，创新系统理论关注"系统失灵"，更多关注创新系统功效，而非创新系统结构的低效率或无效率。因此，制定相应的CCS技术政策是丰富和完善碳捕集与封存技术创新系统功能的重要选择。

7.1.2 克服低碳技术外部性和市场失灵

当前条件下，碳捕集与封存技术开发过程存在市场失灵现象，是制定相应技术政策的理论逻辑起点。

碳捕集与封存是典型的环境技术创新，面临市场失灵的困境。CCS市场失灵的主要原因在于全球二氧化碳排放外部性、CCS公共产品属性及技术不确定性带来的高风险性。首先，由于全球CO_2排放导致的气候变化问题存在全球范围内的环境外部性问题，目前，CO_2排放的负外部性遍及全球，难以将这种负外部性内部化；市场上，生产者通过排放二氧化碳将环境成本外部化降低生产成本。其次，在缺乏全球气候变化治理机制的背景下，CCS技术创新者不能获取CCS技术创新带来的相应经济收益，并不能阻止第三方从CCS技术创新活动中获益。CCS技术捕集导致全球气候变化的温室气体，全球范围内的人类都能从中获益，不管其他人有无贡献。CCS技术在这里体现出了全球公共产品的属性，"免费搭车者"现象的存在难以使市场充足提供CCS技术产品和服务，甚至造成"公用地的悲剧"。同时，目前，世界主要的CCS工程活动多数基于IGCC煤电技术开发。虽然IGCC煤发电效率相比传统电站会高出百分之十以上，并且是实现碳排放有效捕集的重要选择，但是建设IGCC电站的成本比起传统煤电站高出10%~20%。以美国为例，联邦政府及煤资源密集的伊利诺伊州政府都希望发展IGCC，实现绿色技术创新，但是博迪能源等企业积极性不高。在这样的情况下，CCS技术发展需要政府及公共部门的介入和干预才能达到最优效率。从全球投资角度来看，作为新兴技术，CCS技术获得投资额度远远低于可再生能源投资及石油天然气投资（图7.1）。

7.1.3 跨越新兴技术开发的"死亡之谷"

"死亡之谷"的隐喻是非市场政策激励创新的动机之一。"死亡之谷"是指在新技术从研发到投入市场的过渡阶段，多数新兴技术并没有成功实现商业化的现象。新兴技术难以跨越"死亡之谷"的原因在于：急剧增长的现金流发生在技术创造和新技术早期商业化阶段，如图7.2所示。由于碳捕集与封存技术具有高投入成本和高风险特征，少有企业能独立完成填补现金流的投资。这样的条件下，需要政府提供政策激励，从而加快启动新兴技术商业化进程。对于清洁能源技术，当技术尚不成熟和市场没有充分掌握技术前景时，往往会由于缺少现金流等后续投资无法进入商业化运营阶段，陷入到"死亡之谷"中。

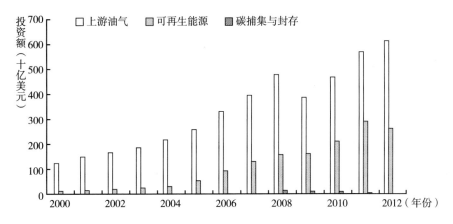

图 7.1　全球石油、天然气、可再生能源及 CCS 投资情况

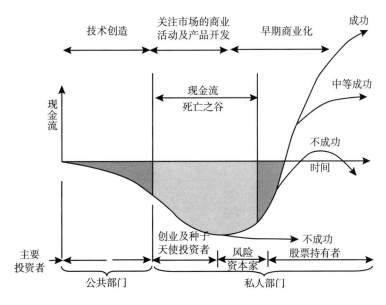

图 7.2　新技术商业化初期的现金流与"死亡之谷"[145]

7.2　促进和激励清洁能源发展的政策工具

技术政策是指政府部门为促进和激励特定技术研发、应用及商业化所制定的公共政策体系。技术创新系统中，虽然企业是技术创新的主体，但政府在发挥创新系统功能方面扮演重要的角色。政府作为技术研发和应用的助推者，利用公共政策工具，矫正市场失灵带来的外部性扭曲，创造激励技术发展的政策环境。本文结合欧盟、美国、加拿大等发达国家的碳捕集与封存技术政策实践，分析了各政策选项促进 CCS 技术发展的机制与作用。

7.2.1 税收激励

经济学视角下，征收排放税主要目的是引入污染排放的稀缺价格机制。在技术创新系统视角下，虽然近年来主要国家或地区 CCS 技术创新系统已经拥有广泛的知识基础和知识网络，但是普遍存在功能弱项，包括创业活动、市场创造及资源流动等方面。采取直接的政策行动对于加速碳捕集与封存技术应用尤为必要。福利经济学认为，征税能让市场实现由负外部性行为产生的社会成本内部化。作为环境税，碳税能矫正市场扭曲（环境服务过度使用产生的外部性）。税收激励 CCS 技术发展的手段主要包括：征收碳税；投资税收优惠；加速折旧；生产税收优惠；二氧化碳封存税收优惠。征收碳税以欧盟国家为代表，对使用天然气、汽油、煤、电力等征收一定税率的碳排放税。征收碳税，一方面，增加了二氧化碳排放的成本，间接提高了市场中的二氧化碳交易价格，为技术创新行动者提供了参与 CCS 投资的积极价格信号；另一方面，碳税也是政府投入气候变化治理和 CCS 投资的收入来源（表 7.1）。

表 7.1　各国家或地区征收碳税政策概况（1990—2008）

国家/市	年份	税率(美元/吨 CO_2)	税收收入(百万美元)	收入分配	天然气	汽油	煤	电力	柴油	轻质重质燃油	液化石油气	家庭取暖
芬兰	1990	30	750	政府财政税收减免	√	√	√	√	√	√	√	
荷兰	1990	20	4819	税收减免减排项目		√		√		轻质		√
挪威	1991	15.93 −61.76	900	政府预算	√	√			√	√	√	
瑞典	1991	104.83	3665	政府预算	√	√	√			√	√	√
丹麦	1992	16.41	905	环境补贴行业返还	√	√	√					
英国	2001	灵活[①]	1191	税收减免	√		√	√			√	
不列颠哥伦比亚省[②]	2008	9.55[③]	292	税收减免		√		√				
魁北克[④]	2007	3.29	191	减排项目	√	√	√	√			√	√

续表

国家/市	年份	税率(美元/吨CO_2)	税收收入(百万美元)	收入分配	征收对象							
					天然气	汽油	煤	电力	柴油	轻质重质燃油	液化石油气	家庭取暖
旧金山湾区[⑤]	2008	0.045	1.1	减排项目								
博尔德[⑥]	2007	21～13	0.847	减排项目				√				

资料来源：文献 [149]。

①英国碳税税率：对于电力为 0.0078 美元/千瓦时；天然气为 0.0027 美元/千瓦时；液化石油气为 0.0213 美元/千瓦时等。

②属加拿大一级行政区。

③每年增长 4.77 美元/吨，2012 年税率为 28.64 美元/吨。

④加拿大地区。

⑤美国加州旧金山地区，由旧金山九个县组成的海湾区域，实施 carbon free 政策，征收行业为相关许可设施。

⑥美国科罗拉多州地区。

美国针对 CCS 的税收激励政策，以税收优惠为主要手段。《2005 能源政策法案》批准政府投入 8 亿美元对 IGCC 电力行业实施高达 20% 的税收优惠，投入 3.5 亿美元对其他装备 CCS 技术的煤发电厂实施高达 15% 的税收优惠。目前，碳税政策已经开始进入中国相关管理部门的政策议程，包括国家发改委和财政部。2010 年 5 月，发改委和财政部联合发布《中国碳税税制框架设计》报告，该报告提出至 2020 年中国二氧化碳排放税率为 10 元/吨，2020 年后二氧化碳排放税率为 40 元/吨。如果碳税政策得到执行，化石能源企业将自愿向 CCS 投入更大资金，从而减少碳排放税的支付额度。如表7.2 所示，在征收碳税情境下，中国主要能源企业将面临支付高额的碳税成本，减少碳排放税收成本将驱动企业大规模建设 CCS 项目。

表 7.2　中国实施碳税政策情境下主要发电企业的成本

发电企业	二氧化碳年排放量（万吨）	政策情境 1[①]下的成本（万元）	政策情境 2[②]下的成本（万元）
华能集团	28784.4	287844	1151376
中国大唐	25028.8	250288	1001152
中国国电	23130.7	231307	925228
中国华电	21569.6	215696	862784
中国电力投资	14552.2	145522	582088

续表

发电企业	二氧化碳年排放量（万吨）	政策情境1[①]下的成本（万元）	政策情境2[②]下的成本（万元）
中国华润电力	8532.4	85324	341296
广东粤电集团	7776.8	77768	311072
中国神华集团	7722.6	77226	308904
浙江能源集团	6919.6	69196	276784
共计	144017.1	1440171	5760684

数据来源：绿色和平组织，2009。
①政策情境1：2020年前碳税税率为10元/吨。
②政策情境2：2020年后碳税税率为40元/吨。

7.2.2　贷款担保

政府贷款担保是政府为鼓励向借款者及其活动融资而提供的特殊贷款担保的金融政策工具。贷款担保的主要作用在于通过为借款者及其活动提供信用流动从而克服市场配置的缺陷。对于处于商业化早期的新兴技术，政府提供贷款担保能帮助新技术在没有获得市场资本投资的情况下成功推向市场。贷款担保政策工具能促进CCS投资者为CCS项目从金融市场获取支持。《2005能源政策法案》批准美国政府运用贷款担保方式为CCS提供投资激励。美国能源部为先进清洁能源技术提供了80亿美元的贷款担保项目。比较于税收激励，贷款担保工具能提供有效政策激励，并减少政府政策成本。

7.2.3　建立碳排放交易体系

碳排放交易体系是二氧化碳排放市场价格形成的基础。当前，碳捕集与封存技术面临的高成本、低利润等发展障碍，主要根源于市场碳排放价格不足以吸引CCS技术的结构性应用。建立碳排放交易体系不仅能达到市场均衡，还能提供企业在碳交易市场应用CCS技术的相应利润。建立碳排放交易体系后，二氧化碳排放配额的限制和较高的CO_2价格将促使化石能源企业大规模开展CCS工程建设。当前，世界碳市场交易品种主要是EUAs、ERUs、CERs等。首先，EUAs是欧盟碳交易体系单位，是依据配额的交易，在欧盟总体的"限量与贸易（Cap-and-trade）"体制下，购买那些由管理者制定、分配（或拍卖）的减排配额。ERUs、CERs都是基于项目的交易，ERUs是《议定书》附件一国家通过联合实施（JI）项目向附件一所列的其他国家购买减排单位，CERs是经过认证的减排额度，由发展中国家清洁发展机制（CDM）项目产生的单位。

以欧盟建立碳排放交易体系为例，欧盟建立碳排放交易体系（ETS）为 CCS 提供了市场激励机制。世界碳交易市场价格波动明显对清洁能源发展造成影响，以欧盟碳交易体系下的 EUAs 价格为例，如果以 2005 年为基期，2012 年碳交易价格已经跌至基期的 35.9%（表 7.3），2012 年，碳交易名义价格从 2005 年的 21.1 美元跌至 6.45 美元。

表 7.3　2005—2012 年世界碳交易市场价格

Series name	Unit	2005	2006	2007	2008	2009	2010	2011	2012
欧洲排放许可：名义现货价格（MYM）	USD	21.1	6.45	0.02	15.45	12.31	14.02	7.03	6.45
欧洲排放许可：名义价格（LCU）	USD	21.1	6.45	0.02	15.45	12.31	14.02	7.03	6.45
欧洲排放许可：实际价格（Constant 2005 LCU）	USD	21.1	6.658	0.021	17.031	13.527	15.658	8.098	7.584
欧洲排放许可：指数（2005 = 100）	X	100	31.554	0.101	80.718	64.108	74.21	38.38	35.944
核证减排量：名义现货价格（MYM）	USD	n.a.	n.a.	n.a.	13.64	11.03	11.78	4.22	0.14
核证减排量：名义价格（LCU）	USD	n.a.	n.a.	n.a.	13.64	11.03	11.78	4.22	0.14
核证减排量：实际价格（Constant 2005 LCU）	USD	n.a.	n.a.	n.a.	15.036	12.12	13.157	4.861	0.165

数据来源：Economist Intelligence Unit（EIU）。

总体上，中国已间接地设定二氧化碳排放总量。2009 年，国务院决定到 2020 年中国单位国内生产总值二氧化碳排放比 2005 年下降 40%～45%，并将其作为约束性指标纳入国民经济和社会发展中长期规划。国家"十二五"规划（2011—2015）也确定到 2015 年全国单位国内生产总值二氧化碳排放比 2010 年下降 17% 的目标。国务院发布的《"十二五"控制温室气体排放工作方案》在确定各地区"十二五"二氧化碳排放下降指标（表 7.4）的同时，也提出探索建立碳排放交易市场。2013 年，中国将在北京市、天津市、上海市、重庆市、广东省、湖北省、深圳市等七省市启动碳交易试点。随着中国碳排放总量及交易市场的建立，碳排放价格将提高 CCS 部署的收益，推动 CCS 技术商业化应用。

表7.4 "十二五"各地区单位国内生产总值二氧化碳排放下降指标

地 区	单位国内生产总值二氧化碳排放下降(%)	单位国内生产总值能源消耗下降(%)	地 区	单位国内生产总值二氧化碳排放下降(%)	单位国内生产总值能源消耗下降(%)
北 京	18	17	湖 北	17	16
天 津	19	18	湖 南	17	16
河 北	18	17	广 东	19.5	18
山 西	17	16	广 西	16	15
内蒙古	16	15	海 南	11	10
辽 宁	18	17	重 庆	17	16
吉 林	17	16	四 川	17.5	16
黑龙江	16	16	贵 州	16	15
上 海	19	18	云 南	16.5	15
江 苏	19	18	西 藏	10	10
浙 江	19	18	陕 西	17	16
安 徽	17	16	甘 肃	16	15
福 建	17.5	16	青 海	10	10
江 西	17	16	宁 夏	16	15
山 东	18	17	新 疆	11	10
河 南	17	16			

注:《"十二五"控制温室气体排放工作方案》,国发〔2011〕41号。

7.2.4 强制 CCS 及 CO₂ 定价

指挥控制(command and control)是政策规制主体为达到政策目标要求企业必须采取或禁止采取相应行动的规制手段。作为环境政策规制的基本工具,在20世纪70年代美国环境规制初期得到广泛采用。基于指挥控制框架,强制碳捕集与封存是政府要求从一定时间起化石能源企业必须装备 CCS 系统或要求新建化石能源企业必须装备 CCS 系统的行政手段。英国能源与气候变化部于 2009 年 4 月宣布新建煤发电厂必须装备 CCS,做到装备 CCS 技术预留。2012 年 3 月,美国环境保护署提出强制碳捕集与封存政策,要求新建的任何煤发电厂必须装备控制温室气体排放的设备。同时,通过行政强制手段,实施二氧化碳定价也是温室气体减排的重要手段。根据澳大利亚费尔法克斯传媒引用数据,自 2012 年前任工党政府引进碳价以来,澳大利亚电力行业的温室气体排放降低了 7.6%。

7.2.5 政府补贴及奖励

在碳税政策缺失的情境下，政府补贴对加快 CCS 技术示范和应用具有重要推动作用。由于应用 CCS 技术需要高设备、建设和运营投资，财政补贴或拨款减少了技术初期应用的成本，提供了开发者跨越"死亡之谷"的现金流。政府对 CCS 补贴形式表现为：政府设立 CCS 研究项目资助技术开发；上网电价补贴；政府资助重大 CCS 技术工程；政府与产业界建立 CCS 合作研究项目等。此外，政府 CCS 奖励也是一种具有激励性的直接补贴形式。

作为新兴低碳技术，CCS 在初期示范和应用中具有较高的不确定性。为减少不确定性，政府对 CCS 直接投资或与企业合作开发有利于引导和激励投资者的广泛参与。政府 CCS 投资支持有利于在短期内创造"干中学"的技术发展激励机制。美国作为 CCS 技术的领导者，对 CCS 技术研发及应用投入巨资，建立了 CCS 技术政府资助体系。美国能源部作为美国联邦政府能源研发资助的主管部门，专门设立了碳封存项目，该项目由其下属的化石能源办公室管理并由国家能源技术实验室具体实施。2003 年，布什政府提出投资 10 亿美元实施碳捕集与封存重大科学工程——未来煤电工程（FutureGen Project）。

7.2.6 政策工具的评估

由于不同的政策工具在实现政策目标中具有不同的作用，结合中国能源与环境政策实践，本研究建立了"三位一体"的政策评估标准：有效性、效率及可接受性，从而定性地评估各项政策工具。有效性是政策工具促进 CCS 技术发展，创造政策激励作用的大小程度。效率指从经济视角看政策工具的实施将对 CCS 技术开发者带来的成本收益分析。效率是评价以最小成本达到既定利润的能力。可接受性是政府能将其作为减缓气候变化政策的意愿程度，这主要取决于政策工具实施带来的政治、经济影响。

碳税政策通过直接作用于市场 CO_2 排放价格，在实现激励 CCS 技术发展方面具有较高的有效性，但是对于以化石能源企业为主体的 CCS 技术开发者而言，往往带来较高的能源生产成本。政策制定者在采用碳税政策工具的同时，对实行 CCS 技术到达标准的企业，给予减免税优惠。碳排放交易体系虽然对激励 CCS 发展具有较高的政策有效性，同样对于化石能源行业的 CCS 开发者产生较大的成本。政治接受度方面，虽然中国对加入全球限制减排和交易体系意愿较低，但目前已经开展碳排放交易体系试点，碳排放交易体系可作为创造 CCS 可持续发展市场的一项政策工具。税收优惠、政府补贴、贷款担保及奖励对于实现激励 CCS 发展的政策目标，既拥有较高的有效性，又对于化石能源企业有较高的效率。这些政策工具也是中国能源政策实践中的常用工具，具有较高的政治接受性。CO_2 定价、强制 CCS 与中国经济体制改革的市场化取向相违背，政治可接受性低。中国作为发展中国家，没有强制减排的义务，CO_2 定价、强制 CCS 不是政策制定的优先选项（表 7.5）。

表 7.5　基于"三位一体"标准的碳捕集与封存激励政策工具评估

政策选项＼评估标准	有效性	效率	可接受性	总体评价
碳税	＋＋＋	－	＋／＋＋	＋
税收优惠	＋＋	＋	＋＋	＋＋＋
贷款担保	＋＋	＋	＋	＋＋
碳排放交易	＋＋＋	－	＋	＋
政府补贴	＋	＋	＋＋	＋＋
奖励	＋	＋	＋＋	＋＋
CO_2 定价	＋＋＋	＋＋	－	0
强制 CCS	＋＋＋	－	－	0

注："＋""＋＋＋"代表该政策选项拥有对相应标准的（较高的）积极作用；"－"代表该政策选项拥有对相应标准的（较高的）消极作用；"0"代表政策选项对相应标准的作用较低。

对于中国是否发展碳捕集与封存技术，学术界存在广泛的讨论。碳捕集与封存技术是中国减少二氧化碳排放、减缓气候变化的战略技术选项，中国目前应当开展有限数量的 CCS 示范工程。作为减少化石能源行业产生 CO_2 唯一可行技术，CCS 是大规模减少温室气体排放的关键技术，但是由于 CCS 技术发展不成熟，中国需要重视并审慎对待 CCS 技术发展。在节能增效及低碳能源充分运用仍不能达到减排目标的情况下，CCS 作为一种"过渡"或"候补"技术有助于中国化石能源的可持续利用，提升中国的履约能力和碳交易市场占有率，应该进行相关技术与人才储备。

在国际气候变化治理框架下，中国应当把发展 CCS 技术作为应对未来气候变化战略技术储备，大力开展 CCS 相关清洁能源与环境技术合作和学习活动。根据 CCS 技术发展阶段，以促进 CCS 技术研发为重点，适时选择 CCS 技术政策工具，制定相应的 CCS 技术政策（表 7.6）。如果政策制定者决定未来将大规模发展 CCS，在目前的技术示范阶段（表 7.5）应该采取强而有力的政策激励措施，促进技术应用跨越"死亡之谷"。当技术进入商业化阶段，政策工具应当从市场中退出，因为市场已经能为技术开发者提供足够的激励。政策制定者在制定 CCS 激励政策时，应当考虑到各种政策的整合和集成。由于 CCS 涉及不同的产业（电力—石油天然气）和政府部门（环境、国土及能源），重视政策整合和集成，有利于提高政策工具在执行中的协调性和连贯性。

表 7.6　中国 CCS 发展各阶段的激励政策工具选择

政策激励工具 ＼ CCS 技术发展阶段	示范阶段 （2012—2020）	应用及初期商业化阶段 （2015—2030）	大规模商业化阶段 （2030）
碳排放税	是	是	是
税收优惠	是	是	否
碳排放交易	是	是	是
补贴	是	否	否
贷款担保	是	否	否
奖励	是	是	否
CO_2 定价	否	否	否
强制 CCS	否	否	否

7.3　基于实物期权模型的政策情境模拟

为从微观企业视角分析政策工具对企业 CCS 技术项目投资的影响，本研究基于实物期权模型，以中国新建燃煤电厂 CCS 为对象，对各种政策情境对企业 CCS 投资决策的影响进行了模拟研究。中国目前 CCS 技术项目投资的基本特点决定了运用实物期权模型分析燃煤电厂的良好适用性。CCS 投资项目具有高成本、投资阶段性、高度不确定性及成本不可逆等特征。实物期权方法正好满足不确定性、不可逆性等投资因素。

7.3.1　建立 CCS 项目投资实物期权模型

净现值法（NPV）是企业评估技术创新项目价值的传统方法。但是传统的 NPV 法不能对具有高度不确定性的风险投资行为的投资价值进行有效评估；近十几年来，实物期权模型在研究和开发项目价值评估中得到了应用和发展。该理论衍生于金融期权定价，由于技术创新项目与金融产品共同具有不确定性特征，实物期权在分析技术项目投资价值方面得到了广泛的应用。由于中国新建燃煤电厂建设 CCS 项目，往往采取先建造燃煤电厂、然后建设 CCS 项目的步骤，建设 CCS 项目是电厂决策项目中的未来或有决策，蕴含着期权的特征。因此，在这样的条件下，CCS 技术投资项目是一个增长型的实物期权，是基于连续时间的欧式看涨期权决策。这类实物期权分析适用于布莱克－舒尔斯（Black-Scholes）公式，看涨期权的价格 V 值表示为（变量名称见表 7.7）：

$$V = S \times N(d_1) - Le^{-rt}N(d_2)$$

其中：

$$d_1 = \frac{\ln\frac{S}{L} + (r + 0.5 \times \sigma^2)T}{\sigma \times \sqrt{T}}$$

$$d_2 = \frac{\ln\frac{S}{L} + (r - 0.5 \times \sigma^2)T}{\sigma \times \sqrt{T}} = d_1 - \sigma\sqrt{T}$$

$N(\ )$ 表示正态分布变量的累积概率分布函数：$\left(\frac{1}{\sqrt{2\pi}}\int_{-\infty}^{dn} e^{-\frac{x^2}{2}}dx\right)$

表7.7　期权变量名称表

变量	欧式看涨期权	CCS技术项目实物期权
S	标的资产的价格	项目预期现金流现值
L	期权的执行价格	项目有效期内预期的成本折现
T	到期时间	决策可延迟的时间长度
r	无风险利率	无风险利率
σ	标的资产价格的波动率	捕集项目价值波动率

7.3.1.1　基准燃煤电厂参数

借鉴美国、日本以及欧洲一些国家把煤炭多联产作为洁净煤技术新的发展方向，中国作为一个煤炭大国，发展煤炭多联产技术是未来煤清洁高效利用的战略方向。投资建设IGCC电站和PC电站是中国新建燃煤电厂进行CCS项目投资的两种主要方式。基于迟金玲、张建府、张正泽等对IGCC电站及PC电站二氧化碳捕集相关经济性研究，本研究将IGCC电站建设CCS项目参数设定为：

（1）新建400MWeIGCC电站

IGCC电站建设周期：3年

IGCC电站寿命：25年

IGCC电站捕集项目建设成本：33680万元

捕集项目运营成本：545万元/年

IGCC电站CO_2捕集量：7766吨/天

IGCC电站年运行时间：6000小时=250天

EOR收入：188.22元/吨

捕集并封存CO_2减排成本（含运输、监测及封存费用）：301元/吨

（2）新建超临界 PC 机组电站

PC 电站建设周期：3 年

PC 电站寿命：25 年

PC 电站捕集项目建设成本：55399 万元

捕集项目运营成本：568 万元/年

PC 电站 CO_2 捕集量：7766 吨/天①

PC 电站年运行时间：6000 小时 = 250 天

EOR 收入：188.22 元/吨

捕集并封存 CO_2 减排成本（含运输、监测及封存费用）：418 元/吨

CO_2 减排成本是除 CCS 项目建设及日常运营成本外电站由于运行 CCS 所增加的发电成本，主要表现为相对于参考基准电站而言，电站捕集 1 吨 CO_2 所增加的发电成本。

$$CO_2 \text{ 减排成本} = \frac{\text{捕集电站发电成本} - \text{不捕集基准电站发电成本}}{\text{不捕集基准电站发电 } CO_2 \text{ 排放量} - \text{捕集基准电站单位发电 } CO_2 \text{ 排放量}}$$

IGCC 电站、PC 电站减排参数见表 7.8。

表 7.8 IGCC 和 PC 电站减排基本参数值

	CO_2 捕集量（吨/天）	年运营天数	EOR 收入（元/吨）	年捕集成本（万元）	建设成本（万元）	减排成本（元/吨）
IGCC 电站	7766	250	188.22	545	33680	301
PC 电站	7766	250	188.22	568	55399	418

7.3.1.2 捕集项目期权价值评价数据

捕集项目价值的波动率（σ）是指在电站建设 3 年周期内，捕集项目价值的变化和波动程度，这主要取决于 3 年内碳排放交易市场 CO_2 价格变动率。根据 2010—2011 年碳排放交易价格数据，本研究将价格变动率设定为 6%。无风险利率 $r = 8\%$。

项目有效期内预期的成本折现 = 捕集项目建设成本

项目预期现金流现值（预期收益现值）= CO_2 捕集量 × 运营时间 ×

（EOR 收入 - 减排成本）- 年捕集成本 × 22

在不考虑任何政策的情境下，捕集后二氧化碳用于 EOR，那么，无论是对于 IGCC

---

① 本研究假定新建 PC 机组与 IGCC 机组具有相同的 CO_2 捕集率。

还是 PC 新建燃煤电厂，CCS 捕集项目都不存在期权价值，因为项目预期收益的现值为负。CCS 项目需要政策支持，从而使项目期权价值大于或等于初期建设成本。在 EOR 条件下，新建燃煤电厂进行 CCS 项目投资的临界条件是：IGCC 电站额外增加 129.7 元/吨 CO_2 的捕集收入；PC 电站额外增加 252.5 元/吨 CO_2 捕集收入。总之，对于新建 PC 电站建设捕集项目，需要引入政策支持和考虑（表 7.9）。

表 7.9　临界条件下新建燃煤电厂捕集项目期权价值

	IGCC + EOR	PC + EOR
项目预期现金流现值(预期收益现值)S	60280.40 万元	99070.36 万元
项目有效期内预期的成本折现 L	33680 万元	55399 万元
决策可延迟的时间长度 T	3	3
无风险利率 r	8%	8%
项目价值的波动率 σ	6%	6%
项目期权价值	33786.77 万元	55491.96 万元

在不考虑任何政策情境下，如果将二氧化碳用于出售，根据中国工业 CO_2 价格（500 元/吨）水平，IGCC 电厂和 PC 电厂都将取得大于初始建设投资的项目价值期权，尤其是 IGCC 电厂 CCS 捕集项目具有相当高的项目价值期权。虽然 CO_2 出售会给新建燃煤电厂带来较高的期权价值，但是有限的 CO_2 市场需求限制了二氧化碳捕集利用。中国国内 CO_2 的年消费量约 60 万吨，而一座 IGCC 捕集电站年 CO_2 产量为 194 万吨，能满足 3 倍于目前国内 CO_2 市场需求。CO_2 出售的市场空间十分有限。

7.3.2　政策情境下捕集项目期权价值

二氧化碳驱油是 CCS 捕集项目的主要市场应用前景。EOR 地质封存条件下，胜利油田老油区拥有 9558 万吨的 CO_2 总埋存量；中国主要的含油气盆地气田可以储存 2002 年全国 CO_2 排放总量的 9.2 倍，中国 EOR 市场前景广阔。因此，本研究主要针对燃煤电厂 CCS 项目用于 EOR 相关的政策情境进行了期权价值分析。

7.3.2.1　碳排放交易 CDM 情境

国际 CO_2 减排框架下，CDM 机制为发展中国家 CCS 项目融资提供了交易渠道。发达国家为完成限制性减排目标需要通过 CDM 机制向发展中国家购买相当的温室气体减排量。中国新建燃煤电厂 CCS 投资项目在 CDM 框架下可获得国际碳排放交易价格。虽然国际社会还没有就 2012 年之后《京都议定书》（第二承诺期）达成具体具有法律约束力的协议，但是欧盟碳排放交易体系认可部分购买 CER 来完成，捕集项目的碳排放交易价格依然存在。受到金融危机冲击之后，欧洲经济目前还处于不景气状态；目前欧洲碳排放交易价格跌到了 7 欧元的水平[①]。据相关机构预测，2012—2014 年间，欧盟碳交易市场价格将维持在 9 欧元/吨[②]的水平。此外，中国也开始试点建立国内碳排放交易体系，为碳捕集项目提供一定的市场激励。以 2011 年上海环交所完成的中国新建建筑领域首例碳交易为参考基准，国内碳交易价格为 38 元/吨。因此，本研究将捕集项目碳排放交易市场初始价格设定为 120 元/吨。在国际 CDM 和碳排放交易情境下，新建电站捕集项目取得负的预期收益，在此情境下，新建燃煤电厂仍然不会选择投资 CCS 项目。对于新建 IGCC 电站虽然建设捕集项目取得 18848.79 万元预期收益，但是项目期权价值为 0.32 万元，低于建设投资成本（表 7.10）。

表 7.10　碳排放交易单一政策情境下新建燃煤电厂捕集项目期权价值

	IGCC 电站 EOR	PC 电站 EOR
项目预期现金流现值（预期收益现值）	18848.79 万元	−481399.31 万元
项目有效期内预期的成本折现	33680 万元	55399 万元
决策可延迟的时间长度	3	3
无风险利率	8%	8%
项目价值的波动率	6%	6%
捕集项目期权价值	0.32 万元	—

7.3.2.2　引入碳税情境

根据财政部课题组对中国开征碳税的设计，2012—2020 年为 10 元/吨；2020 年以后为 40 元/吨。引入碳税政策后，新建 PC 电站捕集项目仍然取得负的预期收益，新建 PC 燃煤电厂不会投资捕集项目。但是对于新建 IGCC 电站捕集项目期权价值均大于项目预期成本，因此，在碳排放交易和碳税政策情境下新建 IGCC 电厂会进行捕集项目投资（表 7.11）。

7.3.2.3　引入上网电价政府补贴政策情境

参考现行燃煤发电机组脱硫电价补贴，制定脱碳上网电价补贴是政府对 CCS 生产补贴的政策手段之一。参照目前国家发改委 2007 年颁布的《燃煤发电机组脱硫电价及脱硫设施运行管理办法》，对脱硫改造的火电厂上网电力实施每千瓦时 1.5 分的补贴。新建 IGCC 和 PC 捕集燃煤电厂将分别获得 714 万元/年、669 万元/年的清洁发电收入。在碳排放交易和上网电价政策下，新建 IGCC 和 PC 燃煤电厂都不会选择投资捕集项目（表 7.12）。

[①]　数据来源：http://www.eex.com/en/，时间：2012/7/31
[②]　以人民币对欧元汇率 9.1 折算为 82 元/吨。

表 7.11　碳排放交易＋碳税政策情境下新建燃煤电厂捕集项目期权价值

	IGCC 电站 （2012—2020）	PC 电站 （2012—2020）	IGCC 电站 （2020—）	PC 电站 （2020—）
项目预期现金流现值 （预期收益现值）	61561.79 万元	−438686.31 万元	189700.79 万元	−310547.31 万元
项目有效期内预期的成本折现	34225 万元	55967 万元	34225 万元	55967 万元
决策可延迟的时间长度	3	3	3	3
无风险利率	8%	8%	8%	8%
项目价值的波动率	6%	6%	6%	6%
捕集项目期权价值	35068.16 万元	—	163207.16 万元	—

表 7.12　碳排放交易＋上网电价政策情境下新建燃煤电厂捕集项目期权价值

	IGCC 电站（2012—2020）	PC 电站（2012—2020）
项目预期现金流现值（预期收益现值）	34556.79 万元	−466681.31 万元
项目有效期内预期的成本折现	34225 万元	55967 万元
决策可延迟的时间长度	3	3
无风险利率	8%	8%
项目价值的波动率	6%	6%
捕集项目期权价值	8068.44 万元	—

7.4　小结

　　在国际气候变化治理框架下，中国应当把发展 CCS 技术作为应对未来气候变化战略技术储备，大力开展 CCS 相关清洁能源与环境技术合作和学习活动。根据 CCS 技术发展阶段，以促进 CCS 技术研发为重点，在 CCS 技术发展成熟并进入商业化条件下，适时选择 CCS 技术政策工具，制定相应的 CCS 技术政策。为加速 CCS 技术示范与应用，主要发达国家都相继选择了一定的政策工具，制定了激励 CCS 技术发展的公共政策。这些政策工具包括：税收激励、贷款担保、建立碳排放交易体系、强制 CCS 及 CO_2 定价、政府补贴及奖励。除国内政策影响外，国际气候治理将对中国 CCS 发展发挥关键作用。应对建立有效的 CCS 国际融资平台和机制，例如清洁发展机制（CDM）。尽管目前地质封存 CCS 工程已经纳入 CDM 活动范围，但是由于复杂认证及巨额交易成本影响了中国 CCS 工程从 CDM 机制中融资。

　　基于本文建立的"三位一体"的政策评估标准：有效性、效率及可接受性，税收优惠、政府补贴、贷款担保及奖励应该是未来政策制定者加快 CCS 技术开发和应用的优先政策选项。为定量分析 CCS 政策激励的力度大小，本文基于实物期权模型对碳交易、碳税及上网电价等三项政策的 CCS 激励效果进行了政策情境模拟分析。在 EOR 条件下，新建燃煤电厂进行 CCS 项目投资的临界条件是：IPCC 电站额外增加 129.7 元/吨 CO_2 的捕集收入；PC 电站额外增加 252.5 元/吨 CO_2 捕集收入。在碳排放交易和碳税政策情境下，对于新建 IGCC 电站捕集项目而言，期权价值均大于项目预期成本，新建 IGCC 电厂会进行捕集项目投资。

第8章 清洁能源技术风险分析与管理规制

技术创新是社会进步的动力，为人类解决社会问题提供了基本方案。但是，现代技术发展在发挥积极作用的同时，也开始显现消极的一面。"技术进步，一方面，为人类创造新的机会；另一方面，也产生新的问题，从而引起社会变革"。CCS技术也不例外。CCS将二氧化碳大规模实现地下封存，有效地实现了把二氧化碳隔离在地球深处，但是地下隔离的负面效应依然存在。一般技术创新活动往往以追求经济利益为目标导向，忽视了节约资源和保护环境，甚至很多时候导致环境破坏，为此必须从技术创新走向环境技术创新。从工程伦理角度看，工程管理者应该承担起对工程活动进行环境管理的责任。为有效监测和管理技术实施中的风险，政府在促进技术发展的同时，也必须制定管理与规制政策，保证CCS技术应用及其工程建设活动的安全、可靠。

8.1 清洁能源技术风险与政府规制问题

技术风险是清洁能源技术存在的共同问题，任何一种清洁能源技术都不能例外。最为明显的是核技术。核技术就像高悬在人们头顶的"达摩克利斯之剑"①，既能给人类造福，也时刻在威胁着人类。2011年3月发生的9.0级地震造成日本福岛核电站发生泄漏，再次揭示出核技术风险。当前，正处于如火如荼开发的页岩气也存在技术环境风险，例如生态破坏、地下水及地表水污染、空气污染等问题。针对清洁能源技术特点，政府采取规制管理措施是有效发挥清洁能源技术积极作用的必然路径。

8.1.1 风险社会与政府风险规制职能

人类社会自产生以来，虽然在各个时期都处于风险社会，但是自近代以来，人类

---

① 达摩克利斯之剑对应的英文是 The Sword of Damocles，用来表示时刻存在的危险。源自古希腊传说：迪奥尼修斯国王请他的大臣达摩克利斯赴宴，命其坐在用一根马鬃悬挂的一把寒光闪闪的利剑下，由此而产生的这个外国成语，意指令人处于一种危机状态，"临绝地而不衰"。或者随时有危机意识，心中敲起警钟。

成为风险的主要生产者,风险来源发生了根本性变化。

8.1.1.1　风险社会

工业化前期,"风险"(Risk)一词几乎不为人所知,即使当用到"风险"一词,表示事情存在好与坏的双重可能性。17 世纪,风险概念多数用于在赌博背景下对潜在得失的预测;这种以可能性的数学计算来表示风险还广泛应用于今天保险业、银行业的风险管理和决策分析中。到了当代,风险开始在多数情况下意味着来源于人类活动的危险。从风险产生的来源,可以将风险分为自然风险、制度性风险(政治风险、市场风险)及技术风险等。

过去五十年,人类在一定程度上不再担忧自然对人类能做什么;但是,人类开始担忧自身对自然已经做过的事情。

风险社会背景下,科学技术活动为社会产生积极作用的同时,也成为社会风险的来源之一。现代社会,科学是风险产生的原因之一,是风险定义的媒介,也是风险问题化解的途径;当科学走向实践,科学不仅仅是解决问题的方案,也是产生问题的原因。20 世纪下半叶,切尔诺贝利核事故、印度博帕尔事件、爱河化学污染泄漏、三哩岛核泄漏及"挑战者"号航天飞机灾难等系列重大灾难性事件引发了人们对科学技术的再思考。世界各国尤其是西方社会开始更加关注与技术相关的潜在危害。

8.1.1.2　技术风险规制成为政府职能内容

风险社会背景下,控制风险成为现代政府的重要职能。在工业化国家,风险规制是现代社会发展过程中的中心范式。社会结构内的各部门都必须管理一定范围的风险活动,例如政府管理政治风险;商业界管理经济风险;食品及公共医疗卫生管理机构管理疾病风险等。同时,风险规制也进入政府行政机构和规制机构词汇中,风险规制成为其在遇到不确定性情况下对未来后果的辅助决策手段。作为辅助决策的技术,风险规制起源于保险和金融领域,扩展到机械、技术及工程应用领域。但是,真正的风险评估及风险管理模型最早应用于美国和英国的卫生和环境领域。为响应 20 世纪 70 年代联邦法律强制要求保护公共健康和环境,美国风险评估首次成为识别和评估卫生和环境危害的手段。1972—1995 年,美国国会设立技术评估办公室(OTA),专门开展针对复杂科学技术问题的技术评估工作,管理科学技术风险。

8.1.2　碳捕集与封存技术风险与环境安全影响

除经济成本和额外能耗外,技术导致的环境安全影响是 CCS 技术大规模推广应用的重要因素。

8.1.2.1　全球性技术风险

二氧化碳泄漏和能耗影响 CCS 减缓气候变化有效性。虽然 CCS 工程包括捕集、运输和封存诸多环节,但是地质封存相关风险是目前面临的新挑战,因为其他环节的技术风险已经成功地在工业应用中得到处理。地质封存技术风险主要源于CO_2从注入的地质封存区域流动到次表层区域或逃逸到大气中，从而削弱全球二氧化碳减排的效果。二氧化碳地质封存需要持续数百年甚至数千年才能有效地实现将全球大气中的CO_2水平稳定在合理水平。这种封存后的二氧化碳渗出将带来全球风险，影响应对气候变化目标的实现。

尽管二氧化碳地质封存存在潜在风险，但是相关研究和专家指出封存后CO_2泄漏是非常小的，而且在很远的将来才会发生；发现的CO_2泄漏可以减缓，因为二氧化碳是良性气体，对人体和安全危害是最小的。IPCC报告也指出封存后的CO_2泄漏率是非常小的，对人为的和自然界的类似情况的观测和模式都表明在适当选择并进行管理的地质封存储层中，CO_2被保留的部分很可能（介于90%~99%之间的概率）在100年时间里维持在99%以上，并且也有可能（66%~99%的概率）在1000年中维持在99%以上。除影响CCS减缓气候变化有效性外，大量的二氧化碳短时间内泄漏至大气可能对全球大气生态环境及人类健康产生影响。

另外，二氧化碳捕集与封存技术额外产生的能源消耗及由此产生的二氧化碳排放也是影响其有效性的技术风险。二氧化碳捕集、运输、利用和封存等多个环节都需要额外耗能，从而带来二氧化碳和其他大气污染物的增排。IPCC指出，以普通燃煤电厂为例，如果采用目前最佳的CCUS技术，在捕获90%左右二氧化碳排放的情况下，比未采用CCUS的同类电厂要增加25%左右的燃料消耗，对于100万千瓦规模的商业煤电机组来说，即每年将增加约65万吨标准煤的额外能耗，与此同时也会相应地增加二氧化碳、二氧化硫和氮氧化物等大气污染物的排放。此外，根据IPCC的数据，如果再加上管道或船舶运输，每200千米还会增加2%左右的二氧化碳排放。

8.1.2.2　地方性技术风险与环境安全影响

除全球性技术风险外，CCS技术对于工程实施当地具有潜在的地方性技术风险及由此产生的环境安全影响。这种地方性技术风险包括二氧化碳地质封存对当地环境、居民健康及财产安全等三个方面的潜在影响。

（1）二氧化碳封存的环境风险表现在对封存地区地表及近地表生态系统、海水及地下水的影响。封存的二氧化碳可能通过未被发现的断层、断裂或漏泄的油气井发生渗漏，其释放到地面更加缓慢并扩散。在这种情况下，灾害主要影响饮用蓄水层和生态系统，因为CO_2聚集在地面与地下水位的上部之间的区域。在注入过程由于CO_2的置换，直接泄漏到蓄水层的CO_2和进入蓄水层的盐水都能影响地下水；在该情景中，也可能存在土壤的酸化和土壤中氧的置换。二氧化碳封存可能污染地下水是环境风险的首要问题。在地质封存过程中，二氧化碳需要以超临界状态注入地下咸水层，如果封存工艺不满足要求或者封存层选择不当，将有可能发生二氧化碳泄漏，从而导致地下水和土壤酸化，同时地层中自然存在的砷、铅等重金属或其他有机化合物，以及二氧化碳灌注气中本身含有的硫化氢、汞等杂质也有可能浸入地下水，影响灌溉和饮用。

（2）居民健康风险指大量的突发 CO_2 泄漏或慢性的 CO_2 渗漏对工程施工人员、居民及公众带来的潜在影响。突发的 CO_2 大量释放，如果使空气中 CO_2 浓度超过了7% ~ 10%，则会对人类生命和健康产生直接威胁。如果封存过程中出现地下饮用水污染或泄漏情况，高浓度二氧化碳及其附带的硫化氢等杂质气体将会严重破坏局地生态环境安全，直接威胁周边人体健康。

（3）财产风险包括 CO_2 封存后对矿产、水等资源造成的损坏等。

8.1.3　CCS 政策规制面临的三大问题

针对技术风险和环境安全影响问题，政府管理机构对 CCS 技术进行政策规制面临的规制和管理方面问题如下。

8.1.3.1　所有权问题

二氧化碳封存涉及财产所有权问题（ownership）包括两个方面：CO_2 注入和封存地质构造的所有权、注入后 CO_2 的所有权。一方面，对于世界范围内的多数国家，地下孔隙空间是国家所有，CO_2 注入和封存地质构造的所有权对于这些国家不是主要问题。但是，对于美国，拥有采矿权或地表所有权所有者一般声称拥有地下孔隙空间所有权；利用次级地表、开展 CO_2 封存活动需要从 CO_2 渗漏范围的所有产权者获得权利，在多数情况下，这是不切实际的，需要新的立法来简化这一过程。

另一方面，注入后封存的大量二氧化碳的所有权也是 CCS 面临的重要政策规制问题。在美国，虽然目前还没有同类的关于注入后二氧化碳所有权法律争议诉诸法庭，但是关于天然气注入和封存所有权争议已经在法庭上有过相关审查。天然气注入和封存所有权的先例为注入后封存的二氧化碳所有权问题提供了可供参考的解决方案。因此，美国所有州都坚持同样的注入气体所有权理论，即以储存为目的把气体注入地质结构后原有的所有权并不消失，注入后气体的所有权依然归原物主所有。

8.1.3.2　责任问题

CCS 技术活动相关责任问题（liabilities）主要包括 CCS 运营责任、CO_2 封存效果责任和注入后 CO_2 管理责任。首先，CCS 运营责任是指在二氧化碳捕集、运输和注入期间控制环境、健康及安全责任。通过石油天然气行业进行的酸性气体注入、提高石油采收率（EOR）、天然气储存及二氧化碳运输活动，美国在 CCS 运营责任方面已经取得了许多成功的管理经验。其次，CO_2 封存效果责任主要是从减缓气候变化的功能出发，由于 CO_2 泄漏带来二氧化碳封存失效的气候责任。如果二氧化碳封存达到上千年，CCS 封存效果责任几乎是忽略不计的；如果有效封存时间只有数十年，这种封存就是不值得的。这种气候责任是要求在温室气体减排项目下采取其他减排手段以补偿 CCS 泄漏的义务。

为达到减缓气候变化的效果，CCS 技术有效性取决于二氧化碳封存的长期性。对二氧化碳封存的长期管理问题（Long-term stewardship）是 CCS 工程的重要责任问题，例如对 CO_2 封存的监测、验证、报告及必要的补救等。解决上述 CCS 实施的责任问题应该包括四个层面：联邦政府、州政府、产业界及公司。

8.1.3.3 国际法律问题

除陆地二氧化碳封存以外，CO_2 离岸封存也是 CCS 技术实施的重要途径。将捕获的 CO_2 直接注入深海（深度在 1000 米以上），大部分 CO_2 在这里将与大气隔离若干世纪。虽然陆地二氧化碳封存可以由所在国家或地区相关法律及政策进行规制，但是离岸封存更多要受到国际法律的约束，例如相关国际条约。目前，《1972 伦敦公约》（防止倾倒废弃物及其他物质污染海洋的公约）设定了管理向海洋倾倒废弃物及其他物质污染物的法律框架。《伦敦公约》框架下，只有当废弃物被列入批准的白名单，才能倾倒入大海。2006 年 11 月，《伦敦公约》通过修正案（2007 年 2 月生效），同意 CO_2 气流进入海底地质封存。

8.2 主要发达国家 CCS 规制政策与体系

没有一定的政策规制，执行新技术是不可能的。作为新兴能源环境技术，与 CCS 相关的国际及国家规制政策正在形成中。2008 年，国际能源署发起国际 CCS 规制者网络项目，共同讨论发展 CCS 技术所需要的法律和规制政策框架。欧盟、美国等发达国家依托对核废料、天然气储存及危险废弃物管理经验，逐渐开始建立起 CCS 技术规制政策体系。

8.2.1 美国 CCS 政策规制实践与经验

美国地下注入控制（Underground Injection Control）项目是政府管理二氧化碳地质封存活动的主体规制项目。1974 年，国会通过《安全饮用水法案》（Safe Drinking Water Act），授权环境保护署（EPA）规制任何形式的地下注入活动以保护饮用水源的安全。1980 年，EPA 建立地下注入控制（UIC）项目。1980 年至今，地下注入控制项目已经批准超过 40 万地下井；33 个州拥有管理州内的地下注入项目的独立自主权（Full Primacy）；7 个州与 EPA 联合管理地下注入项目，其余 10 个州地下注入项目仍然由 EPA 管理。

8.2.1.1 联邦政府环境保护署

2008 年 7 月，环境保护署地下注入项目颁布对联邦法规法典（CFR）40 条 144 和

146 部分内容的修订建议,针对以地质封存为目的的二氧化碳地下注入制定联邦要求。这次修订为地下注入项目增加了新的地下注入井类型——第六级地质封存井。2010 年 10 月,环境保护署颁布对该修订建议的最终决定。经过 270 天的首要执行责任申请期限后,环境保护署于 2011 年 9 月 7 日直接开始在所有州、部落和领地执行第六级地质封存井项目;所有地质封存工程必须向环境保护署(或地区机构)提交申请。考虑到 CO_2 地质封存具有注入量大、浮动性、流动性及腐蚀性特征,新的联邦第六级地质封存井项目设定了以下元素规制工程活动:选址表征、观测区域、注入井建设及运行、地点监测、注入后地点观察、公众参与、融资责任及地点封闭等。

8.2.1.2　州政府碳捕集与封存立法与政策

美国各州往往是政策制定的"政策实验室",为联邦政府公共政策制定者提供前期的经验积累与事实依据。虽然美国目前尚未建立全国范围的气候变化政策,但是一些州政府在控制温室气体排放、制定气候政策方面已经走在前面。随着大规模 CCS 技术示范工程建设的开展,作为 CO_2 地质封存活动的管理主体,各州政府也制定了相应的规制政策。相比较于联邦政府,州政府在规制 CCS 活动中具有优势在于:州政府规制者对于当地地质及其工程活动情况具有更为丰富的经验和信息;州政府往往是倡导开展 CCS 活动的先行者。目前,美国约有 22 个州拥有自行制定的地质封存政策,其中 10 个州建立了 CCS 许可(Permitting)规制、7 个州确定了对于 CCS 工程活动的长期责任规制、5 个州制定了地下孔隙空间政策(表 8.1)。

CO_2 地质封存许可、长期责任管理及利用孔隙空间是 CCS 地质封存工程面临的三大关键政策领域。对于地质封存工程许可,各州政府将许可审批职能分给了不同的部门。堪萨斯州、路易斯安那州、北达科他州及德克萨斯州(离岸)等由石油天然气管理部门管理 CCS 地质封存工程许可;华盛顿州、西弗吉尼亚州、怀俄明州等由环境管理部门管理 CCS 地质封存工程许可;蒙塔纳州、德克萨斯州(陆地)等实施以石油天然气管理部门为主、环境管理部门为辅 CCS 地质封存工程许可;犹他州实施以环境管理部门为主、以石油天然气管理部门为辅的 CCS 地质封存工程许可;奥克拉马州根据地质构造类型对管辖权在环境管理部门和石油天然气管理部门进行了分割。工程许可规制主要依据执行联邦政府 UIC 项目规则或单独 CO_2 封存设施许可等两种形式。美国各州对于地质封存许可的不同部门管辖侧面反映了州政府对地质封存具有本质属性(能源生产还是环境保护)的不同认识。

其次,在长期责任管理方面,包括蒙塔纳州、北达科他州、堪萨斯州、路易斯安那州、德克萨斯州、怀俄明州等 6 个州批准使用州长期地质封存基金以实现对 CCS 工程的长期监测。最后,利用孔隙空间方面,蒙塔纳州及北达科他州设定了 60% 地表所有者同意使用的利用条件。

表 8.1　美国各州制定的 CCS 政策概况表

序号	州名	封存选址许可	产权	长期管理	EOR	税收激励	规制激励	其他方式
1	加州							研究
2	科罗拉多						×	
3	伊利诺伊		×	×	×	×	×	
4	堪萨斯	×		×	×	×		
5	肯塔基							研究
6	路易斯安那	×	×	×	×			
7	麻省							研究
8	明尼苏达							
9	密西西比					×		
10	蒙塔纳	×	×	×	×	×		
11	新墨西哥					×		
12	北达科他	×	×	×	×	×		
13	俄克拉荷马	×	×		×			
14	宾夕法尼亚							研究
15	德克萨斯	×	×	×	×	×		
16	犹他	×			×			
17	华盛顿	×						
18	西弗吉尼亚	×	×		×			
19	怀俄明	×	×	×	×			
20	田纳西							CO_2 运输规制
21	南达科他							CO_2 运输规制
22	印第安纳							CO_2 运输规制

注：×表示拥有该项政策工具。来源：碳捕集与封存规制项目（CCS Reg）网页。

8.2.2　欧盟 CCS 政策规制实践与经验

为达到 2020 年二氧化碳排放在 1990 年基础上减少排放 20% 的目标，欧盟重视发展和应用 CCS 技术实现大规模温室气体减排。2009 年，欧盟发布《欧盟 CCS 指令》，为 CCS 封存设定了法律及相关规制条件，以保证 CCS 工程的安全实施和永久封存。

8.2.2.1 欧盟对 CCS 实施的政策规制

依据当时《伦敦公约》规定,《欧盟 CCS 指令》禁止 CCS 海洋封存。同时,《欧盟 CCS 指令》要求成员国区域的 CCS 工程试验及封存活动必须获得许可才能进行,欧盟委员会有权审查许可决定。封存许可只有在工程本身不存在重大泄漏风险的情况下才能发布。《欧盟 CCS 指令》也重视工程选址、风险评估及监测计划环节,要求 CCS 工程至少每年报告和检查一次。《欧盟 CCS 指令》还要求 CCS 工程实施者拥有充足的融资保证,为管理部门提供长达 30 年的监测资金;当封存到 20 年后责任转移到管理部门。更为重要的是,《欧盟 CCS 指令》将 CCS 列入了欧盟排放交易体系,为 CCS 发展提供了长期的政策激励。

8.2.2.2 英国 CCS 规制政策

和许多工业化国家一样,英国能源系统也是由化石能源占据主要地位。2007 年,英国 43% 的电力生产来源于天然气、35% 来源于煤、15% 来源于核能、5% 来源于可再生能源。同时,2008 年,英国通过《气候变化法案》,设定了到 2050 年温室气体排放在 1990 年基础上减排 80% 的全国性约束目标。《气候变化法案》提出建立碳预算体系,以 5 年为一个周期设定到 2050 年的减排路线。因此,英国把 CCS 作为应对气候变化与能源安全双重挑战的关键元素。2009 年,英国政府提出"没有 CCS 就不能建设新燃煤电厂"(No new coal without CCS) 政策,要求新建的燃煤电厂必须进行 CCS 全过程的技术示范(除非总装机容量超过 400MW),以实现向清洁煤的长期转型。2008 年,英国《能源议案》获御批(Royal Assent)成为具有法律效力的《能源法案》。该法案提出建立对离岸 CCS 封存的许可规制框架;规定任何 CO_2 封存活动需要从相关部门取得许可,内阁部长或苏格兰大臣负责许可管理;对封存地点运营、关闭及关闭后责任问题进行了规定。

8.2.3 加拿大 CCS 政策规制实践与经验

CCS 技术在加拿大实现温室气体减排战略目标中具有重要地位。到 2050 年,预计 CCS 将为加拿大带来 40% 的温室气体减排额度;截至目前,已经有超过 60 亿美元的公共与私人资金投入到 CCS 示范工程中。由于政治体制特点,加拿大联邦政府与省政府对于公共事务具有不同的管辖权。联邦政府管辖权集中在国际及跨省问题、核电、北部及离岸联邦土地、涉及加拿大一般利益的事务(如科学技术)等。多数自然资源的直接所有权及管理、规制属于省政府管辖,环境保护事务是联邦政府与省政府的共同职责。实践层面,加拿大省政府在制定 CCS 法律及规制政策方面发挥着主导作用。阿尔伯塔省和萨斯喀彻温省分别于 2010 年、2011 年制定了专门的 CCS 规制法律。

作为加拿大西部省份,阿尔伯塔省主要以石油开采和加工为经济支柱。为实现

2050 年温室气体排放在 2005 年基础上减少 14% 的目标，阿尔伯塔省把减排的主要突破口放在发展 CCS 技术①。阿尔伯塔省于 2008 年建立总额达 20 亿美元的 CCS 研发项目，启动四项 CCS 工程，并建立省内碳运输主干管道。为规制 CCS 工程活动，2010 年，阿尔伯塔省通过《CCS 章程修正案》，确定了对地下空隙空间所有权、长期责任、建立封存后管理基金等问题的规制政策。《CCS 章程修正案》规定，当封存许可颁发后，阿尔伯塔省成为 CO_2 的所有者，承担相关环境规制义务。

8.3　中国 CCS 政策规制体系的设计与构建

目前，中国碳捕集与封存技术的政策规制及环境管制还处于空白阶段。为长远保障中国 CCS 工程的安全实施，政府需要制定相应的 CCS 规制政策，以发挥 CCS 技术在实现温室气体减排和满足能源需求的重要作用。没有稳定、明确的规制政策框架，投资者对于长期投资 CCS 技术难以获得足够的激励。规制框架应该全面覆盖 CCS 技术实施的生命周期，包括选址、二氧化碳管道运输、注入后监测及长期管理。纵观上述对主要发达国家的 CCS 规制政策分析，近年来欧盟、美国、加拿大等国家相关政策制定者已经开始采取行动，无论是国际层面，还是国家、州政府层面，都出台了地质封存规制政策。尽管中国开始启动了系列的 CCS 示范工程建设，但是，缺乏相关规制框架的讨论与研究。规制政策的缺位将是未来中国大规模 CCS 技术应用的巨大挑战。因此，在推进 CCS 技术示范和应用过程中，将 CCS 规制政策列入政策议程、制定规制政策与措施是十分必要的。

8.3.1　中国现行 CCS 规制政策的问题

中国现行的一般环境资源政策为规制 CCS 工程活动提供了基本框架。首先，依托投资工程管理体系，审批 CCS 技术示范工程。所有重大工程由国家发改委负责审批。其次，环境标准相关法律及政策对碳捕集活动进行了初步规制，如《大气污染防治法》《水污染防治法》《环境影响评价法》等。《放射性污染防治法》是制定 CCS 综合规制政策的最好例子。再次，土地管理相关法律及政策是 CO_2 封存规制的基础，包括《土地管理法》《地质勘查资质管理条例》《石油天然气管道保护条例》等。在一般环境及土地政策规制下，中国 CCS 工程规制的主要缺陷或差距在于二氧化碳地质封存环节。虽然所有 CCS 工程都需要经过投资程序审批，但是应为 CCS 工程制定专门的涉及环境、健康及安全的审批办法。二氧化碳地质封存，与有害物质、危险化学品及反射性物品

① 《阿尔伯塔省 2008 气候变化战略》指出 CCS 在 2050 年前将实现 139Mt 的减排目标，占总减排目标（200Mt）的约 70%。

等封存相比具有很大的不同。

　　缺乏有针对性的 CCS 政策和环境管理体系是中国政策规制体系最大的缺陷，也是未来 CCS 环境管理面临的重大挑战。在上述环境标准相关法律及政策中，二氧化碳都不是监管的主体和对象，也没有全面考虑 CCUS 的特殊环境问题。CCUS 的环境影响评价、风险预警监控、泄漏应急处置等尚无据可循，不能有效应对各类潜在环境问题。

8.3.2　科学确定管理规制机构、管辖权

　　为长期保障 CCS 安全运行，明晰相关政府管理机构的关系及其管辖权是十分必要的。从国际上政府对 CCS 规制实践来看，一些国家以集中化的方式从国家层面规制 CCS 活动；而像美国、澳大利亚和加拿大等国家则采取中央政府与州或地方政府共同规制 CCS 的复合途径。目前，中国规制二氧化碳封存活动的框架还不明确，CCS 技术示范工程主要表现为一般的环境和土地政策规制。但是，随着各地开展 CCS 技术示范工程的逐渐增多，现行一般规制框架难以处理 CCS 实施所产生的专门问题，例如全面的选址表征、监测及长期管理。中国未来大规模开展 CCS 应用需要新的规制框架以管理工程风险和促进 CCS 技术投资。

　　首先，建立中央与地方政府机构的复合规制体系，划分规制职能。在"条块"政府结构中，分配和确定中央与地方的 CCS 规制机构职责。这是建立有效的规制框架的第一步。为了有效领导地方 CCS 工程管理工作，中央政府及其相关部门应该首先确定 CCS 规制职能，出台相应指导全国 CCS 规制政策或规划。地方政府及相关规制部门负责规制地质封存活动相关具体事务，包括工程选址、生态及健康影响评估和工程许可等，比如像目前欧盟、美国、加拿大和澳大利亚地方政府所起作用一样。但是，中央政府相关部门可以设定 CCS 工程达到的最低绩效要求和管理长期问题的技术标准。

　　其次，横向层面，明确中央政府相关部门规制职能。目前，国务院相关部门对于规制 CCS 工程的职责尚未明确。根据二氧化碳地质封存活动技术过程，相关法律和规制环节包括：地表泄漏、地下水质、区域影响、绩效及责任定义等。结合这些技术环节，目前，共有 7 个国务院相关部门涉及拥有 CCS 规制职能，包括国家发改委、国土资源部、科技部、环保部等（表 8.2）。美国环境保护署根据《安全饮用水法案》设定了目前 CO_2 地质封存的专门规制项目。中国环境保护部门在 CCS 地质封存方面并未发挥重要作用。国土资源部启动了二氧化碳地质封存调查项目，评估了中国二氧化碳地质封存的潜力。在国土资源部的领导下，中国地质调查局出版了《中国二氧化碳封存潜力调查评价实施纲要》。

表 8.2　中国碳捕集与封存政策规制机构及其职能设计

规制机构	机构职能	规制职能设计
国家发改委	·宏观经济计划 ·制定宏观经济政策与规划 ·审批重大工程	·协调宏观 CCS 政策制定 ·制定 CCS 发展规划
国家能源局	·制定能源政策 ·审批重大能源工程	·协调能源企业,包括煤电企业与石油天然气企业
国土资源部	·管理土地使用和地下资源 ·审批地质工程	·制定 CO_2 封存规划 ·审批 CO_2 封存许可
中国地质调查局	·地质调查和勘探	·评估 CO_2 封存能力
环境保护部	·环境政策制定 ·污染规制 ·环境影响评估	·主要 CCS 环境规制者 ·规制 CCS 涉及的地下水等环境风险
科技部	·制定科技政策与规划 ·管理国家科技计划	·规制 CCS 研究和开发活动、解决产权问题
国家标准化管理局	·制定国家标准	·制定国家 CCS 技术标准

8.3.3　CCS 政策规制框架的顶层设计

中国目前政策系统情境下,政府部门制定相关规定规制 CCS 工程活动比相关立法活动更可行、更有效。

中央政府部门层面,应确定主要的机构及其规制职能,规制机构应该尽快出台相关政策,指导地方政府部门规制 CCS 工程活动。首先,作为重大工程规划和建设的主要管理机构,国家发改委应制定 CCS 长期发展规划,承担起协调政府部门、政府部门与能源企业的职责。其次,环保部应启动 CCS 规制项目,以保障二氧化碳封存工程实施过程中地下水及其他区域环境的安全。再次,国土资源部及其中国地质调查局继续承担对 CO_2 地质封存能力的评估职能,出台近期和长期二氧化碳地质封存发展规划。科技部应在规制 CCS 研究和开发活动发挥重要作用,协调解决 CCS 工程示范中的相关产权问题。

此外,更为重要的规制职能应该赋予地方政府相关部门。根据美国实施 CCS 规制的相关经验,州政府相比较于联邦政府在 CCS 规制中发挥着更重要的作用,因为州掌握 CCS 工程相关产权问题、大量的当地地质专长和规制经验。相比较于中央政府部门,中国地方政府部门应该在 CCS 规制活动中承担重要职能;一方面,地方政府部门对一定规模的 CCS 工程拥有许可审批管理权；另一方面，地方政府部门负责对二氧化碳封存地点的监测和长期管理。

8.3.4　CCS 政策规制的主要工具选择

命令和控制、信息规制、产业自我规制、市场规制及规制伙伴是政府实施政策规制的五种基本模式。结合目前中国 CCS 发展情况，命令和控制、信息规制、产业自我规制（制定 CCS 技术标准）是规制者有效管理二氧化碳封存工程的有效选择。

第一，对 CCS 工程进行命令和控制（CAC）规制意味着相关管理机构针对 CCS 技术过程和标准制定详细的规则。命令和控制规制是达到 CCS 规制目标的有效环境政策工具。相比较于经济激励政策工具，命令和控制规制工具更直接解决环境政策问题。命令和控制规制工具应该被引入中国 CCS 政策制定过程，相关管理机构及时制定新的规制政策，才能保证 CCS 工程建设安全，例如国家发改委、国土资源部及环保部等。优化 CCS 开发规划是命令和控制手段实施的初期步骤。开展 CCUS 开发战略环评和规划环评，对照全国主体功能区划、环境敏感区等相关要求，从环境保护、封存潜力、地质结构等方面优化 CCUS 项目选址，对 CCUS 的源汇匹配、二氧化碳驱油、二氧化碳驱煤层气、咸水层封存、矿化利用等进行分类、筛选、排序，为将来 CCUS 的健康有序发展提供环境监管依据。

第二，把信息规制作为 CCS 规制的重要补充工具。CCS 示范工程信息应该及时地向公众公开，包括 CO_2 注入、封存及长期管理信息等。CCS 工程信息公开有助于促进 CCS 工程建设，克服公众在接受 CCS 方面的障碍。此外，将 CCS 工程运营数据全面透明公开也会促进 CCS 工程之间学习价值的最大化。

第三，通过运用行业自我规制或政府指导，推动 CCS 技术标准化。由于一系列的 CCS 技术示范工程已经启动，CCS 技术标准化不仅有利于从先导示范工程中总结和吸取经验，也能促进新的投资者投资 CCS 技术示范。CCS 技术标准可以由相关行业自我制定，例如煤发电企业制定碳捕集技术标准；石油天然气行业制定 EOR 技术标准。除此之外，国家标准化管理局在必要时候可以加快制定国家 CCS 技术标准。目前世界上很多研究机构和公司都在进行相关方面的研究，也在争取相关标准的制定从而影响未来技术的走向。

结合发达国家 CCS 政策规制的做法，建议采取以下政策措施，保障未来系列 CCS 工程活动的安全、有效进行：

（1）对全国 CCS 工程实施分级许可管理。根据工程规模，建立中央政府部门与地方（省级）政府部门分级的许可管理体系。政府管理机构在颁发工程许可前，对封存地点及相关区域开展综合的风险评估工作，由地质调查部门进行 CO_2 地质封存能力评估。鉴于目前中国现行 CCS 相关管理体制，超大规模 CCS 工程应由国务院颁发工程许可；大规模 CCS 工程应由国土资源部审批工程许可；其他规模 CCS 工程应由省级政府国土部门审批工程许可，并报国土资源部备案。

（2）制定 CO_2 封存监测及环境管理办法。国土资源管理部门制定专门的 CO_2 封存监测管理办法，一方面，明确工程实施者在 CO_2 注入、封存、监测中的责任与义务（如对注入 CO_2 进行模拟、定期上报相关数据和情况）；另一方面，建立封存地点长期管理机制，明晰一定年限后的工程责任转移问题。环境保护部门针对 CCS 工程活动涉及的相关环境问题，尤其是对地下水的影响，制定专门规制政策。国家发改委、环保部、国土资源部、国家安全生产监督管理总局等相关部门联合建立违反 CCS 规制政策处罚机制。国家海洋管理部门针对 CO_2 海洋封存工程制定监测与管理办法，管理工程许可。

8.4　小结

风险社会背景下，科学技术开发和应用活动为社会产生积极作用的同时，也成为社会风险的来源之一。管理和控制由此产生的风险成为现代政府的重要职能。CCS 技术开发存在的风险体现在：首先，二氧化碳泄漏影响 CCS 减缓气候变化有效性，造成全球性技术风险；其次，CCS 技术对于工程实施当地具有潜在的地方性技术风险，包括二氧化碳地质封存对当地环境、居民健康及财产安全等三个方面的潜在影响。另外，所有权问题、责任问题及国际法律问题还构成了 CCS 长期发展需要加以规制的政策问题。这些问题都需要政府制定相应政策以规制 CCS 工程活动。作为新兴能源环境技术，与 CCS 相关的国际及国家规制政策正在形成中。欧盟、美国等发达国家依托对核废料、天然气储存及危险废弃物管理经验，逐渐开始建立起 CCS 技术规制政策体系。

尽管中国开始启动了系列的 CCS 示范工程建设，但是，目前还缺乏相关规制框架的讨论与研究，CCS 规制政策的缺位将形成未来中国大规模 CCS 技术应用的巨大挑战。为长远保障中国 CCS 工程的安全实施，政府需要制定相应的 CCS 规制政策，从而管理 CCS 工程风险和促进 CCS 技术投资。首先，建立中央与地方政府机构的复合规制体系，划分规制职能。其次，横向层面，明确中央政府相关部门规制职能。命令和控制、信息规制、产业自我规制（制定 CCS 技术标准）是政府有效管理二氧化碳封存工程的有效工具选择。

第9章　清洁能源政策扩散机制与模式分析——基于公共政策的视角

虽然国际学术界对于政策扩散理论的研究方兴未艾，成果日见丰富，但是，其关于中国公共政策扩散活动的研究仍然是凤毛麟角，更不用谈及中国清洁能源政策扩散研究。目前，国内外对清洁能源政策扩散研究都是从国际政策扩散视角来分析的，忽视了国别政策扩散的差异性和特殊性。虽然扩散机制在国际环境政策的协调中起到了不可忽视的作用，但扩散机制本身是一个非常复杂的互动过程，其作用的发挥以及扩散的速度受到很多层面制约因素的影响，国内扩散机制对清洁能源政策、环境政策发展作用更为重要。本文运用公共政策扩散的一般分析工具，结合国内外公共政策实际运行状况，提炼出清洁能源政策扩散的四种基本模式：自上而下的层级扩散模式；自下而上的政策采纳和推广模式；区域和部门之间的扩散模式；政策先进地区向政策跟进地区的扩散模式。在此基础上，讨论了这四种模式背后的政策扩散机制，即学习、竞争、模仿、行政指令和社会建构机制，为中国清洁能源政策发展提供理论框架。

9.1　基本概念界定和研究问题的提出

公共政策扩散（policy diffusion）是指一种政策活动从一个地区或部门扩散到另一地区或部门，被新的公共政策主体采纳并推行的过程。区别于政策转移（policy transfer）、政策学习（policy learning）等相近学术概念，公共政策扩散的基本特征是：第一，公共政策扩散不仅关注政策转移和政策学习等有意识、有计划、有组织的公共政策空间位移现象，也包含自发的政策自然流行传播和扩散活动；第二，公共政策扩散的路径不仅在于公共政策的单向传播，还在于公共政策主体对政策的采纳和推行；第三，在研究视角方面，公共政策扩散不仅关注公共政策过程和阶段的微观分析，更关注公共政策的整体宏观性和空间立体性等特征；第四，公共政策扩散研究关注结构，而公共政策转移则较多关注机构。

与技术扩散研究相比，公共政策扩散研究更具复杂性和挑战性。通常情况下，技术扩散现象的基本原理和机制相对明确，即由于技术创新主体之间存在"位势差"，技术创新活动往往发生从高位势向低位势的转移现象。然而，公共政策扩散现象的发生机理，除了公共政策"位势差"这一基本原因以外，还有更加重要的机制。另一方面，技术"位势差"往往具有客观性，确定技术"位势差"相对容易，而公共政策之间存在的"位势差"在认知和评价上则具有很强的主观性。

进入 21 世纪以来，经济全球化和信息化相互交织、迅速发展，世界进入以信息交互为主要形式的"web2.0"时代和以个人为主角的"全球化3.0"时代，公共政策信息传播和扩散活动也随之加速，一个国家或地区的新的成功的政策实践，往往会被迅速传播或推广到其他国家或地区，一个国家、地区或部门公共政策制定者往往受到其他国家、地区或部门公共政策行为的影响，由此形成跨部门、跨地区、跨越国家的公共政策扩散现象。以美国安珀警戒（AMBER Alert）系统发展历程为例，1997 年，美国达拉斯地区发起美国首个安珀警戒项目，即授权执法部门可以透过各种媒体，向社会大众传播失踪儿童的警戒告知。在儿童保护团体的强力推动下，1999—2005 年，美国50个州都实行了同样的安珀警戒计划；2002—2004 年，加拿大每一个省也相继推行了安珀警戒计划；2006 年，英国也启动了自己的安珀警戒计划版本——儿童救助警戒。

随着公共政策扩散活动的丰富，政策扩散逐渐成为公共政策研究的重要主题。公共政策为什么会发生扩散活动？公共政策如何从一个国家、地区或部门扩散到另一国家、地区或部门？诸如此类的问题成为学者们关注并试图回答的重要政策问题，由此产生了较为丰富的研究成果。三十多年来，政府的公共政策活动在中国的改革开放事业中发挥了巨大作用。在这一过程中，国家间、地区间甚至部门之间的公共政策扩散现象，成为中国政府公共政策活动的重要特征。近来，中国东中西地区之间、城乡地区之间、行业之间的政策扩散活动日益频繁。为此，深入研究和分析中国的政策扩散活动，把握其基本特点，不仅有利于准确把握中国公共政策扩散的特点和规律，而且可以逐步形成中国清洁能源政策扩散理论，从而为推进中国能源政策创新提供理论支持。

9.2 公共政策扩散的三种理论分析路径

20 世纪80年代以来，公共政策扩散问题逐步形成政府管理和公共政策研究的热点问题，国际学术界围绕政策扩散问题展开多方面研究，相关学术论文产出数量丰富，研究成果已具有相当的质量和水平。本文使用"政策扩散"（policy diffusion）、"政策转移"（policy transfer）、"政策趋同"（policy convergence）、"政策创新"（policy

innovation）为标题，在 Web of Science① 国际权威引文数据库中搜索，检得 395 篇公共政策扩散的相关研究论文，论文平均被引用频率达到 12.29，英国和美国在相关论文总产出中占据主导地位，各占论文总数的 28% 和 26%。通过对每年公开出版和发表的公共政策扩散研究论文数量分析可以看出（图 9.1），公共政策扩散研究主要兴起于 20 世纪 80 年代，2005 年以来，公共政策扩散研究得到了较快发展；公共政策扩散研究论文被引频次也迅速增加（图 9.2）。从相关论文的内容来看，公共政策扩散理论研究大致可以归为三类：一是以结果导向的公共政策扩散间接研究；二是以过程导向的公共政策扩散研究；三是以机制和动因导向的公共政策扩散研究。

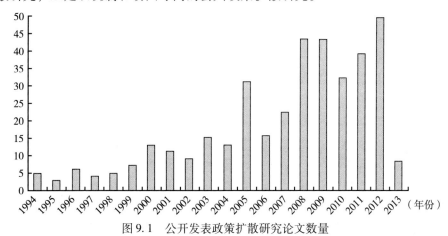

图 9.1　公开发表政策扩散研究论文数量

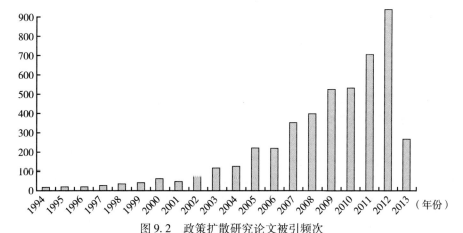

图 9.2　政策扩散研究论文被引频次

---

① Web of Science 是涵盖三大国际引文数据库的检索平台，包括科学引文索引（Science Citation Index，简称 SCI）、社会科学引文索引（Social Sciences Citation Index，简称 SSCI）和艺术与人文科学引文索引（Arts & Humanities Citation Index，简称 A&HCI）。

9.2.1　以结果为导向的政策扩散研究

国外学者对公共政策扩散的先期理论研究，主要是以结果为导向，针对政策创新、政策趋同等公共政策扩散结果展开研究的，显然，这种研究具有间接性的特点。

20世纪60年代末，为研究公共政策创新活动的决定性因素，即公共政策创新是特定国家、地区或者部门内部自行决定的，还是由公共政策传播带动的，美国学者沃克尔（Jack L. Walker）和贝瑞（Frances Stokes Berry）等率先进行了美国州政府公共政策创新扩散的理论研究。他们发现，美国有些州政府公共政策创新比其他州政府更为迅速，为了解释这一现象的原因，沃克尔于1969年提出了美国州政府之间交流是公共政策创新扩散的重要因素。在沃克尔研究的基础上，贝瑞采用事件史分析方法，总结归纳构建了导致政府采取新的公共政策的三种解释性模式：内部决定模式、区域扩散模式和全国互动模式；他把"事件/发生时间"作为基本分析单元，实际上关注的是公共政策扩散的结果，即公共政策的采纳和实行。

公共政策趋同（policy convergence）研究，也是以结果为导向的公共政策扩散研究的另一重要内容。公共政策趋同是指两个以上国家、地区或者部门出现相似的政策结果。班尼特（Colin J. Bennett）认为，公共政策趋同应该达成五个方面的结果：公共政策目标趋同、公共政策内容趋同、公共政策工具趋同、公共政策结果趋同和公共政策风格趋同。这其中的公共政策创新、公共政策趋同等研究框架和结论为后来的公共政策扩散研究奠定了理论基础和分析框架。

9.2.2　以过程为导向的政策扩散研究

20世纪80年代，公共政策转移和扩散理论研究逐渐兴起。在批评和总结公共政策创新、公共政策趋同研究成果的基础上，不少学者开始重视公共政策转移和扩散现象的过程研究，关注新的政策做法是如何被纳入公共政策议程的，它们通过怎样的政策过程才得以实行的等重要命题。从公共政策创新的扩散视角来看，罗杰斯（Everett M. Rogers）认为，公共政策扩散，是公共政策创新活动通过一定渠道在一定社会系统成员中多次交流的过程。多罗维茨（D. Dolowitz）和马什（D. Marsh）认为，公共政策转移是一种过程，在这一过程中，位于一个时空中的公共政策、行政安排和制度被应用于其他时空。西蒙斯等据此提出了公共政策扩散的简约定义：公共政策扩散是一个国家政策选择影响其他国家政策选择的过程。

同时，政策扩散活动在时间上、空间上和组织层级上的发展过程也成为学术界关注的重要主题。布朗（Lawrence A. Brown）和考克斯（Kevin R. Cox）提出创新活动扩散过程的三条经验性规律：在时间维度上呈现S形曲线；在空间维度上表现为"邻近效应"；在区域内出现"领导者—追随者"的层级效应。另外，学术界还提出若干关于公共政策创新扩散过程的基本模型,主要包括全国互动模型、区域传播模型、领导 - 跟进模型与垂直影响模型等。

9.2.3 以机制和动因为导向政策扩散

在政府活动中,为什么会发生公共政策扩散现象?这些政策扩散活动背后的驱动机制是什么?这些问题实际上是过程学派和结果学派共同关注的焦点。

在公共政策扩散机制和发生原因方面,政策扩散研究专家明特姆(M. Mintrom)指出,公共政策扩散有四种机制:从早期政策采纳者中学习;邻近城市之间的经济竞争;大城市之间的模仿;州政府的强力推进。大卫(Marsh David)等认为,公共政策扩散主要有四种机制:学习、竞争、强制和模仿。多宾(Dobbin Frank)认为,有四种不同的理论可以解释广泛发生的公共政策扩散现象,建构主义理论、强制理论、竞争理论和学习理论。安德鲁(Karch Andrew)则认为,要分析政策扩散现象的发生原因,需要关注地理邻近、模仿、效仿、竞争等现象。

在公共政策扩散活动的驱动主体方面,安德鲁认为全国性组织(National Organizations)、政策推动者(Policy Entrepreneurs)和中央政府组织(National Government Intervention)等政治力量推动了公共政策扩散。安德鲁尤其强调官员在公共政策扩散中的作用,他认为,一项政策之所以发生扩散,一是因为政策制定官员们相信具有共同的公共政策特征,比如政治和人口相似性,从而出现简单的政策模仿;二是官员认为这是一种成功的公共政策模式,从而出现政策复制和政策学习;三是官员为了与其他地方政府进行竞争。明特姆认为,公共政策推动者在表达创新性政策观念并且将其列入政府议程的过程中发挥着重要作用。多罗维茨等分析认为,在公共政策转移活动中有六类主要行动者,即民选官员、政党、公务员、压力集团、政策推动者或专家和跨国组织,正是这些行动者构成了公共政策扩散的驱动主体。

虽然国际学术界的公共政策扩散研究已取得颇为丰富的成果,但是,相关理论研究还存在一些尚未解决的问题。

首先,相关学者对公共政策扩散机制和动因的解释缺乏一个清晰且有共识的理论框架,而且对于公共政策扩散机制分类的看法各有差异,有学者坚持两分法;有学者主张三分法;有学者主张四分甚至五分法。两分法主张政策扩散是由内部因素和外部环境两类因素决定的;三分法认为政策扩散机制发生的动因包括:内部因素、邻近区域影响和全国互动;四分法主张学习、竞争、模仿和强制是政策扩散的主要机制;五分法在四分法的基础上,增加了社会建构因素。这种多样化的机制分类状况影响和制约了相关研究者之间的学术对话。其次,理论研究与实证分析脱节,是目前公共政策扩散研究的突出问题。公共政策扩散理论分析与国家、地区或者部门的公共政策扩散实践活动结合不够紧密,理论框架有待于公共政策扩散实践的检验和证明。再次,更为重要的是，关于中国公共政策扩散的理论研究基本空白，亟待开拓。当前，公共政策扩散理论研究的研究对象和建基背景是英美等西方国家的政策活动，忽视了中国这样的现代化后发国家公共政策扩散的研究。

从世界范围内来看，由于政治体制、历史文化差异，中国公共政策系统和过程具有很强的独特性。如果仅仅立足于英美等西方国家的公共政策实践活动，忽视对于中国公共政策实践的关注、观察、分析、总结和验证，由此形成的公共政策扩散理论，充其量不过是西方国家的公共政策扩散理论，具有强烈的片面性。与此同时，改革开放以来，中国的经济社会发展和公共政策实践呈现高度的政策扩散特点，人类现代化发展历史上的这一空前政策实践，理所当然应该成为公共政策扩散理论研究的基本支撑。

为此，笔者运用公共政策扩散的基本分析工具，基于中国公共政策扩散活动的实践，试图提炼总结中国公共政策扩散的基本模式和机制，期望有助于构建基于中国本土化实践背景的公共政策扩散理论。

9.3　中国公共政策扩散的四种基本模式

政策扩散具有时间、空间和行动主体等多维要素。从时间上来看，中国公共政策扩散发展过程也呈"S"形曲线特征。在这其中，较为典型的公共政策如暂住证政策、政务中心政策、开发区政策以及国家学科基地政策等中国公共政策扩散活动，大都基本符合公共政策扩散的"S"形曲线过程。尽管如此，如果仅以公共政策扩散所呈现的特征来定义和阐述中国公共政策扩散过程，不过是简单的生搬硬套。实际上，中国公共政策扩散活动的发生和发展具有自身特点，尤其是推动公共政策扩散的行动主体具有特殊性。分析和概括中国公共政策扩散模式，应该在借鉴国外研究工具，在中国公共政策扩散发展过程呈现的"S"形曲线特征基础上，结合中国公共政策的特定行动主体来分析进行。据此，我们可以得到中国公共政策扩散的如下基本模式。

9.3.1　自上而下的层级式政策扩散模式

自上而下的层级性公共政策扩散模式，是在政府科层组织体系内部，上级政策推动者选择和采纳某项政策，并用行政指令要求下级采纳和实施该项政策的公共政策扩散模式。这是目前中国较为常见的公共政策扩散模式，具有行政指令性特征。

中国政府机构组织具有明显的层级化、集权化特点，呈现出金字塔型特征，作为公共政策扩散行动主体的上下级政府之间具有强烈的命令和服从关系。因此，在当前中央—省市自治区—地级市—县、县级市—乡镇构成的五级政府体制中，由上级政府及相关部门制定的政策，往往通过政策落实、政策执行等方式，迅速地扩散到下级政府及相关部门（图9.3）。这种自上而下的公共政策层级扩散路径或者是"政策全面铺开"，或者是"政策局部地区试点—全面推行"。

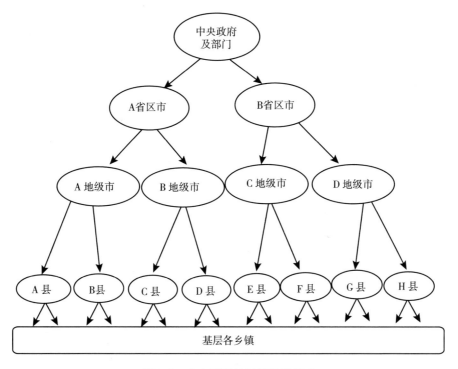

图9.3　自上而下的层级扩散模式

从中国公共政策实践活动来看，"政策局部地区试点—全面推行"是公共政策扩散的基本路径。这一路径主要包括两个阶段：第一，政策局部地区试点；第二，政策试点取得一定效果和经验后，全面铺开和推行。公共政策的局部地区试点，为相关公共政策的全面推行提供了经验和样本，并且形成了公共政策全面铺开的合法性，以减少公共政策的执行阻力。以当前中国增值税转型政策为例，2012 年 1 月，中央政府选择上海作为首个试点地区启动"营改增"改革①；7 月，国务院常务会议决定扩大营业税改征增值税试点范围，增值税试点范围由上海市分批扩大至北京、天津、江苏、浙江、安徽、福建、湖北、广东和厦门、深圳 10 个省（直辖市、计划单列市）。2013 年 8 月 1 日起，国务院常务会议形成决议，决定将原来交通运输业和部分现代服务业的"营改增"政策试点在全国范围内推开，"营改增"政策由此实现在全国范围内的政策扩散。

---

① 见《财政部国家税务总局关于在上海市开展交通运输业和部分现代服务业营业税改征增值税试点的通知》（财税〔2011〕111 号）。

9.3.2 自下而上的政策采纳、推广模式

中国公共政策实践中的这种政策扩散路径，集中体现为"地方政策创新—上级采纳—推广实行"。这种公共政策扩散模式，实际是一种"吸纳—辐射"式的公共政策扩散过程。

中国具有中央统一权力的政府体制，但是，中央统一权力体制并不意味着地方政府在公共政策活动中缺乏积极性、创新性和能动性空间。确实，在中国这样一个"巨型社会"里，单单依靠中央政府来实现全社会的调控，是难以想象的。实际上，地方政府在中国政府公共政策创新和探索中具有较大的政策空间，对于省级政府而言，这一空间尤其明显。随着中国行政管理体制改革的深化和政府职能转变的推进，省级政府在多方面公共政策制定和实施中具有自主权。

中国政府层级之间的这种公共政策创新和扩散的路径，不同于"公共政策试点—全面推行"路径，两者的区别在于：下级政府在公共政策创新和扩散过程中具有主动性、首创性作用，公共政策的创新扩散并非仅仅出于上级政府部门关于特定公共政策的行政试点指令。以中国暂住证政策为例，这一政策最初源于上海在1980年代中期的"自主创新"，随后，国家公安部出台相应政策，使得这一政策规定向全国扩散，相应的扩散路径如图9.4。

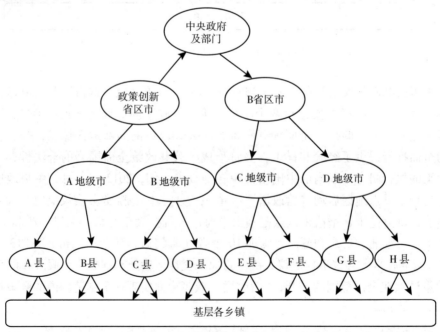

图9.4 自下而上的政策采纳、推广模式

9.3.3　区域之间、部门之间的扩散模式

在同一政府层级，中国的公共政策活动也会出现区域之间、部门之间的扩散模式。这种模式主要体现在以下三方面：

（1）邻近区域、城市间的公共政策扩散。中国的公共政策实践表明，政策创新性扩散活动具有近邻效应。由于邻近区域、城市间政府信息交流频繁，邻近区域、城市间政府容易获得政策创新的信息，加上邻近区域和城市政府在提供公共物品和服务中具有竞争关系，进而驱使相邻区域和城市政府倾向于积极采取政策跟踪和政策学习方式，从而客观上推动了公共政策扩散。这种公共政策扩散模式会形成空间上的公共政策创新集聚现象。

（2）部门间的公共政策扩散。从中国的公共政策实践来看，其政策扩散呈现政策部门之间扩散的鲜明特点。以中国高层次人才引进政策为例，中科院于1994年启动"百人计划"，高目标、高标准和高强度支持人才引进与培养；1998年8月，教育部也启动实施了专项高层次人才计划——"长江学者奖励计划"；2008年，中组部相继启动"千人计划"。就其基本内容和取向来看，这些人才引进政策具有高度的关联性和趋同性。

（3）区域间的公共政策位移扩散。即公共政策呈现跨区域的位移扩散。这方面的主要表现是：在学习机制和模仿机制的驱动下，中国地方政府的公共政策由政策领先地区向政策跟进地区扩散。

9.3.4　政策领先地区向跟进地扩散模式

在公共政策系统中，公共政策扩散活动具有梯度性。由于存在公共政策势能差（或位势差），公共政策通常会沿着扩散动力源向周围政策势能较低的地区扩散。这种模式在中国表现得尤其明显，其集中表现是相同的公共政策及其活动从东部发达地区向中西部地区扩散。改革开放以来，中国经济发展主要采取非均衡发展战略，"让一部分人、一部分地区先富起来，以带动和帮助落后的地区"。这些经济活动反映到公共政策领域，东部发达地区往往处于政策领先地位，是中西部地区经济发展和公共政策学习的跟进对象。在这其中，公共政策扩散模式首先集中在招商引资等经济政策领域，与此同时，它们也表现在政策的税收政策领域。以当前中国增值税转型政策为例，2012年在东部发达地区（除安徽外）进行政策试点；2013年2月，随着政策领先地区改革不断深入推进，河北、河南、山东、江西、湖南、四川、陕西、青海、新疆等中西部地区也正式上报请示要求尽快加入试点，表达出向政策领先地区跟进的公共政策意向和愿望。

9.4 促进中国公共政策扩散的动力机制

国内学界对中国政策扩散机制进行了初步的探索和研究，比如刘伟总结了国际公共政策的扩散机制：强权型扩散、道义型扩散以及学习型扩散。周望基于中国"政策试验"的特点，对政策扩散理论的本土化应用做出了相应调适。不过，这些研究和探索尚未深入分析中国公共政策创新和扩散活动的机制和动因，尚未具体分析公共政策扩散机制运行过程中的行动者。这就需要我们结合中国政府公共政策的行动者特点，对中国公共政策扩散的主要机制展开进一步探讨。分析中国政府公共政策扩散活动实践，可以发现，中国政府公共政策扩散活动的主要机制如下。

9.4.1 学习机制

公共政策的制定者往往会有选择性地向其他政策制定者学习政策经验。政策学习不同于模仿，它实质上是一个获取和接受信息，从而使政策制定者改变理念并采纳特定政策的过程，并不是简单机械的政策模仿和照搬。从经济学视角看，公共政策扩散学习机制之所以形成，是因为有效而成功的政策扩散活动可以有利于降低政策制定过程中行政资源消耗，提高公共政策的社会接受度，降低政策制定和执行成本，从而提高公共政策绩效。另一方面，从中国政治运行过程来看，树立政策实践的榜样和典型，通过党主导的典型宣传和教育，倡导向先进地区和部门学习，是中国执政党治国理政的有效方式和手段。作为执政党宣传工作的重要组成部分，这种政策宣传能迅速传播政策信息，从而为公共政策扩散性实施提供良好的舆论氛围。

从中国的公共政策实践来看，为应对经济社会发展过程中的公共问题，中央和地方政府的公共政策制定者经常开展主动的政策学习活动（例如组织参观考察、调研活动）。这些政策学习活动包括以下几类：第一，向主要国家开展政策学习。在许多中国公共政策制定过程中，"国外经验借鉴和启示"或"发达国家经验借鉴"都是政策论证环节的重要内容。例如新中国成立初期的"以苏联为师"和当前的对外开放和借鉴。这一类公共政策学习活动，使得国际性组织、区域性国际组织及主要国家政策在中国传播和扩散。第二，向国内发达地区的政策学习。例如，在中国经济特区政策在东部实施并且取得巨大成效后，内陆地区纷纷争取和出台类似的政策，建立各类"经济开发区"、"高新区"、"工业区"。第三，向政策领先地区学习。以汽车限购政策为例，为解决城市交通拥堵问题，上海自1994年开始首度对新增的客车额度实行拍卖制度；随后，2010年，北京也开始实行汽车"限购令"；2012年，广州市对中小型客车进行配额管理等。第四，向历史上的政策学习。在政策过程中，中国还十分注重历史纵深向度的公共政策学习。中国地方政府的若干政策做法，实际上来源于较为遥远的中国治理历史。

9.4.2　竞争机制

中国公共政策活动广泛存在"相互看齐"的竞争机制。当然，这种竞争机制并不是西方式的政党选举竞争，而是政府及部门之间的绩效竞争。按照蒂博特的地方政府竞争的理论模型，居民会"用脚投票"（流动和迁徙）来选择地方政府，以促进地方政府提供公共产品和服务的充分竞争。同基础设施建设一样，地方政府政策也是中国地方政府之间竞争的基本内容。中国地方政府之间，尤其是相邻的城市政府之间，面临提供地方公共产品和服务的竞争压力，由此产生强烈的地方政府政策竞争效应。以"京沪之争"、"成渝之争"、"深穗之争"为代表的城市发展竞争相当激烈，客观上促进了城市之间公共政策竞争与扩散。

另一方面，在实践层面，激励的公共政策竞争的重要制度因素是：中国地方政府主要领导干部晋升主要实行政绩考核制度。由于地方政府领导人面临"锦标赛式"的GDP 发展竞争压力，地方政府必然在公共政策活动中倾向于"相互看齐"，不断为地方发展争取公共政策竞争优势。以人才引进政策为例，除中央政府部门人才计划（千人计划、百人计划、长江学者）外，地方政府在人才引进中也存在竞争效应，都纷纷推出人才引进计划，例如山东万人计划、湖北双百计划、广州创新创业领军人才百人计划、无锡 530 计划、安徽黄山学者、钱江学者、珠江学者、天府学者、楚天学者、闽江学者等。

9.4.3　模仿机制

模仿机制是政策制定者直接套用、复制其他地区政府或部门政策的"政策克隆"过程。类似于技术创新的追赶现象，中国的公共政策活动中广泛存在着政策领跑者和追赶者，政策追赶者往往会模仿、效仿政策领跑者的做法。新中国建立初期，由于缺乏治国经验，模仿、照搬苏联模式成为当时中国政策扩散的基本机制。改革开放过程中，中国各地区、部门的同类公共政策活动具有一定的相似性，面临相同的政策问题，从而为不同地区和部门之间的公共政策模仿提供了前提和基础。当前，中国地方政府政策模仿活动主要集中在以下领域：产业发展政策（含招商引资政策）、土地利用与开发政策（如土地出让政策）、人才引进政策等。另外，宏观经济与社会调控领域也开始出现一些政策模仿活动，以汽车限购政策为例，2011 年贵阳市模仿北京市限购政策，同样推出摇号购车政策。

中国公共政策模仿机制发生的重要机理在于：第一，政策模仿能够增强公众、政策对象对政策的认同，提高政策执行的合法性和社会接受度；第二，模仿后的公共政策容易获得上级组织或部门的权威认同，提高政策获得上级肯定和批准的可能性；第三，政策模仿可以有效降低政策执行成本，减少政策执行中的失败风险。但是，决定这种模仿机制发生的科学基础是两个地区或部门之间具有政策可模仿性，即在政治、经济和文化等方面特点的高度相似性。

9.4.4　行政指令机制

除了学习、竞争和模仿机制等自愿扩散机制以外，中国政策扩散活动还具有政府行政指令等被动发生机制。中国是单一制国家，地方政府行使的公共权力来源于中央授权，在国家纵向权力关系上，地方政府接受中央政府的统一领导。这种领导与被领导关系、命令与服从关系是中央—省—市—县—乡镇等五级政府府际关系的本质和核心内容，决定了上级政府及部门，尤其是中央政府及其各部门，可通过行政权威（包括正式权力和非正式权力），推动特定政策的广泛扩散和实行。

中国行政指令的公共政策扩散机制具体体现在：第一，上级政府及部门通过红头文件直接嵌入下级政策制定者的政策议程设置活动，推进政策议程活动扩散；第二，上级政府及部门还直接介入政策内容本身，推动公共政策的直接扩散。

需要指出的是，随着中国政府行政管理体制改革的深入推进，中央政府进一步简政放权和转变政府职能，中央政府的指令性政策扩散将更多侧重于政策议程介入，省级政府等地方政府在地方公共政策内容扩散方面的自主性将逐渐增强。

9.4.5　社会建构机制

社会建构理论认为，公共管理和公共政策是社会建构的产物。在社会建构主义视角下，公共政策扩散活动不只是政府政策主体的行为，而是由社会建构而设计形成的。社会建构主义认为，政策扩散活动并非只是政策制定者为解决公共问题实现公共政策目标形成的，来自社会、政治、文化、经济领域内多种因素和多种政策行动者共同塑造了公共政策扩散活动，社会建构机制的特点在于，主张公共政策扩散是一种自然发生的过程，在公民、媒体和公共事件形成的社会压力下，公共政策制定者展开政策学习、政策模仿等行为，从而产生公共政策扩散现象。

中国的公共政策扩散机制具有社会建构的特点，尤其在特殊公共政策领域和公共政策决策的特殊时期，这种特点表现得尤其明显。比如，中国地方政府的某些决策者在危机管理（或应急管理）、应对群体性突发事件、食品药品安全管理以及社会管理等复杂性公共事务管理活动中，常常缺乏足够自信心和足够能力，这就使得这些领域的公共政策扩散活动往往是社会建构机制促成或者引致的。

9.4.6　扩散机制与模式选择

在经济全球化和信息化进程加速发展时代背景下，中国公共政策创新和扩散活动日益频繁。在"先试点、后推广"、"先抓重点、后全面铺开"的政策制定逻辑作用下，政策扩散研究成为中国公共政策实践活动的普遍常见现象，就此可以认为，公共政策扩散活动内嵌于中国政府的政策过程和政策发展进程之中。如上所述，当前，中国政府公共政策扩散活动主要呈现四种基本模式：自上而下层级扩散模式、自下而上政策采纳和推广模式、区域间和部门间扩散模式、政策领先地向政策跟进地扩散模式。在这其中，自上而下层级扩散模式是传统的常见政策扩散模式，主要是由行政强制推动和社会建构等机制驱动实现；自下而上政策采纳、推广模式也在政策活动中普遍存在，主要是由学习机制（前期采纳阶段）和行政指令推动机制（后期推广阶段）驱动实现；区域间、部门间公共政策扩散模式主要是由学习机制、模仿机制、竞争机制驱动实现；公共政策领先地区向政策跟进地区扩散模式，则主要由学习机制和模仿机制驱动实现（表 9.1）。

表 9.1 中国公共政策扩散的基本模式与对应的实现机制

	学习机制	模仿机制	竞争机制	行政指令机制	社会建构机制
自上而下层级扩散模式				√	√
自下而上政策采纳、推广模式	√			√	
区域间、部门间扩散模式	√	√	√		
政策领先地区向政策跟进地区扩散模式	√	√			

在中国政府公共政策实践活动中，表 9.1 所列五种类型公共政策扩散机制具有不同的政策扩散行动者：学习机制、竞争机制、模仿机制是公共政策制定者主动和自愿推动政策扩散的机制。在这几类主动扩散机制中，地方政府官员是推动公共政策扩散的主导力量；以专家学者为代表的知识分子也扮演着重要的角色。行政指令机制、社会建构机制是公共政策制定者被动接受和推动公共政策扩散的过程。在行政指令机制中，以中央政府及其部门为代表的上级政府和部门是以指令性方式推动政策扩散的主体。在社会建构机制中，中国的政府部门、媒体及大众往往协同行动，共同推动公共政策传播和扩散。近年来，大量的知识精英参与公共政策过程，例如科学家给中央领导写信、专家学者参与政府决策论证咨询，他们以知识扩散和决策咨询为载体，间接地推动了各类公共政策扩散机制的快速运行。

对于中国公共政策的五种扩散机制，不能采用简单的评价标准来衡量其优劣，问题的关键在于，应该关注公共政策扩散结果即公共政策实施的绩效。经验表明，适当的政策学习有利于节约政策创新成本，而过度的政策学习则容易造成政策趋同化，降低政策的创新性和吸引力；适当的政策竞争，有利于激励政策制定者通过政策学习和政策变革，强化政策扩散的作用，但是过度的政策竞争，也会带来政策公共资源的过度损耗；适当的政策模仿，有利于克服公共政策对象对政策变革的偏见和不适心理，但是过度的政策模仿甚至照搬某地区或部门的政策，往往会脱离本地区、本部门实际，反而有碍特定公共政策在当地的成功执行，导致政策扩散失败；一般来说，行政指令机制能够迅速推动政策扩散活动的广泛开展，但是难以调动地方政府积极性，容易造成政策"一刀切"，研究表明，行政指令机制适用于规制性较强的公共政策扩散，而对于激励性政策扩散，采用学习、竞争和模仿等三类主动型公共政策扩散机制，更加容易取得优良的政策绩效。而社会建构机制虽然使各类政策行动者广泛参与公共政策扩散过程，但是，多元主体的社会建构同时具有效率低、协调成本高的特点。

改革开放以来，伴随着中国政府行政管理体制改革的深化，中央政府积极深入推进向地方政府分权化改革，同时，中国政府的职能得到进一步有效转变，行政指令推动政策扩散的作用和功能逐渐减弱，在经济管理、宏观调控等规制性政策领域，尤其如此。与此同时，中央与地方政府之间除了存在命令与服从、领导与被领导的关系以外，还在一定程度上存在相互博弈互动关系，这就使得中国的地方政府在政策制定中获得较大自主性空间，因此，公共政策扩散的学习和竞争机制作用将日益凸显。随着中国政府与市场、政府与社会良性互动关系的进一步健全，互联网信息化时代条件下"网络问政"的蓬勃发展，政府管理的回应性日渐增强，社会建构机制在各种政策扩散模式中也将发挥着重要的作用。

9.5　小结

对于中国清洁能源政策扩散活动，国内政策主体如何根据自身的利益认知、目标偏好和政策行动作出调整，最终实现某种程度的政策创新？行政指令的强制性扩散机制和自上而下的层级扩散模式扮演着重要角色，引领能源政策扩散活动总体发展进程。在缺乏中央政府统一权威安排下，地方政府在政策扩散中的作用不容忽视。在行政强制力缺失的状态下，地方清洁能源政策扩散的作用机制主要是学习和竞争机制。地方通过对国内外政策领先地区的政策效法和学习内化，自愿并且主动采取了相似的清洁能源政策做法。

第 10 章 结论与展望

基于科学技术与社会、技术创新系统、公共政策等相关理论，本书运用问卷调研、社会网络分析、案例研究、实物期权分析等方法，对碳捕集与封存技术相关政策与管理重点问题进行了研究。

10.1 基本结论

本文的主要研究结论如下。

（1）CCS 成为国际气候变化治理重要选项的原因。CCS 所以能成为国际气候变化治理重要选项，并得到快速发展，其中具有重要的政治和社会原因。

自 20 世纪 50 年代开始，科学家作为政策倡议者，在提出气候变化科学事实基础上，将气候变化问题列入气候变化治理公共议程，是全球性气候治理框架的建立缘起。经历科学共同体对气候变化科学的系列评估（1950—1988）之后，气候变化进入了公共议程设定（1988—1992）阶段。气候变化问题已经不再是单纯的科学问题，成为涉及各国政治、经济利益的复杂公共议题。在科学家广泛号召、媒体报道及政治动员情况的推动下，1992 年 154 国签署《联合国气候变化框架公约》及 1997 年 84 国签署《京都议定书》标志着气候变化治理框架的初步建立。但是由于主要大国政治经济利益博弈，气候变化治理框架执行道路充满分歧与权变。至 2012 年卡特尔多哈（第十八次缔约方会议），国际社会难以制定温室气体长期减排限制性的政策目标，气候治理的重点开始从强制减排转向低碳发展，气候技术成为气候治理的核心议题和可行途径。

碳捕集与封存技术从科学理念发展到国际共识经历了三个重要发展阶段：首先，20 世纪 70 年代至 90 年代，CCS 理念产生及基础科学研究论证阶段；其次，2000—2007 年，CCS 进入气候变化治理框架及技术实施阶段；再次，2008 年至今，CCS 大规模技术示范工程建设与内涵延伸阶段。碳捕集与封存技术是由二氧化碳捕集、运输、注入和封存、利用等已经投入商业运营的系列关键技术组合构成。碳捕集与封存技术既能实现化石能源行业大规模温室气体减排目标，又不影响人类利用传统化石能源

（如煤）以满足日益增长的能源需求。发展 CCS 技术尤其对于拥有丰富煤炭资源储量和巨大能源需求的温室气体排放大国（美国、中国及印度等）具有重要意义。

碳捕集与封存技术之所以从科学理念发展成为国际气候治理选项的共识，除技术本身优越性外，其中重要的政治社会原因在于：①美国等发达国家化石能源行业具有较高的政治影响力；通过发展 CCS，化石能源行业开始改变作为二氧化碳排放主要来源的"被动"地位，重新在未来减缓气候变化治理进程中获得了新的发展前景。②发达国家出现逐年增长的反对继续大规模使用煤的公众舆论；"没有 CCS 就没有煤"成为煤炭行业回应公众对"清洁煤"质疑的新的方式。③国际组织及科学组织的推动；国际能源署是推动 CCS 的国际组织中的先锋，科学共同体通过科学研究评估及专业组织直接或间接地影响政府资助的重点及国家层面减缓气候变化的公共论述和话语空间。

（2）中国 CCS 技术创新系统结构组成及功能评估。在国际 CCS 项目的引导和中国政府 R&D 项目的资助下，中国能源企业、科研机构（以中国科学院为主）和高校纷纷展开 CCS 相关基础研究和多项技术示范工程建设活动。目前，中国 CCS 技术创新系统已经处于初步形成阶段。本研究分析了中国 CCS 技术创新系统结构组成，并评估了 CCS 技术创新系统七大基本功能。

首先，中国 CCS 技术创新系统拥有较强的创新系统结构部件。第一，制度基础方面。在相对集权的能源与环境决策管理体制下，为积极应对气候变化，中国政府设立了相应的机构，出台了气候变化相关政策、国家气候变化行动方案及相关国家发展规划，为 CCS 技术创新系统提供了良好的制度条件。在这样的政策和制度背景下，CCS 得到了国家科学和技术发展规划、国家科技项目的实质性的优先支持。第二，行动者网络方面。煤电、石油与天然气企业、能源环境相关科学共同体及政府管理机构构成中国 CCS 技术创新系统的强势的行动者网络。第三，技术开发、示范与应用方面。自2008 年以来，许多 CCS 示范工程相继启动，标志着中国 CCS 技术发展走向技术示范。

其次，基于对重要技术专家的问卷调研而成的中国 CCS 技术创新系统功能评估表明，通过启动系列的创业试验活动，中国已经积累了较高的 CCS 知识和技术基础。但是在一些技术创新系统功能方面，还明显存在弱项，包括市场培育、市场指导、技术扩散及资源流动等。这些弱项也是美国、加拿大、荷兰、挪威及澳大利亚等主要发达国家 CCS 技术创新系统的普遍特点。为此，为加快 CCS 技术创新系统建设，本研究提出以下政策建议：①继续加强 CCS 技术示范政府 R&D 投入，以减少新兴技术开发中的不确定性和支撑技术扩散。作为新兴技术，CCS 技术本身还存在不确定性、风险性及高成本性特征，需要加强技术研究和开发、示范，实现技术突破。②在 CCS 发展中推进跨部门（科研机构、大学、能源企业及政府部门）协同合作、协同创新，以提高知识扩散和资源流动性。③通过制定综合性的 CCS 政策，加强对 CCS 技术示范活动的规制和标准化，以提高 CCS 相关市场指导与技术合法化。④加快和鼓励 CCS 技术商业化进程，尤其重视工业应用过程中的二氧化碳利用，以扩大相关创业活动和培育市场。

（3）CCS 大科学工程管理案例研究。开展 CCS 大科学工程建设是加速 CCS 技术创新和应用的先导路径，具有重要的示范意义。现代社会中，在工程规划、设计、决策、实施等各个环节，政府都扮演着重要角色。本研究以美国未来煤电工程及加州氢能工程、中国绿色煤电工程为例，在分析两国能源与环境基本决策体系基础上，对 CCS 大科学工程从概念形成、工程决策、执行等大科学工程生命周期进行了分析。经过案例比较，虽然美国未来煤电工程于 2003 年由布什总统宣布启动，但工程执行过程经历了停止与再启动的波折过程，工程进展相对缓慢；加州氢能工程自 2008 年提出之后也经历了 BP 退出导致的艰难的工程执行局面。中国绿色煤电工程虽然由中国能源企业宣布发起，但目前已经完成一期 IGCC 电站建设，工程进展较快，"后来居上"。什么是影响这些 CCS 大科学工程执行的关键因素呢？

本文认为大科学工程执行的五要素（目标、组织、政治支持、竞争与合作、领导力）是影响 CCS 大科学工程成功执行的关键因素。

第一，目标方面，明确的分步骤的技术目标促进了未来煤电工程的执行。对于美国未来煤电工程，由于在工程启动初期并未明确技术目标，影响了工程的初期执行进度；对于加州氢能工程，经济性目标的逐渐明确促使工程摆脱由于 BP 及力拓集团退出工程建设带来的困局，工程得以重生。

第二，组织方面，未来煤电工程采取政府直接资助＋产业联盟组织模式；中国绿色煤电工程及加州氢能工程都采取了政府研发资助＋能源企业主导的组织模式；明晰各类组织在大科学工程执行中的角色和分工是工程成功执行的关键。

第三，政治支持对于任何大科学工程的成功实施都是核心要素。未来煤电工程的产生、中止及再启动过程是与当时变化的政治环境及政治参与者紧密联系的；依托华能集团作为中央直接管理能源企业的制度优势，绿色煤电工程获得中央政府部门和地方政府的广泛的支持。

第四，竞争和合作在开展 CCS 大科学工程中得到充分的体现。国家之间、地方政府之间、企业之间竞争形成加快大科学工程的驱动力；大科学执行过程中，政府、企业与大学、研究机构的跨部门合作也是促进大科学工程顺利执行的重要因素。

第五，领导力是整合大科学工程执行的生命周期阶段需要的各方面资源和力量的核心。在华能集团及其管理者的有效领导下，中国绿色煤电工程不仅取得中央政府多个部门和地方政府的政策支持，还得到来自国内外相关行业企业等方面的积极参与。对于美国未来煤电工程，领导力在美国能源部取消工程支持至再启动之间发挥了重要作用。

（4）促进 CCS 发展的政策工具与选择。碳捕集与封存技术是气候变化治理中大规模减少二氧化碳排放的重要技术选项。在国际气候治理项目的带动和政府科研项目的资助下，中国广泛开展了碳捕集与封存技术示范工程建设，但是目前仍然缺少推动CCS 技术发展的专门政策激励。本研究基于发达国家在发展 CCS 技术方面的政策实践，分析和提出了中国促进 CCS 技术发展的政策选项。

为碳捕集与封存技术发展提供政策激励的理论基础在于：公共政策不仅矫正 CCS 技术开发存在外部性导致的市场失灵，而且还是消除 CCS 技术创新"系统失灵"的基本手段，助推 CCS 开发者跨越新技术开发的"死亡之谷"。为向未来中国 CCS 政策制定提供工具选择，本研究基于发达国家在发展 CCS 技术方面的政策实践，分析和提出了中国促进 CCS 技术发展的政策选项。通过建立"三位一体"的政策评估标准（有效性、效率及可接受性），结合中国能源与环境政策做法，本文认为税收优惠、政府补贴、贷款担保及奖励是未来政策制定者加快 CCS 技术开发和应用的优先政策选项。在引入这些政策工具过程中，政策制定者须根据中国 CCS 技术发展的实际情况（技术成熟程度、技术应用成本等），结合中国能源和环境政策总体考虑，执行相应的政策，推动政策工具的本土化。

同时，本研究为从微观企业视角分析政策工具对企业 CCS 技术项目投资的影响，基于实物期权模型，以中国新建燃煤电厂 CCS 为对象，对各种政策情境对企业 CCS 投资决策的影响进行了模拟研究。本研究认为在 EOR 条件下，新建燃煤电厂进行 CCS 项目投资的临界条件是：IPCC 电站额外增加 129.7 元/吨 CO_2 的捕集收入；PC 电站额外增加 252.5 元/吨 CO_2 捕集收入。综合引入碳排放交易 CDM、碳税、上网电价及投资补贴政策情境，才能引导新建燃煤电厂进行 CCS 项目投资。在碳排放交易和碳税政策情境下新建 IGCC 电厂会进行捕集项目投资。

（5）中国 CCS 规制体系设计。风险社会背景下，科学技术活动为社会产生积极作用的同时，也成为社会风险的来源之一。规制科学技术开发产生的风险成为政府的重要职能。CCS 开发与应用中的技术风险包括全球性技术风险和地方性性技术风险。全球性技术风险主要指二氧化碳泄漏影响 CCS 减缓气候变化有效性；地方性技术风险包括二氧化碳地质封存对当地环境、居民健康及财产安全等三个方面的潜在影响。此外，CCS 工程活动还面临所有权问题、责任问题及国际法律问题等三大公共政策规制问题。为保障 CCS 工程安全运行，欧盟、美国等发达国家依托对核废料、天然气储存及危险废弃物管理经验，逐渐开始建立起 CCS 技术规制政策体系。

为长远保障中国 CCS 工程的安全实施，需要制定相应的 CCS 规制政策，以发挥CCS 技术在实现温室气体减排和满足能源需求的重要作用。虽然中国现行的一般环境资源政策为规制 CCS 工程活动提供了基本框架，但是现行一般规制框架难以处理 CCS 实施所产生的专门问题，例如全面的选址表征、监测及长期管理等。中国未来大规模开展 CCS 应用需要新的规制框架以管理工程风险和促进 CCS 技术投资。首先，建立中央与地方政府机构的复合规制体系，划分规制职能；地方政府部门在 CCS 规制活动中承担重要作用。其次，横向层面，明确中央政府相关部门规制职能。再次，运用命令和控制、信息规制、产业自我规制（制定 CCS 技术标准）等工具实施相应规制活动。结合发达国家 CCS 政策规制的做法，为保障未来系列 CCS 工程活动的安全、有效进行，建议：对全国 CCS 工程实施许可管理；制定 CO_2 封存监测及环境管理办法。

10.2 研究展望

CCS 技术发展的关键在于技术能否实现突破，尤其是在降低目前较高的技术经济成本和额外能源消耗。只要技术在经济性和稳定性、安全性方面取得显著进步，那么，CCS 将在国际二氧化碳大规模减排中发挥战略性作用。针对相关方面研究，值得进一步探讨的地方有：

（1）CCS 技术示范和开发的经济性成本和收益研究。作为新兴技术，CCS 技术应用具有高成本性、不确定性及风险性特征，需要加大技术突破，有效降低技术应用成本。目前世界上还没形成较为统一的 CCS 技术经济性成本计算标准，各国、地区或企业在测算 CCS 技术示范和开发的经济性成本和收益有一定差异。这是因为目前全世界还未建成完全商业化运营的大型 CCS 工程。本文在政策情境模拟中，也仅参考相关基准数据，同时，欧洲碳交易市场价格波动较大。今后研究工作中，应该结合中国 CCS 示范工程执行的结果，不断完善和更新数据，提出 CCS 技术经济性成本计算标准。

（2）CCS 与新能源、核能等其他气候技术的比较研究。将多种气候技术置于同一研究框架下，分析各种技术开发进展及其自身存在的优势与劣势，提出气候技术开发面临的障碍与对策。此外，国际能源技术创新日新月异，研究新能源、核能，尤其是页岩气开发等新兴能源技术对 CCS 开发的影响也是未来相关研究的重要方向。对于这些治理技术选项，还需要加强政府政策投入力度和重点比较研究。

（3）加强公众对 CCS 及其工程的理解和认知研究。公众也是影响新兴技术开发和应用的重要群体。"公众理解科学"（PUS）中，由于没有区别科学与工程技术差异而产生概念缺陷。虽然通过从燃煤发电厂捕集二氧化碳并将其封存于地下是解决气候变化问题的好方法，但无论是中国，还是世界，公众不太了解碳捕集与封存这项技术，人多数人对碳捕集与封存没有强烈的支持或反对看法。因此，下一步研究可结合公众理解科学的相关研究，分析 CCS 技术的风险性、公众对 CCS 及其工程活动的理解和认知。利用问卷调研或访谈的研究方法，进一步分析公共政策制定者对 CCS 技术开发的态度，提出增强公众对 CCS 及其工程活动接受度的科普政策措施和政策建议。

后　记

在全球气候变化治理进程中，如何更好地实现对传统化石能源的清洁利用，从而大规模地减少二氧化碳排放是当前国内外学术研究的热点主题。为从公共政策和公共管理的理论视角科学而有效地回答这一重大问题，作者在原有的中国科学院博士论文研究成果基础上，吸纳和提取北京市社科基金项目"科技创新平台体制机制研究"（编号：13JGC062）和中国博士后基金项目"公共事务协同治理的适用性、基本模式与机制研究"（编号：2013M540799）的研究成果，形成这部促进清洁能源技术发展的政策与管理研究专著。

特别感谢我的导师叶中华教授和许正中教授。从 2008 年保送中国科学院研究生到后来转为攻读博士期间，我一直师从叶中华教授。在这四年半的硕博连读里，叶老师无论是对我的研究生课程选择，还是学位论文选题、研究、写作及修改方面，都倾注了大量的时间、汗水和心血，导师的每次指导都让我的研究思路豁然开朗。同时，感谢我的研究生合作导师国家行政学院许正中教授。许老师丰富而深邃的学术思想一直深深地感染着我、影响着我。

感谢我在美国留学期间合作导师——雪城大学马克斯维尔公民与公共事务学院拉姆布莱特教授（William H. Lambright）。作为第一届明诺布鲁克会议组织者（Minnowbrook Conference），拉姆布莱特教授给予我在博士论文选题和写作思路方面的重要启发。在与他的多次相关问题讨论和交流中，我受益匪浅。感谢西弗吉尼亚大学公共管理系霍姆斯博士（Maja Husar Holmes）参与相关部分合作研究。此外，感谢马克斯维尔学院前院长帕尔默教授（John L. Palmer）、格林教授（Vernon L. Greene）、史莱克教授（David M. Van Slyke）、力士教授（Steven J. Lux）在对本研究及相关课程学习提供的指导和帮助。

感谢科学普及出版社暨中国科学技术出版社苏青社长、清华大学李正风教授、中国科学院自然科学史研究所汪前进研究员和胡维佳研究员，在博士论文评阅中提供的宝贵建议。感谢来自中国科学院工程热物理研究所、山西煤化所、武汉岩土力学研究所、南海海洋所、清华大学、浙江大学、华中科技大学、中国石油大学、中国地质大学、中国矿业大学、北京林业大学、神华集团、中国气象局等相关单位的技术专家接受本研究问卷调研。

在写作过程中，参阅了大量文献资料，得到许多同志的指导，在此，表示衷心的感谢！

由于作者水平有限，且 CCS 目前还处在研究和示范阶段，出现不足和错误之处在所难免，望大家批评指正、多提宝贵意见。

纸短情长。感谢所有帮助和支持过我的老师、亲人、同学和朋友们！

谨以此书献给我的爱人和即将出生的宝贝！

赖先进

2014 年 6 月 28 日

北大图书馆

附　录

附录一　碳捕集与封存技术创新调查问卷

尊敬的先生/女士：

您好！首先感谢您在百忙之中抽空填写调查问卷。这是一份关于碳捕集与封存（CCS）技术创新的调查问卷，其目的是了解碳捕集与封存（CCS）技术在中国发展现状及面临的问题。您所提供的信息，我确信，将对此项研究非常重要。请您根据自己掌握的情况，在答案中用鼠标单击复选框（或在横线处直接填写答案）。恳请您协助填写问卷，以供研究参考，我会对问卷信息严格保密。谢谢您的支持与参与！

敬祝新年愉快 阖家幸福！

2012 年 1 月 14 日

1. 您所从事的碳捕集与封存活动的主要工作是？
□研究　　□示范工程建设　　□投资　　□管理与政策制定
□其他_____　　　　　□无相关活动

2. 您认为以下选项对于控制二氧化碳排放和应对气候变化的作用如何？
A. 碳捕集与封存
□非常重要　　□重要　　□中等　　□一般　　□不重要　　□不确定
B. 可再生能源（太阳能、风能等）
□非常重要　　□重要　　□中等　　□一般　　□不重要　　□不确定
C. 核能
□非常重要　　□重要　　□中等　　□一般　　□不重要　　□不确定
D. 提高能源效率
□非常重要　　□重要　　□中等　　□一般　　□不重要　　□不确定

E. 节约能源

□非常重要　　□重要　　□中等　　□一般　　□不重要　　□不确定

F. 其他有效途径：＿＿＿＿＿＿＿＿＿＿＿＿

3. 您认为在碳捕集与封存技术试验与示范阶段，投资主体应该是？（单选）

□政府　□企业　□金融机构　□风险投资机构　□其他＿＿＿＿＿＿

4. 您认为针对目前中国碳捕集与封存活动，政策制定者应该做的工作是？（单选）

□增加研究、开发和示范阶段的经费投入　　　□财政直接资助示范工程建设

□出台税收减免和优惠政策　　　　　　　　　□提供信用担保

□其他政策支持方式＿＿＿＿＿＿＿＿＿＿＿＿

5. 您认为中国碳捕集与封存技术商业化成功的面临的障碍有哪些？（可多选）

□缺乏政策支持　　　　　　　　　□技术不确定性导致的高风险

□缺乏掌握相关技术　　　　　　　□缺少金融激励

□缺少储存地点　　　　　　　　　□公共接受程度不够

□技术应用成本高　　　　　　　　其他＿＿＿＿＿＿＿＿＿＿＿＿

6. 您对以下中国碳捕集与封存技术创新体系所发挥的功能评价是？

A. 基础研究竞争力

□非常满意　　□满意　　□中等　　□一般　　□不满意　　□不确定

B. 技术竞争力

□非常满意　　□满意　　□中等　　□一般　　□不满意　　□不确定

C. 创业活动

□非常满意　　□满意　　□中等　　□一般　　□不满意　　□不确定

D. 知识扩散

□非常满意　　□满意　　□中等　　□一般　　□不满意　　□不确定

E. 提供市场指导

□非常满意　　□满意　　□中等　　□一般　　□不满意　　□不确定

F. 人力资本供给

□非常满意　　□满意　　□中等　　□一般　　□不满意　　□不确定

G. 金融资本供给

□非常满意　　□满意　　□中等　　□一般　　□不满意　　□不确定

H. 公众支持程度

□非常满意　　□满意　　□中等　　□一般　　□不满意　　□不确定

I. 市场培育
□非常满意　　□满意　　□中等　　□一般　　□不满意　　□不确定

J. 政府支持
□非常满意　　□满意　　□中等　　□一般　　□不满意　　□不确定

K. 市场需求
□非常满意　　□满意　　□中等　　□一般　　□不满意　　□不确定

L. 技术扩散与溢出
□非常满意　　□满意　　□中等　　□一般　　□不满意　　□不确定

7. 与美国相比较，您认为中国发展碳捕集与封存技术存在的优势包括？（可多选）
□集中力量办事情的制度优势　　□技术领先优势　　□基础研究领先优势
□政府支持　　□公众支持　　□不存在优势
□其他＿＿＿＿＿＿＿＿

8. 您认为成功发展碳捕集与封存技术，企业需要与哪些机构保持紧密的合作关系？（可多选）
□政府机构　　□大学　　□研究机构
□行业内骨干企业　　□技术链条上下游骨干企业
□金融机构　　□创业服务机构　　□其他＿＿＿＿＿＿

9. 在中国实施重大碳捕集与封存技术项目过程中，哪些是促进实现多部门、多机构有效合作的关键因素？（可多选）
□项目负责人整合资源的领导力　　□政府部门支持
□公众及舆论　　□项目大小及规模　　□其他＿＿＿＿＿＿

10. 您如果当前投资于碳捕集与封存活动，哪些是你认为的主要投资动力？（可多选）
□当前政策　　□未来政策走向　　□商业战略
□研究与开发　　□其他＿＿＿＿＿　　□不会投资该领域

11. 您认为增强公众对碳捕集与封存技术的理解的有效方式包括哪些？（可多选）
□加强科普宣传　　□媒体舆论报道　　□学校教育
□专题网站建设　　□简报、视频资料宣传　　□展览馆展示
□会议推广　　□其他＿＿＿＿＿＿

12. 您对加快中国碳捕集与封存技术商业化进程的看法和建议，或者关于碳捕集与封存同我们分享的评论？

_____

_____

问卷调查结束！

请您点击"保存"，并将问卷电子版发至电子邮箱：laixianjin08@ mails. gucas. ac. cn

再次谢谢您的支持与参与！

附录二 中国与 OECD 国家能源、经济与 CO_2 排放数据表

表 1 中国与 OECD 国家国内煤炭消费总量（2000—2013）

单位：ktoe

国家	2000	2001	2002	2003	2004	2005	2006	2007
澳大利亚	48156	48221	48611	48344	49398	51982	52830	53141
奥地利	3595	3721	3805	4045	3984	4018	4031	3888
比利时	7877	7248	6264	5886	5725	5022	4780	4244
加拿大	31661	31152	29795	29711	28544	28829	28600	26436
智利	3071	2391	2421	2389	2706	2704	3319	3219
中国	711929	718467	760461	900945	1025608	1138528	1262662	1332275
捷克	21580	21137	20775	21025	21004	20236	20942	21265
丹麦	3986	4205	4188	5666	4362	3714	5477	4652
芬兰	5134	6286	6664	8312	7546	4944	7390	7248
法国	15043	12655	13567	14358	13902	14303	13198	13642
德国	84830	86507	84107	85019	85833	81686	82277	86677
希腊	9038	9308	8980	8906	9107	8953	8427	8836
匈牙利	3849	3621	3623	3749	3467	3070	3076	3128

国家	2000	2001	2002	2003	2004	2005	2006	2007
爱尔兰	2659	2789	2723	2708	2511	2789	2512	2389
以色列	6474	7021	7750	7815	7924	7406	7897	8015
意大利	12560	13360	13730	14876	16596	16469	16673	16780
日本	96859	98950	102240	105249	115189	109916	111301	116230
韩国	41952	45479	47054	48653	50169	49546	52686	56137
墨西哥	7107	7576	8635	9580	8073	10141	10159	9873
荷兰	7850	8381	8432	8697	8586	8195	7924	8510
新西兰	1109	1399	1137	1842	2142	2194	1953	1675
挪威	1051	944	813	789	927	776	713	805
波兰	56303	55709	54921	56190	54195	54611	57167	55736
葡萄牙	3805	3192	3475	3281	3373	3349	3309	2887
西班牙	20940	19172	21602	20133	21018	20546	18109	19938
瑞典	2449	2755	2840	2673	2948	2626	2688	2676
瑞士	138	148	136	140	134	152	149	178
土耳其	22906	19018	19608	21225	22377	22794	26448	29385
英国	36503	38752	35610	38263	36959	37720	41107	38741
美国	533627	526228	533461	532054	552535	558412	550514	554803

国家	2008	2009	2010	2011	2012	2013	平均值
澳大利亚	52540	52330	51372	47838	50806	52121	50549.29
奥地利	3763	2872	3409	3467	3732	3681	3715.071
比利时	4346	2978	3190	3068	3605	3599	4845.143
加拿大	26290	21933	22317	19603	19621	19817	26022.07
智利	4403	3522	4562	5346	6446	6795	3806.714
中国	1374855	1509566	1595142	1685426	1727932	1772231	1251145

（续表）

国家	2008	2009	2010	2011	2012	2013	平均值
捷克	19679	17594	18515	18431	18349	18383	19922.5
丹麦	4006	4004	3809	3028	2836	2620	4039.5
芬兰	5353	5269	6886	5407	4807	4706	6139.429
法国	12934	11201	12070	10277	11279	11052	12820.07
德国	80967	71615	77117	77353	80244	77219	81532.21
希腊	8321	8425	7863	7833	7765	7764	8537.571
匈牙利	3038	2560	2703	2766	2779	2571	3142.857
爱尔兰	2448	2206	2085	2179	2176	2084	2447
以色列	7789	7146	7406	7602	6691	5912	7346.286
意大利	16279	12749	14168	15741	15277	14253	14965.07
日本	113441	101153	114965	107420	109524	111041	108105.6
韩国	62767	64844	73426	80236	79935	81453	59595.5
墨西哥	8498	8858	9504	10015	10018	11529	9254.714
荷兰	8081	7461	7599	7475	8212	8119	8108.714
新西兰	1957	1462	1306	1316	1293	1263	1574.857
挪威	859	561	838	829	831	811	824.7857
波兰	54737	51131	55398	56957	57991	58580	55687.57
葡萄牙	2528	2862	1657	2286	2061	2142	2871.929
西班牙	13763	10337	7938	12438	14990	15044	16854.86
瑞典	2430	1927	2490	2491	2438	2273	2550.286
瑞士	161	150	153	156	158	159	150.8571
土耳其	29461	29758	32034	36055	38230	41367	27904.71
英国	35855	29528	30202	30655	38448	34782	35937.5
美国	545764	484978	502642	479002	424671	442536	515801.9

数据来源：EIU。

表 2　中国与 OECD 国家煤炭在国内能源总消费的比例

单位：ktoe

国家	2000	2001	2002	2003	2004	2005	2006	2007	2008	2009	2010	2011	2012	2013	平均值
澳大利亚	44.5	45.6	44.4	43.6	44.5	45.5	45.5	44.4	42.3	41.5	41.2	38.5	39.7	39.7	42.92
奥地利	12.6	12.3	12.5	12.6	12.2	11.9	11.9	11.6	11.2	9	10.1	10.2	10.8	10.6	11.39
比利时	13.5	12.4	11.1	9.9	9.7	8.6	8.2	7.4	7.4	5.2	5.2	5.1	5.9	5.9	8.25
加拿大	12.6	12.6	12	11.3	10.7	10.6	10.7	9.7	9.9	8.7	8.9	7.8	7.7	7.5	10.05
智利	12.2	9.7	9.5	9.2	9.8	9.5	11.2	10.5	14.5	11.9	14.8	15.9	18.2	18.2	12.51
中国	60.2	59.8	60.1	62.6	63.2	65.1	66	66.1	65.9	67.1	66	65.1	64.3	63.2	63.91
捷克	52.6	50.2	48.8	47.3	46.2	45	45.6	46.4	43.9	41.8	42	41.6	41	40.9	45.24
丹麦	21.4	21.9	22	28.2	22.5	19.7	27	23.5	20.9	21.8	19.8	16.4	15.5	14.4	21.07
芬兰	15.9	19	19.1	22.6	20.3	14.4	19.8	19.7	15.2	15.8	18.9	15.7	14.4	14.2	17.50
法国	6	4.9	5.2	5.4	5.2	5.3	4.9	5.2	4.9	4.4	4.6	4.1	4.5	4.4	4.93
德国	25.2	25	24.8	25.1	25.2	24.4	24.2	26.2	24.2	22.9	23.4	24.8	25.8	24.6	24.70
希腊	33.4	33.2	31.7	30.6	30.7	29.6	27.9	29.2	27.4	28.6	28.5	29.9	30.6	31.1	30.17
匈牙利	15.4	14.1	14.2	14.3	13.3	11.1	11.3	11.7	11.5	10.3	10.5	10.7	10.6	9.9	12.06
爱尔兰	19.4	19.2	18.7	18.8	17.2	19.3	17	15.8	16.4	15.3	14.5	15.6	15.8	15.4	17.03
以色列	35.5	36.6	41.2	39.6	41.1	40	38.7	38.7	34	33.2	32.3	32.3	28.7	25.4	35.52
意大利	7.3	7.8	8	8.3	9.1	9	9.2	9.3	9.2	7.7	8.3	9.3	9.1	8.5	8.58
日本	18.7	19.4	20	20.8	22	21.1	21.4	22.6	22.9	21.4	23	23.3	23.6	24.1	21.74
韩国	22.3	23.8	23.7	24	24.1	23.6	24.7	25.3	27.7	28.3	29.4	30.8	30.2	30.1	26.29
墨西哥	4.9	5.2	5.7	6.2	5.1	6	5.9	5.6	4.7	5	5.3	5.4	5.3	6	5.45
荷兰	10.7	11.1	11.1	11.1	10.9	10.4	10.3	10.7	10.2	9.5	9.1	9.7	10.8	10.7	10.45
新西兰	6.5	8.2	6.6	10.9	12.3	13	11.5	9.8	11.2	8.4	7.2	7.2	7.2	6.7	9.05
挪威	4	3.5	3.3	2.9	3.5	2.9	2.6	2.9	2.9	2	2.6	2.6	2.5	2.5	2.91
波兰	63.2	62.1	61.8	61.7	59.3	59.1	58.8	57.6	55.9	54.4	54.6	54.8	54.6	54.2	58.01
葡萄牙	15.4	12.9	13.5	13.1	13.1	12.7	13.4	11.4	10.3	11.9	7	9.8	9.5	10	11.71
西班牙	17.2	15.3	16.8	15.1	15.1	14.5	12.8	13.9	9.9	8.1	6.2	9.9	11.9	12	12.76
瑞典	5.1	5.5	5.5	5.3	5.6	5.1	5.4	5.3	4.9	4.2	4.9	5.1	4.9	4.6	5.10
瑞士	0.6	0.6	0.5	0.5	0.5	0.6	0.5	0.7	0.6	0.6	0.6	0.6	0.6	0.6	0.58
土耳其	30	27	26.4	27.3	27.7	27	28.4	29.4	29.9	30.5	30.5	31.9	32.5	33.7	29.44
英国	16.4	17.3	16.3	17.2	16.7	16.9	18.8	18.4	17.2	15	15	16.3	20.3	18.6	17.17
美国	23.5	23.6	23.6	23.5	23.9	24.1	24	23.7	24	22.4	22.7	21.9	19.7	20.2	22.91

表3 中国与OECD国家电力行业煤炭消费量

单位：ktoe

国家	2000	2001	2002	2003	2004	2005	2006	2007	2008	2009	2010	2011	2012	2013
澳大利亚	42028	45224	47223	46435	47584	45090	46060	46579	45839	46494	45035	41207	43918	45036
奥地利	1419	1734	1669	1984	2006	1844	1830	1700	1493	1107	1414	1542	1919	1978
比利时	3266	2813	2811	2645	2625	2430	2209	2069	1864	1445	1330	1221	1801	1819
加拿大	26964	26483	25879	25573	23774	24005	23337	23557	23399	18699	18951	17629	17629	17802
智利	2193	1336	1536	1466	1690	1715	2364	2989	3482	3351	3856	4786	5858	6180
中国	284309	303192	348265	413612	468133	525913	605151	665848	690284	733981	794669	870853	916172	960956
捷克	14566	14828	14293	14465	14458	14223	14218	15589	14645	13651	14357	14220	14187	14171
丹麦	3669	3928	3976	5497	4122	3444	5295	4396	3878	3898	3785	3005	2814	2600
芬兰	3342	4423	4924	6623	5827	3189	5844	5416	3806	4103	5261	4015	3954	3911
法国	7593	5796	6441	6852	6468	7238	6258	6746	6739	5787	5839	3855	5046	4962
德国	69150	70146	70718	70896	71688	68101	69704	71230	66290	60487	62009	62450	65794	63359
希腊	8226	8446	8297	8503	8698	8694	7978	8322	8157	8259	7659	7681	7637	7649
匈牙利	2869	2724	2633	2729	2481	2009	1925	2026	1951	1744	1755	1825	1876	1683
爱尔兰	1922	2067	2018	1856	1706	1923	1683	1632	1574	1347	1364	1437	1433	1337
以色列	6431	7259	7586	7816	7827	7450	7700	8052	7628	7370	7416	7612	6703	5948
意大利	6712	8049	9083	9847	11813	11539	13963	11692	11591	10056	10151	11738	11376	10417
日本	48332	51566	54936	58222	60171	62795	61253	64186	60625	58140	61639	58456	60613	62570
韩国	27058	29914	30086	31266	35102	36332	37799	38157	43091	49750	52432	55574	55158	56571
墨西哥	4734	5784	6663	7651	5844	7974	7681	7634	5321	7159	7882	8270	8271	9781
荷兰	5555	5941	5974	6130	5933	5594	5407	5791	5475	5409	5276	4988	5498	5080
新西兰	382	512	501	930	1150	1393	1334	763	1135	780	494	518	501	477
挪威	22	27	28	24	26	28	28	29	27	25	36	41	42	43
波兰	35542	35559	34701	36673	36241	36234	37627	36851	35514	33945	34785	35572	36212	36347
葡萄牙	3242	2971	3298	3138	3227	3361	3310	2713	2446	2834	1597	2216	1993	2076

国家	2000	2001	2002	2003	2004	2005	2006	2007	2008	2009	2010	2011	2012	2013
西班牙	18678	16463	18926	17432	17951	17980	15371	17547	11241	8532	6090	10707	13320	13410
瑞典	670	712	844	938	939	786	792	638	716	663	805	639	666	614
瑞士	0	0	0	0	0	0	0	0	0	0	0	0	0	0
土耳其	9877	9981	8357	8153	8494	9425	11317	13302	14335	13493	13855	16355	18028	20312
英国	28136	30751	28855	31855	30895	31875	35046	32115	29220	24306	25287	25466	33364	29791
美国	501585	502500	481348	490213	493214	503064	494844	502282	495108	439725	462774	435790	381209	399072

数据来源：EIU。

表4　中国与OECD国家太阳能、风能等可再生能源消费总量

单位：ktoe

国家	2000	2001	2002	2003	2004	2005	2006	2007	2008	2009	2010	2011	2012	2013	平均值
澳大利亚	90	108	123	132	129	146	213	377	434	538	678	890	1153	1326	453
奥地利	63	76	82	112	167	207	252	284	291	296	349	355	382	408	238
比利时	2	5	7	10	15	22	35	47	64	111	171	355	367	379	114
加拿大	27	33	40	76	86	131	219	265	325	583	763	901	1038	1078	398
智利	0	1	1	1	1	1	1	1	3	7	29	29	32	50	11
中国	985	1211	1510	1884	2267	2936	3779	4731	6693	9526	12316	19939	28012	36957	9482
捷克	0	0	0	0	3	4	7	15	27	39	91	239	248	256	66
丹麦	373	379	428	488	576	579	536	628	608	592	688	861	906	998	617
芬兰	7	7	6	9	11	15	14	17	24	25	27	43	63	90	26
法国	73	75	86	98	115	151	261	430	581	788	1011	1338	1760	1974	624
德国	919	1049	1548	1838	2455	2695	3113	3995	4225	4296	4702	6423	6966	7232	3675
希腊	138	165	155	186	204	210	255	316	366	405	430	588	649	720	342
匈牙利	0	2	2	2	2	3	6	12	22	33	51	60	69	87	25
爱尔兰	21	29	34	39	57	96	140	170	210	259	248	385	448	461	186
以色列	556	626	658	691	725	725	736	748	1063	1042	1129	1220	1266	1315	896

国家	2000	2001	2002	2003	2004	2005	2006	2007	2008	2009	2010	2011	2012	2013	平均值
意大利	61	115	137	144	180	232	293	402	502	706	1083	2049	2333	2618	775
日本	847	810	833	785	794	847	883	908	934	991	1078	1246	1133	1260	954
韩国	44	39	37	36	41	47	57	68	92	146	183	206	206	233	103
墨西哥	46	54	60	69	77	87	100	132	158	214	227	284	564	592	190
荷兰	104	105	116	151	198	221	270	333	403	431	386	485	482	538	302
新西兰	10	12	17	17	36	59	60	87	99	135	149	178	178	239	91
挪威	3	2	6	19	22	43	55	77	79	84	77	111	123	207	65
波兰	0	1	5	11	12	12	22	45	73	95	146	235	250	267	84
葡萄牙	33	41	51	63	91	175	276	375	529	704	866	864	823	862	411
西班牙	439	619	846	1087	1408	1886	2087	2508	3182	3988	4842	4997	5969	6085	2853
瑞典	45	45	57	63	78	87	91	132	181	224	312	535	630	769	232
瑞士	22	23	24	25	26	27	29	31	35	45	55	55	59	62	37
土耳其	265	292	322	355	380	390	413	450	493	557	683	1106	1422	1729	633
英国	93	96	124	131	191	280	401	500	668	871	965	1464	1925	2641	739
美国	2075	2108	2392	2399	2670	2951	3759	4535	6459	8085	10028	12484	15317	16741	6572

数据来源：EIU。

表5 中国与 OECD 国家 GDP 实际增长率

单位：%

国家	2000	2001	2002	2003	2004	2005	2006	2007	2008	2009	2010	2011	2012	2013	平均值
澳大利亚	3.09	2.62	3.94	3.05	4.09	3.13	2.68	4.53	2.72	1.47	2.29	2.57	3.59	2.5	3.02
奥地利	3.67	0.86	1.69	0.87	2.59	2.4	3.67	3.71	1.44	-3.82	1.77	2.83	0.87	0.4	1.64
比利时	3.68	0.8	1.36	0.81	3.27	1.76	2.67	2.88	0.98	-2.8	2.32	1.77	-0.14	0.1	1.39
加拿大	5.12	1.69	2.8	1.93	3.14	3.16	2.62	2.01	1.18	-2.71	3.37	2.53	1.71	1.7	2.16
智利	4.46	3.35	2.17	3.96	7.02	6.18	5.69	5.16	3.29	-1.04	5.76	5.85	5.56	4.2	4.40

国家	2000	2001	2002	2003	2004	2005	2006	2007	2008	2009	2010	2011	2012	2013	平均值
中国	8.42	8.3	9.09	10.03	10.08	11.31	12.67	14.17	9.63	9.21	10.41	9.3	7.65	7.7	9.86
捷克	4.55	3.08	2.06	3.76	4.58	6.83	7.22	5.72	2.91	-4.36	2.31	1.83	-0.94	-1.4	2.73
丹麦	3.53	0.71	0.47	0.38	2.3	2.45	3.4	1.58	-0.78	-5.67	1.39	1.07	-0.36	0.2	0.76
芬兰	5.32	2.28	1.83	2.01	4.13	2.92	4.41	5.34	0.29	-8.54	3.36	2.73	-0.83	-1.2	1.72
法国	3.36	1.8	0.94	0.88	2.34	1.85	2.68	2.25	-0.19	-3.07	1.65	2.03	0.05	0.1	1.23
德国	3.29	1.64	0.03	-0.39	0.69	0.85	3.88	3.39	0.81	-5.09	3.86	3.4	0.9	0.5	1.27
希腊	4.48	4.2	3.44	5.94	4.37	2.28	5.51	3.54	-0.22	-3.14	-4.94	-7.1	-6.38	-3.6	0.60
匈牙利	4.23	3.71	4.51	3.85	4.8	3.96	3.89	0.11	0.89	-6.77	1.05	1.57	-1.67	0.8	1.78
爱尔兰	10.56	4.99	5.44	3.75	4.21	6.08	5.5	4.96	-2.18	-6.4	-1.08	2.17	0.15	0.1	2.74
以色列	9.27	-0.25	-0.58	1.51	4.84	4.94	4.12	6.92	5	0.91	5.49	4.57	3.28	3.2	3.80
意大利	3.89	1.76	0.45	0.03	1.56	1.09	2.27	1.55	-1.16	-5.53	1.68	0.61	-2.56	-1.9	0.27
日本	2.24	0.36	0.28	1.72	2.31	1.31	1.68	2.17	-1.07	-5.52	4.67	-0.42	1.43	1.7	0.92
韩国	8.8	3.97	7.15	2.8	4.62	3.96	5.18	5.11	2.3	0.32	6.32	3.68	2.04	2.7	4.21
墨西哥	5.04	-0.35	0.13	1.43	4.02	3.26	4.99	3.13	1.17	-4.47	5.13	3.97	3.67	1.2	2.31
荷兰	4.02	1.99	0.08	0.32	2.04	2.17	3.45	3.91	1.77	-3.65	1.47	1.02	-1.26	-1	1.17
新西兰	3.86	2.16	4.9	4.43	4.37	2.67	2.25	3.4	-0.66	0.64	1.83	1.18	2.9	3.3	2.66
挪威	3.27	1.99	1.5	0.99	3.95	2.59	2.29	2.65	0.03	-1.39	0.61	1.06	2.79	1.3	1.69
波兰	4.47	1.28	1.45	3.95	5.23	3.56	6.18	6.82	5.01	1.61	3.87	4.53	2.04	1.5	3.68
葡萄牙	3.92	1.98	0.76	-0.91	1.56	0.78	1.45	2.37	-0.01	-2.91	1.94	-1.25	-3.23	-1.6	0.35
西班牙	5.1	3.67	2.71	3.09	3.26	3.59	4.08	3.48	0.89	-3.83	-0.2	0.05	-1.64	-1.3	1.64
瑞典	4.6	1.42	2.5	2.48	3.71	3.15	4.55	3.44	-0.76	-4.98	6.27	3.01	1.27	0.8	2.25
瑞士	3.67	1.24	0.19	0.02	2.42	2.7	3.75	3.85	2.16	-1.94	2.95	1.79	1.05	1.9	1.84
土耳其	6.65	-5.41	5.86	5.27	9.34	8.36	6.89	4.74	0.78	-5.15	9.32	8.84	2.17	3.9	4.40
英国	4.36	2.19	2.3	3.95	3.17	3.24	2.76	3.43	-0.77	-5.17	1.66	1.12	0.25	1.8	1.74
美国	4.09	0.95	1.78	2.79	3.8	3.35	2.67	1.79	-0.29	-2.8	2.51	1.85	2.78	1.9	1.94

数据来源：EIU。

表 6　中国与 OECD 国家 GDP 实际规模

单位：十万亿美元

国家	2000	2001	2002	2003	2004	2005	2006	2007	2008	2009	2010	2011	2012	2013
澳大利亚	622.3	638.6	663.8	684.1	712.0	734.3	754.0	788.2	809.7	821.6	840.4	862.0	892.9	914.9
奥地利	280.9	283.3	288.1	290.6	298.1	305.3	316.5	328.2	332.9	320.2	325.9	335.1	338.0	339.2
比利时	349.0	351.8	356.6	359.4	371.2	377.7	387.8	398.9	402.9	391.6	400.7	407.8	407.2	407.8
加拿大	1026.9	1044.2	1073.5	1094.1	1128.5	1164.2	1194.7	1218.7	1233.0	1199.6	1240.1	1271.4	1293.1	1315.0
智利	98.7	102.0	104.2	108.3	115.9	123.1	130.1	136.8	141.3	139.8	147.9	156.5	165.2	172.2
中国	1435.9	1555.1	1696.5	1866.5	2054.7	2287.2	2577.0	2942.1	3225.5	3522.7	3889.5	4251.2	4576.5	4926.9
捷克	106.6	109.8	112.1	116.3	121.7	130.0	139.3	147.3	151.6	145.0	148.3	151.1	149.6	147.6
丹麦	242.1	243.8	244.9	245.9	251.5	257.7	266.4	270.6	268.5	253.3	256.8	259.6	258.6	259.3
芬兰	172.0	175.9	179.1	182.8	190.3	195.8	204.5	215.4	216.0	197.6	204.2	209.8	208.1	205.5
法国	1976.6	2012.2	2031.1	2049.0	2096.9	2135.8	2193.1	2242.3	2238.0	2169.3	2205.1	2249.7	2250.8	2253.9
德国	2688.5	2732.6	2733.4	2722.7	2741.6	2765.0	2872.3	2969.7	2993.7	2841.3	2951.0	3051.4	3078.7	3093.0
希腊	197.1	205.4	212.5	225.1	234.9	240.3	253.5	262.5	262.0	253.7	241.2	224.1	209.8	202.2
匈牙利	90.0	93.3	97.5	101.3	106.1	110.3	114.6	114.7	115.8	107.9	109.1	110.8	108.9	109.8
爱尔兰	159.7	167.7	176.8	183.5	191.2	202.8	214.0	224.6	219.7	205.6	203.4	207.8	208.1	208.2
以色列	125.1	124.8	124.1	125.9	132.0	138.6	144.3	154.3	162.0	163.4	172.4	180.3	186.2	192.2
意大利	1704.3	1734.2	1742.0	1742.5	1769.6	1788.8	1829.4	1857.7	1836.1	1734.8	1763.8	1774.5	1729.1	1696.7
日本	4309.5	4324.8	4337.1	4411.8	4513.8	4572.9	4649.7	4750.5	4699.6	4440.1	4647.6	4628.2	4694.4	4772.0
韩国	678.3	705.2	755.6	776.8	812.7	844.9	888.6	934.0	955.5	958.5	1019.1	1056.6	1078.2	1107.0
墨西哥	796.5	793.7	794.7	806.1	838.5	865.8	909.1	937.6	948.5	906.1	952.5	990.3	1026.7	1039.2
荷兰	599.0	610.9	611.4	613.3	625.9	639.4	661.5	687.3	699.5	673.9	683.8	690.8	682.1	675.3
新西兰	93.7	95.7	100.4	104.9	109.4	112.4	114.9	118.8	118.0	118.8	120.9	122.4	125.9	130.1
挪威	272.7	278.1	282.3	285.1	296.3	304.0	311.0	319.2	319.3	314.9	316.8	320.1	329.1	333.4
波兰	261.2	264.5	268.3	278.9	293.5	303.9	322.7	344.7	362.0	367.9	382.1	399.4	407.5	413.6
葡萄牙	184.3	187.9	189.4	187.6	190.6	192.0	194.8	199.4	199.4	193.6	197.4	194.9	188.6	185.6

国家	2000	2001	2002	2003	2004	2005	2006	2007	2008	2009	2010	2011	2012	2013
西班牙	964.1	999.4	1026.5	1058.2	1092.7	1131.9	1178.0	1219.0	1229.9	1182.7	1180.3	1180.9	1161.5	1147.0
瑞典	325.0	329.6	337.9	346.2	359.1	370.4	387.3	400.6	397.5	377.7	401.4	413.5	418.7	422.3
瑞士	360.3	364.7	365.4	365.5	374.3	384.4	398.9	414.2	423.2	415.0	427.2	434.9	439.4	447.9
土耳其	386.2	365.3	386.7	407.0	445.1	482.3	515.5	540.0	544.2	516.2	564.3	614.1	627.4	651.6
英国	2007.6	2051.5	2098.6	2181.4	2250.7	2323.5	2387.5	2469.3	2450.3	2323.6	2362.2	2388.6	2394.6	2438.0
美国	11558.8	11668.5	11875.8	12207.2	12670.8	13095.4	13444.6	13685.3	13645.5	13263.2	13595.6	13846.8	14231.6	14502.7

数据来源：EIU。

表7 中国与OECD国家化石能源燃烧的二氧化碳排放量（1990—2013）

单位：百万吨

国家	1990	1991	1992	1993	1994	1995	1996	1997	1998	1999	2000	2001	2002
澳大利亚	260	261	265	269	275	285	296	303	323	333	339	351	359
奥地利	56	61	56	56	56	59	63	62	63	61	62	66	67
比利时	108	113	112	110	115	115	121	118	121	117	119	119	112
加拿大	428	422	435	434	450	461	476	493	497	508	530	523	531
智利	31	30	31	32	36	39	45	52	54	57	53	50	51
中国	2211	2325	2429	2627	2745	2986	3161	3101	3156	3047	3037	3083	3308
捷克	155	141	131	127	120	124	126	124	118	111	122	121	117
丹麦	50	60	55	57	61	58	71	62	58	55	51	52	52
芬兰	54	56	54	55	61	56	62	60	57	56	55	60	63
法国	353	380	368	349	345	354	369	362	390	383	379	385	378
德国	950	925	887	880	869	868	897	866	859	827	825	843	831
希腊	70	70	72	72	73	76	76	77	80	80	87	90	90
匈牙利	66	64	58	58	57	57	58	57	57	57	54	56	55
爱尔兰	30	31	31	31	32	32	34	35	38	39	41	43	42
以色列	34	34	36	40	43	46	48	50	49	51	55	56	59

国家	1990	1991	1992	1993	1994	1995	1996	1997	1998	1999	2000	2001	2002
意大利	397	396	395	391	387	409	407	411	421	425	426	429	435
日本	1062	1069	1079	1074	1127	1142	1156	1153	1121	1161	1176	1161	1198
韩国	229	254	277	304	329	359	384	408	351	385	438	452	446
墨西哥	265	290	292	290	311	297	310	320	338	334	350	350	357
荷兰	156	165	164	168	170	171	178	173	174	169	172	178	178
新西兰	23	24	26	25	26	26	28	30	28	30	31	33	33
挪威	28	27	30	31	33	33	34	35	37	38	34	35	34
波兰	342	343	334	335	330	331	347	336	313	303	291	290	279
葡萄牙	39	41	45	43	45	48	47	49	53	60	59	59	63
西班牙	205	213	224	210	220	233	222	241	249	268	284	286	302
瑞典	53	53	56	56	58	58	63	57	58	57	53	52	54
瑞士	41	44	44	42	41	42	43	41	43	43	42	43	42
土耳其	127	129	135	140	139	153	169	177	178	177	201	182	192
英国	549	560	549	533	526	517	535	514	519	516	524	537	522
美国	4869	4835	4890	5007	5088	5139	5304	5482	5479	5506	5698	5678	5605

国家	2003	2004	2005	2006	2007	2008	2009	2010	2011	2012	2013	平均值
澳大利亚	361	371	369	374	384	386	384	383	370	375	376	336
奥地利	73	74	75	72	70	71	64	69	68	69	68	65
比利时	120	117	113	110	106	111	101	106	103	105	105	112
加拿大	555	551	555	536	563	552	519	528	530	534	540	506
智利	53	58	58	60	67	68	65	70	76	82	87	55
中国	3828	4553	5062	5603	6028	6507	6801	7217	7702	7947	8223	4445
捷克	121	122	120	121	122	117	110	115	115	115	115	122
丹麦	57	52	48	56	51	48	47	47	43	41	40	53

国家	2003	2004	2005	2006	2007	2008	2009	2010	2011	2012	2013	平均值
芬兰	71	67	55	67	65	57	55	63	55	51	50	59
法国	385	385	388	380	373	370	349	357	328	326	323	365
德国	824	828	800	813	787	794	737	769	748	753	748	830
希腊	94	93	95	94	98	94	90	84	81	78	76	83
匈牙利	57	56	56	56	54	53	48	49	49	49	49	55
爱尔兰	41	42	44	45	44	44	39	39	37	35	34	38
以色列	61	61	59	62	64	64	64	68	70	67	62	54
意大利	452	459	461	464	447	435	389	398	397	392	388	417
日本	1205	1206	1213	1197	1234	1147	1089	1138	1186	1278	1261	1160
韩国	449	470	469	477	490	502	516	564	588	596	607	431
墨西哥	363	369	386	395	410	404	400	418	432	442	451	357
荷兰	183	185	183	178	181	183	176	187	174	169	169	174
新西兰	34	33	34	34	33	34	31	31	30	29	29	30
挪威	37	38	36	37	38	38	37	39	39	40	40	35
波兰	290	293	293	304	303	299	287	305	313	316	318	312
葡萄牙	58	60	63	56	56	53	53	48	49	44	43	51
西班牙	310	327	339	332	344	317	282	268	270	273	272	270
瑞典	55	54	50	48	46	44	42	47	45	44	42	52
瑞士	44	44	45	44	42	44	42	44	44	44	44	43
土耳其	202	207	216	240	265	264	256	266	284	292	306	204
英国	535	535	533	535	523	513	465	482	443	455	445	515
美国	5680	5764	5772	5685	5763	5587	5185	5429	5287	5110	5184	5376

数据来源：EIU 数据库根据 International Energy Agency。

表 8　中国与 OECD 国家煤炭二氧化碳排放量

单位：百万吨

国家	1990	1991	1992	1993	1994	1995	1996	1997	1998	1999	2000	2001	2002
澳大利亚	137	142	145	146	148	152	159	165	182	188	189	200	205
奥地利	16	17	13	12	12	14	13	14	13	13	14	15	15
比利时	39	38	34	33	35	33	32	30	30	27	29	27	23
加拿大	95	99	102	94	97	99	101	107	114	114	124	121	118
智利	10	8	7	7	8	9	13	16	15	16	12	9	9
中国	1889	1977	2059	2208	2330	2539	2682	2587	2623	2478	2433	2460	2642
捷克	121	110	97	93	87	89	87	86	79	72	84	81	78
丹麦	24	32	27	28	30	25	35	26	22	18	15	16	16
芬兰	21	22	20	22	27	23	29	27	22	22	21	25	27
法国	74	79	70	54	54	57	61	56	66	58	57	48	50
德国	505	449	409	391	382	370	373	355	347	329	337	339	341
希腊	33	32	34	34	35	36	33	33	34	33	38	39	37
匈牙利	24	23	19	18	17	17	17	16	16	16	15	15	14
爱尔兰	14	13	13	12	12	12	12	11	11	10	10	11	11
以色列	9	10	12	14	15	16	19	21	23	22	25	28	29
意大利	55	52	45	39	42	45	41	41	42	41	43	48	50
日本	291	289	285	292	303	314	324	333	319	337	361	370	390
韩国	86	87	82	91	96	102	117	126	130	136	174	186	178
墨西哥	15	18	19	21	24	26	29	29	30	27	27	30	34
荷兰	32	29	29	30	32	33	32	31	32	28	29	31	31
新西兰	4	4	5	5	4	4	4	5	4	4	4	5	5
挪威	3	3	3	3	4	4	4	4	4	4	4	4	3
波兰	286	288	279	279	269	268	279	264	239	228	217	215	205
葡萄牙	11	11	11	12	14	14	13	13	12	15	15	12	14
西班牙	73	74	78	70	69	71	60	68	65	75	82	74	83

国家	1990	1991	1992	1993	1994	1995	1996	1997	1998	1999	2000	2001	2002
瑞典	10	11	10	10	10	9	11	9	9	9	8	8	10
瑞士	1	1	1	1	1	1	1	0	0	0	1	1	1
土耳其	58	61	62	58	58	61	70	78	80	74	89	74	77
英国	238	239	227	198	186	174	164	146	147	131	139	148	138
美国	1797	1784	1788	1837	1843	1896	1972	2058	2038	2021	2125	2127	2041

国家	2003	2004	2005	2006	2007	2008	2009	2010	2011	2012	2013	平均值
澳大利亚	203	210	201	205	207	204	204	199	183	190	191	182
奥地利	16	16	16	16	16	16	12	14	15	16	15	15
比利时	22	21	19	18	16	17	11	11	11	13	13	24
加拿大	118	112	112	110	111	108	90	91	84	84	85	104
智利	9	10	10	13	14	16	15	17	21	25	27	13
中国	3094	3699	4170	4638	5002	5432	5689	5988	6327	6486	6653	3670
捷克	80	79	76	78	80	75	70	73	73	73	73	83
丹麦	22	17	14	22	18	16	16	15	12	11	11	20
芬兰	34	31	20	31	29	22	22	28	22	19	19	24
法国	51	50	54	51	53	51	41	44	35	39	38	54
德国	340	349	332	339	349	328	290	306	311	321	306	354
希腊	38	38	38	35	37	35	35	33	33	32	32	35
匈牙利	15	14	12	12	12	12	10	10	11	11	10	15
爱尔兰	10	10	11	9	9	9	8	8	8	8	8	10
以色列	30	30	29	30	31	30	29	29	30	26	21	23
意大利	55	62	63	70	61	59	47	52	58	56	52	51
日本	403	414	422	424	441	407	386	419	400	416	417	365
韩国	181	195	195	205	211	237	253	277	296	295	301	177
墨西哥	38	30	38	37	36	27	34	40	41	41	47	31

国家	2003	2004	2005	2006	2007	2008	2009	2010	2011	2012	2013	平均值
荷兰	32	32	30	29	31	30	28	28	27	30	29	30
新西兰	8	8	9	9	7	8	6	5	5	5	5	6
挪威	3	4	3	3	3	3	2	3	3	3	3	3
波兰	211	209	207	215	212	205	194	207	213	216	216	234
葡萄牙	13	13	13	13	11	10	11	6	9	8	8	12
西班牙	77	80	80	69	78	53	40	31	50	60	60	68
瑞典	10	11	10	9	9	9	6	9	8	8	8	9
瑞士	1	1	1	1	1	1	1	1	8	1	1	1
土耳其	82	85	86	102	115	115	112	120	134	142	153	89
英国	148	144	145	159	148	137	113	116	116	146	132	157
美国	2078	2103	2124	2093	2118	2086	1832	1941	1830	1604	1656	1950

数据来源：EIU 数据库根据 International Energy Agency

表9 OECD 国家与中国国内能源总消费占世界能源消费的比例（2000—2013）

单位：%

国家	2000	2001	2002	2003	2004	2005	2006	2007	2008	2009	2010	2011	2012	2013
澳大利亚	1.173	1.143	1.159	1.134	1.082	1.085	1.075	1.084	1.105	1.129	1.07	1	1	1
奥地利	0.31	0.326	0.322	0.329	0.319	0.321	0.313	0.302	0.298	0.285	0.29	0.3	0.3	0.3
比利时	0.635	0.631	0.597	0.606	0.574	0.558	0.539	0.516	0.521	0.512	0.522	0.5	0.5	0.5
加拿大	2.728	2.68	2.628	2.679	2.61	2.587	2.487	2.46	2.354	2.253	2.154	2.108	2.1	2.1
智利	0.273	0.267	0.271	0.264	0.268	0.269	0.273	0.277	0.27	0.264	0.265	0.281	0.3	0.3
中国	12.83	12.998	13.406	14.727	15.828	16.633	17.723	18.243	18.551	20.16	20.741	21.7	21.9	22.2
捷克	0.445	0.455	0.45	0.454	0.444	0.427	0.425	0.415	0.399	0.4	0.4	0.4	0.4	0.4
丹麦	0.202	0.208	0.201	0.205	0.189	0.18	0.188	0.179	0.171	0.164	0.2	0.2	0.1	0.1

国家	2000	2001	2002	2003	2004	2005	2006	2007	2008	2009	2010	2011	2012	2013
芬兰	0.35	0.358	0.369	0.376	0.362	0.326	0.346	0.333	0.314	0.298	0.312	0.3	0.3	0.3
法国	2.734	2.817	2.766	2.719	2.631	2.572	2.473	2.386	2.355	2.272	2.241	2.1	2	2
德国	3.651	3.749	3.585	3.457	3.322	3.186	3.156	2.994	2.976	2.808	2.83	2.6	2.5	2.5
希腊	0.294	0.303	0.3	0.298	0.29	0.287	0.28	0.274	0.3	0.3	0.2	0.2	0.2	0.2
匈牙利	0.271	0.277	0.271	0.267	0.255	0.262	0.253	0.242	0.235	0.223	0.22	0.2	0.2	0.2
爱尔兰	0.149	0.157	0.154	0.147	0.142	0.138	0.137	0.137	0.133	0.1	0.1	0.1	0.1	0.1
以色列	0.198	0.207	0.199	0.202	0.188	0.176	0.189	0.188	0.203	0.2	0.2	0.2	0.2	0.2
意大利	1.861	1.861	1.825	1.835	1.775	1.748	1.685	1.626	1.565	1.478	1.461	1.4	1.4	1.3
日本	5.63	5.523	5.404	5.176	5.095	4.947	4.818	4.665	4.405	4.232	4.283	3.862	3.8	3.6
韩国	2.041	2.066	2.104	2.073	2.031	1.997	1.98	2.011	2.018	2.054	2.145	2.179	2.2	2.1
墨西哥	1.577	1.582	1.597	1.571	1.554	1.618	1.597	1.6	1.617	1.575	1.5	1.6	1.5	1.5
荷兰	0.794	0.818	0.802	0.798	0.771	0.749	0.712	0.718	0.707	0.701	0.716	0.648	0.6	0.6
新西兰	0.185	0.185	0.181	0.172	0.17	0.16	0.157	0.155	0.155	0.2	0.2	0.2	0.1	0.1
挪威	0.283	0.29	0.264	0.276	0.258	0.254	0.251	0.249	0.265	0.252	0.278	0.3	0.3	0.3
波兰	0.967	0.97	0.941	0.932	0.891	0.878	0.901	0.877	0.9	0.8	0.9	0.9	0.9	0.9
葡萄牙	0.268	0.268	0.273	0.257	0.252	0.252	0.229	0.229	0.217	0.216	0.202	0.2	0.2	0.2
西班牙	1.322	1.352	1.363	1.362	1.356	1.349	1.314	1.302	1.236	1.145	1.096	1.051	1	1
瑞典	0.516	0.546	0.548	0.518	0.513	0.49	0.465	0.453	0.4	0.4	0.4	0.4	0.4	0.4
瑞士	0.271	0.287	0.274	0.266	0.254	0.247	0.251	0.233	0.238	0.242	0.225	0.2	0.2	0.2
土耳其	0.828	0.761	0.786	0.796	0.788	0.802	0.862	0.905	0.876	0.9	0.9	0.9	1	1
英国	2.418	2.42	2.312	2.271	2.161	2.116	2.03	1.91	1.851	1.761	1.732	1.6	1.5	1.5
美国	24.662	24.121	23.887	23.12	22.505	22.038	21.288	21.16	20.248	19.399	19.011	18.337	17.6	17.3

数据来源：EIU。

表 10 中国与 OECD 国家国内煤炭消费占世界煤炭总消费的比例（2000—2013）

单位：%

国家	2000	2001	2002	2003	2004	2005	2006	2007	2008	2009	2010	2011	2012	2013	平均值
澳大利亚	2.146	2.161	2.095	1.939	1.811	1.824	1.754	1.693	1.615	1.612	1.497	1.3	1.4	1.4	1.73
奥地利	0.16	0.167	0.164	0.162	0.146	0.141	0.134	0.124	0.116	0.088	0.099	0.1	0.1	0.1	0.13
比利时	0.351	0.325	0.27	0.236	0.21	0.176	0.159	0.135	0.134	0.092	0.093	0.1	0.1	0.1	0.18
加拿大	1.411	1.396	1.284	1.192	1.047	1.012	0.95	0.842	0.808	0.676	0.65	0.551	0.5	0.5	0.92
智利	0.137	0.107	0.104	0.096	0.099	0.095	0.11	0.103	0.135	0.108	0.133	0.15	0.2	0.2	0.13
中国	31.729	32.191	32.778	36.145	37.602	39.953	41.92	42.45	42.259	46.496	46.486	47.3	47.1	46.9	40.81
捷克	0.962	0.947	0.895	0.843	0.77	0.71	0.695	0.678	0.605	0.5	0.5	0.5	0.5	0.5	0.69
丹麦	0.178	0.188	0.18	0.227	0.16	0.13	0.182	0.148	0.123	0.123	0.1	0.1	0.1	0.1	0.15
芬兰	0.229	0.282	0.287	0.333	0.277	0.173	0.245	0.231	0.165	0.162	0.201	0.2	0.1	0.1	0.21
法国	0.67	0.567	0.585	0.576	0.51	0.502	0.438	0.435	0.398	0.345	0.352	0.3	0.3	0.3	0.45
德国	3.781	3.876	3.625	3.411	3.147	2.866	2.732	2.762	2.489	2.206	2.247	2.2	2.2	2	2.82
希腊	0.403	0.417	0.387	0.357	0.334	0.314	0.28	0.282	0.3	0.3	0.2	0.2	0.2	0.2	0.30
匈牙利	0.172	0.162	0.156	0.15	0.127	0.108	0.102	0.1	0.093	0.079	0.079	0.1	0.1	0.1	0.12
爱尔兰	0.118	0.125	0.117	0.109	0.092	0.098	0.083	0.076	0.075	0.1	0.1	0.1	0.1	0.1	0.10
以色列	0.289	0.315	0.334	0.314	0.291	0.26	0.262	0.255	0.239	0.2	0.2	0.2	0.2	0.2	0.25
意大利	0.56	0.599	0.592	0.597	0.608	0.578	0.554	0.535	0.5	0.393	0.413	0.4	0.4	0.4	0.51
日本	4.317	4.433	4.407	4.222	4.223	3.857	3.695	3.703	3.487	3.116	3.35	3.017	3	2.9	3.69
韩国	1.87	2.038	2.028	1.952	1.839	1.739	1.749	1.789	1.929	1.997	2.14	2.253	2.2	2.2	1.98
墨西哥	0.317	0.339	0.372	0.384	0.296	0.356	0.337	0.315	0.261	0.273	0.3	0.3	0.3	0.3	0.32
荷兰	0.35	0.376	0.363	0.349	0.315	0.288	0.263	0.271	0.248	0.23	0.221	0.21	0.2	0.2	0.28
新西兰	0.049	0.063	0.049	0.074	0.079	0.077	0.065	0.053	0.06	0	0	0	0	0	0.04
挪威	0.047	0.042	0.035	0.032	0.034	0.027	0.024	0.026	0.026	0.017	0.024	0	0	0	0.02
波兰	2.509	2.496	2.367	2.254	1.987	1.916	1.898	1.776	1.7	1.6	1.6	1.6	1.6	1.5	1.91
葡萄牙	0.17	0.143	0.15	0.132	0.124	0.118	0.11	0.092	0.078	0.088	0.048	0.1	0.1	0.1	0.11
西班牙	0.933	0.859	0.931	0.808	0.771	0.721	0.601	0.635	0.423	0.318	0.231	0.349	0.4	0.4	0.60

国家	2000	2001	2002	2003	2004	2005	2006	2007	2008	2009	2010	2011	2012	2013	平均值
瑞典	0.109	0.123	0.122	0.107	0.108	0.092	0.089	0.085	0.1	0.1	0.1	0.1	0.1	0.1	0.10
瑞士	0.006	0.007	0.006	0.006	0.005	0.005	0.005	0.006	0.005	0.005	0.004	0	0	0	0.00
土耳其	1.021	0.852	0.845	0.852	0.82	0.8	0.878	0.936	0.906	0.9	0.9	1	1	1.1	0.92
英国	1.627	1.736	1.535	1.535	1.355	1.324	1.365	1.234	1.102	0.909	0.88	0.9	1	0.9	1.24
美国	23.783	23.577	22.993	21.345	20.258	19.595	18.277	17.677	16.775	14.938	14.648	13.452	11.6	11.7	17.90

数据来源：EIU。

表11 中国与OECD国家化石能源碳排放占世界化石能源总排放的比例

单位：%

国家	2000	2001	2002	2003	2004	2005	2006	2007	2008	2009	2010	2011	2012	2013	平均值
澳大利亚	1.554	1.599	1.608	1.549	1.518	1.465	1.435	1.426	1.416	1.43	1.365	1.3	1.3	1.2	1.44
奥地利	0.283	0.3	0.302	0.311	0.301	0.296	0.278	0.26	0.259	0.237	0.247	0.2	0.2	0.2	0.26
比利时	0.544	0.542	0.501	0.512	0.476	0.447	0.421	0.393	0.407	0.375	0.379	0.4	0.4	0.3	0.44
加拿大	2.429	2.378	2.378	2.377	2.252	2.202	2.06	2.093	2.025	1.934	1.88	1.833	1.8	1.8	2.10
智利	0.241	0.229	0.231	0.229	0.236	0.231	0.23	0.25	0.251	0.244	0.248	0.264	0.3	0.3	0.25
中国	13.934	14.031	14.828	16.409	18.604	20.081	21.524	22.416	23.877	25.314	25.696	26.6	26.8	27.1	21.23
捷克	0.559	0.553	0.525	0.518	0.498	0.474	0.464	0.454	0.43	0.4	0.4	0.4	0.4	0.4	0.46
丹麦	0.232	0.238	0.233	0.245	0.211	0.191	0.215	0.191	0.178	0.174	0.2	0.1	0.1	0.1	0.19
芬兰	0.253	0.274	0.282	0.304	0.275	0.219	0.257	0.242	0.209	0.205	0.224	0.2	0.2	0.2	0.24
法国	1.737	1.753	1.696	1.651	1.575	1.54	1.458	1.387	1.358	1.3	1.27	1.1	1.1	1.1	1.43
德国	3.785	3.838	3.724	3.532	3.384	3.174	3.125	2.927	2.915	2.743	2.738	2.6	2.5	2.5	3.11
希腊	0.401	0.408	0.403	0.402	0.381	0.377	0.361	0.364	0.3	0.3	0.3	0.3	0.3	0.2	0.34
匈牙利	0.249	0.253	0.246	0.245	0.23	0.224	0.215	0.201	0.195	0.179	0.174	0.2	0.2	0.2	0.22
爱尔兰	0.187	0.196	0.189	0.178	0.172	0.173	0.172	0.164	0.16	0.1	0.1	0.1	0.1	0.1	0.15
以色列	0.253	0.256	0.264	0.261	0.25	0.233	0.238	0.238	0.236	0.2	0.2	0.2	0.2	0.2	0.23

国家	2000	2001	2002	2003	2004	2005	2006	2007	2008	2009	2010	2011	2012	2013	平均值
意大利	1.954	1.951	1.95	1.936	1.874	1.828	1.782	1.663	1.597	1.449	1.419	1.4	1.3	1.3	1.67
日本	5.394	5.285	5.368	5.166	4.927	4.812	4.599	4.587	4.21	4.054	4.052	4.104	4.3	4.2	4.65
韩国	2.008	2.057	2	1.925	1.92	1.861	1.831	1.824	1.841	1.919	2.01	2.034	2	2	1.95
墨西哥	1.604	1.593	1.599	1.557	1.507	1.53	1.517	1.525	1.483	1.489	1.5	1.5	1.5	1.5	1.53
荷兰	0.789	0.81	0.8	0.786	0.756	0.725	0.685	0.673	0.671	0.656	0.666	0.604	0.6	0.6	0.70
新西兰	0.142	0.149	0.147	0.144	0.136	0.134	0.131	0.122	0.125	0.1	0.1	0.1	0.1	0.1	0.12
挪威	0.154	0.158	0.153	0.159	0.153	0.144	0.144	0.141	0.138	0.138	0.139	0.1	0.1	0.1	0.14
波兰	1.335	1.318	1.252	1.244	1.199	1.162	1.169	1.128	1.1	1.1	1.1	1.1	1.1	1	1.16
葡萄牙	0.273	0.268	0.282	0.25	0.244	0.249	0.217	0.208	0.195	0.198	0.171	0.2	0.1	0.1	0.21
西班牙	1.302	1.299	1.352	1.328	1.337	1.346	1.275	1.278	1.164	1.051	0.954	0.935	0.9	0.9	1.17
瑞典	0.242	0.238	0.242	0.235	0.219	0.2	0.184	0.172	0.2	0.2	0.2	0.2	0.1	0.1	0.20
瑞士	0.195	0.197	0.19	0.188	0.18	0.177	0.17	0.157	0.161	0.158	0.156	0.2	0.1	0.1	0.17
土耳其	0.92	0.83	0.862	0.867	0.847	0.858	0.921	0.985	0.967	1	0.9	1	1	1	0.93
英国	2.405	2.445	2.341	2.292	2.187	2.114	2.054	1.944	1.882	1.73	1.717	1.5	1.5	1.5	1.97
美国	26.14	25.837	25.124	24.352	23.554	22.895	21.839	21.428	20.501	19.299	19.331	18.293	17.3	17.1	21.64

数据来源：EIU。

表 12　中国与 OECD 国家煤炭二氧化碳排放占世界煤炭碳排放总量的比例

单位：%

国家	2000	2001	2002	2003	2004	2005	2006	2007	2008	2009	2010	2011	2012	2013	平均值
澳大利亚	2.193	2.298	2.31	2.129	2.047	1.861	1.784	1.72	1.65	1.666	1.538	1.4	1.4	1.3	1.81
奥地利	0.166	0.173	0.171	0.17	0.159	0.147	0.14	0.131	0.129	0.095	0.112	0.1	0.1	0.1	0.14
比利时	0.335	0.313	0.256	0.231	0.209	0.177	0.154	0.136	0.135	0.086	0.088	0.1	0.1	0.1	0.17
加拿大	1.434	1.389	1.333	1.234	1.089	1.038	0.955	0.923	0.873	0.731	0.699	0.627	0.6	0.6	0.97
智利	0.137	0.106	0.106	0.096	0.099	0.092	0.114	0.12	0.133	0.121	0.133	0.156	0.2	0.2	0.13

国家	2000	2001	2002	2003	2004	2005	2006	2007	2008	2009	2010	2011	2012	2013	平均值
中国	28.131	28.222	29.811	32.432	36.046	38.582	40.403	41.565	43.943	46.393	46.238	47.1	47	46.8	39.48
捷克	0.972	0.929	0.876	0.838	0.774	0.705	0.678	0.664	0.608	0.6	0.6	0.5	0.5	0.5	0.70
丹麦	0.179	0.187	0.184	0.234	0.166	0.133	0.188	0.151	0.129	0.128	0.1	0.1	0.1	0.1	0.15
芬兰	0.242	0.287	0.307	0.356	0.297	0.185	0.267	0.24	0.179	0.175	0.214	0.2	0.1	0.1	0.22
法国	0.655	0.554	0.562	0.537	0.485	0.498	0.44	0.444	0.414	0.335	0.341	0.3	0.3	0.3	0.44
德国	3.905	3.894	3.844	3.565	3.4	3.075	2.957	2.898	2.656	2.367	2.365	2.3	2.3	2.2	2.98
希腊	0.435	0.442	0.419	0.395	0.373	0.35	0.302	0.304	0.3	0.3	0.3	0.2	0.2	0.2	0.32
匈牙利	0.176	0.167	0.161	0.155	0.138	0.113	0.103	0.099	0.094	0.081	0.081	0.1	0.1	0.1	0.12
爱尔兰	0.119	0.124	0.12	0.106	0.093	0.097	0.082	0.076	0.073	0.1	0.1	0.1	0.1	0.1	0.10
以色列	0.29	0.323	0.333	0.318	0.296	0.268	0.26	0.26	0.24	0.2	0.2	0.2	0.2	0.2	0.26
意大利	0.502	0.556	0.562	0.574	0.608	0.581	0.611	0.507	0.477	0.382	0.4	0.4	0.4	0.4	0.50
日本	4.18	4.241	4.405	4.226	4.033	3.906	3.692	3.665	3.296	3.146	3.236	2.979	3	2.9	3.64
韩国	2.01	2.139	2.011	1.895	1.903	1.804	1.785	1.756	1.913	2.059	2.138	2.204	2.1	2.1	1.99
墨西哥	0.31	0.338	0.386	0.398	0.293	0.352	0.32	0.302	0.221	0.277	0.3	0.3	0.3	0.3	0.31
荷兰	0.337	0.356	0.353	0.338	0.309	0.28	0.251	0.261	0.241	0.225	0.218	0.203	0.2	0.2	0.27
新西兰	0.05	0.063	0.061	0.082	0.078	0.081	0.076	0.055	0.066	0	0	0	0	0	0.04
挪威	0.048	0.042	0.035	0.032	0.034	0.028	0.023	0.024	0.024	0.018	0.021	0	0	0	0.02
波兰	2.511	2.466	2.318	2.21	2.041	1.912	1.876	1.759	1.7	1.6	1.6	1.6	1.6	1.5	1.91
葡萄牙	0.17	0.142	0.152	0.133	0.125	0.121	0.113	0.093	0.079	0.09	0.049	0.1	0.1	0.1	0.11
西班牙	0.944	0.847	0.941	0.812	0.777	0.74	0.6	0.65	0.428	0.328	0.243	0.372	0.4	0.4	0.61
瑞典	0.094	0.096	0.111	0.11	0.106	0.091	0.078	0.074	0.1	0.1	0.1	0.1	0.1	0.1	0.10
瑞士	0.006	0.007	0.006	0.006	0.005	0.006	0.005	0.006	0.005	0.005	0.005	0	0	0	0.00
土耳其	1.03	0.849	0.874	0.858	0.83	0.798	0.886	0.959	0.934	0.9	0.9	1	1	1.1	0.92
英国	1.606	1.7	1.555	1.553	1.399	1.346	1.385	1.23	1.106	0.925	0.899	0.9	1.1	0.9	1.26
美国	24.614	24.403	23.03	21.784	20.491	19.651	18.237	17.6	16.873	14.94	14.986	13.629	11.6	11.7	18.11

附录三　中国碳捕集与封存试验与示范工程

序号	地点	组织机构	规模*	竣工时间	类型	状态	研发资助来源	技术合作单位
1	北京高碑店	华能集团	3000	2008	食品级捕集	运行	澳大利亚联邦科学与工业组织	
2	上海石洞口	华能集团	100000	2009	食品级捕集	运行		
3	内蒙古鄂尔多斯	神华集团	100000	2010	捕集、咸水层封存	运行	科技部	中石油
4	重庆合川	中电投	10000	2010	捕集	运行		
5	天津	绿色煤电公司	1800000	2016	IGCC 捕集及 EOR	建设中	科技部 863 项目；参股企业：华能集团（控股 52%），大唐集团（6%），华电集团（6%），国电集团（6%），中国电力投资集团（6%），神华集团（6%），国家开发投资公司（6%），中国中煤能源集团（6%）	博迪能源（6%）
6	黑龙江大庆	中国大唐集团	1000000	2015	碳捕集与封存	建设中		阿尔斯通
7	山东胜利	中国大唐集团	1000000	2015	捕集与储存	建设中		阿尔斯通
8	天津塘沽	中国国电	20000	2012	碳捕集	建设中		

序号	地点	组织机构	规模*	竣工时间	类型	状态	研发资助来源	技术合作单位
9	黑龙江大庆	中石油	3000000	2011	EOR碳捕集与封存	建设中		华能集团
10	江苏连云港	中国科学院	500000	2015	IGCC + EOR捕集与储存	建设中	中国科学院	
11	湖北应城	华中科技大学	50000	2011	碳捕集、咸水层封存	运行	中国科学院	
12	内蒙古鄂尔多斯	新奥集团	20000	2009	碳捕集、生物利用	运行	科技部863项目	中科院
13	山西沁水	中煤集团中联煤层气公司	—	2010	ECBM	运行	阿尔贝塔研究院、科技部重大科技专项	
14	吉林松原	中石油	200000	2009	EOR捕集封存	建设中	科学技术部	
15	广东东莞	东莞电化		2011	IGCC碳捕集与封存	建设中	科技部863项目	中科院
16	山东胜利	中国石化	30000	2010	EOR封存	运行	科技部	
17	山东胜利	中国石化	1000000	2014	EOR封存	建设中	科学技术部	
18	河南中原油田	中国石化	21900	2008	EOR封存	运行		
19	浙江草舍油田	中国石化	43800	2007	EOR封存	运行		
20	浙江杭州	中国华电集团	—	2010	IGCC碳捕集及储存	建设中	科技部863项目	中科院
21	河南中原油田	中石油	20000	2008	Sequestration, EOR	运行		
22	江苏泰兴	中科金龙公司	8000	2007	Capture, Plastic	运行	中科院、江苏科技厅	中国科学院广州化学所
23	海南东方工业园	中海油	2100	2009	Gas CO$_2$ Capture, Plastic	运行		中国科学院长春应化所

* 规模为预计二氧化碳捕集量，单位为：吨/年。

附录四 中国碳捕集与封存国际合作研究项目

项目名称	组织及资助单位	参加单位
广东省二氧化碳捕集与封存可行性研究项目	英国外交与联邦事务部及澳大利亚全球碳捕集与封存研究院	中科院南海海洋研究所牵头,国家发改委能源研究所,中科院广州能源研究所,中科院武汉岩土力学研究所,领先财纳投资顾问有限公司以及英国剑桥大学和爱丁堡大学
IGCC 及近零排放发电技术研究	中国科技部,中国国家能源局和美国能源部	国家能源煤煤洁清低碳发电技术研发中心(华能),中国华能集团清洁能源技术研究院,中国电力工程顾问集团公司,清华大学,中科院能源动力研究中心,中国电力投资集团,上海交通大学
大规模燃烧后二氧化碳捕集、利用和封存技术研究	中国科技部,中国国家能源局和美国能源部	国家能源煤煤洁清低碳发电技术研发中心(华能),中国华能集团清洁能源技术研究院,中国电力工程顾问集团公司,中国电力投资集团,清华大学
CO$_2$ 地质封存规模和模拟技术及大规模封存方案研究	中国科技部,中国国家能源局和美国能源部	神华集团,中科院武汉岩土力学研究所,清华大学,西北大学,中国矿业大学,延长石油
电厂烟气产业化微藻固碳技术研究	中国科技部,中国国家能源局和美国能源部	新奥集团,浙江大学,中科院能源动力研究中心

项目名称	组织及资助单位	参加单位
富氧燃烧新原理及关键装备研发	中国科技部、中国国家能源局和美国能源部	华中科技大学、清华大学、中国电力工程顾问集团公司、哈尔滨工业大学
煤热解气分级转化多联产技术	中国科技部、中国国家能源局和美国能源部	浙江大学、中科院能源动力研究中心、中国矿业大学
中欧碳捕集与封存合作项目（Cooperation Action within CCS China-EU，COACH）	欧洲委员会	科技部、国家发改委、华能集团、浙江大学、清华大学、中科院、中科院绿色煤电公司
中国先进电厂碳捕集方案（CAPPCCO）	英国能源与气候变化部、中国科技部	哈尔滨工业大学、国家电站燃烧工程技术研究中心、哈尔滨锅炉厂有限责任公司、大唐国际发电股份有限公司、西安交通大学
碳捕获和存储监管活动支持项目（STRA CO₂）	欧洲委员会	科技部中国21世纪议程管理中心、中国科学院工程热物理研究所、中科院科技政策与管理科学研究所
中英煤炭利用近零排放合作（Near Zero Emissions Coal）	英国环境、食品和农村事务部（Defra）和商业、企业和管理改革部（BERR）资助，联合中国科技部共同推进	中国科学院、清华大学、华能集团、中石油、中联煤层气公司、中国石油大学、华东石油大学、国家发改委、绿色煤电公司、华北电力大学、武汉大学、浙江大学、中石油
中澳二氧化碳地质封存（CAGS）项目	澳大利亚政府资助，澳大利亚地球科学局和中国21世纪议程管理中心共同管理	科技部、中科院、中国石油大学、中国地质调查局
中-意碳捕集与封存技术合作项目	中国科技部、意大利环境国土与海洋部、意大利国家电力公司（ENEL）	科技部国际合作司、中国21世纪议程管理中心、意大利环境、领土与海洋部（IMELS）、意大利国家电力公司（ENEL）、华能集团、中科院工程热物理研究所、清华大学、北京大学、中国石油大学（北京）、北京化工大学

注：作者根据相关资料整理而成。

附录五 中国政府资助的碳捕集与封存研究项目

表 1 中国政府资助的国内碳捕集与封存项目

序号	项目名称	资助机构及项目	参加单位
1	温室气体提高石油采收率的资源化利用及地下埋存	科技部 973 计划	中国石油集团科学技术研究院、华中科技大学、中科院地质与地球物理研究所、中国石油大学(北京)
2	CO$_2$ 减排、储存与资源化利用的基础研究	科技部 973 计划	中国石油集团科学技术研究院、中科院
3	CO$_2$ 的捕集与封存技术	科技部 863 计划	清华大学、华东理工大学、中科院地质与地球物理研究所等
4	CO$_2$ 驱油提高石油采收率与封存关键技术研究	科技部 863 计划	中国石油集团科学技术研究院、中国石油化工集团勘探开发研究院等
5	新型 O$_2$/CO$_2$ 循环燃烧设备研发与系统优化	科技部 863 计划	华中科技大学等
6	CO$_2$ - 油藻 - 生物柴油关键技术研究	科技部 863 计划	新奥集团、暨南大学等
7	基于 IGCC 的 CO$_2$ 捕集、利用与封存技术研究与示范	科技部 863 计划	华能集团、清华大学、中科院热物理所等
8	超重力法 CO$_2$ 捕集纯化技术及应用示范	科技部国家科技支撑计划	中石化胜利油田分公司、北京化工大学、北京工业大学、中国石油大学(华东)等
9	35MWth 富氧燃烧碳捕获关键技术、装备研发及工程示范	科技部国家科技支撑计划	华中科技大学、东方电气集团、四川空分设备集团等

序号	项目名称	资助机构及项目	参加单位
10	30万吨煤制油工程高浓度CO_2捕集与地质封存技术开发与示范	科技部国家科技支撑计划	神华集团（神华）北京低碳清洁能源研究所，中科院武汉岩土力学研究所等
11	高炉炼铁CO_2减排利用关键技术开发	科技部国家科技支撑计划	中国金属学会，钢铁研究总院等
12	全国CO_2地质储存潜力评价与示范工程	国土资源部	中国石油集团科学技术研究院，华中科技大学，中科院
13	含CO_2天然气藏安全开发与CO_2利用技术	科技部重大科技专项	中国石油集团科学技术研究院，中石油吉林油田分公司等
14	松辽盆地含CO_2火山岩气藏开发及利用示范工程	科技部重大科技专项	中石油吉林油田分公司，中国石油集团科学技术研究院等
15	CO_2驱油与埋存关键技术	科技部重大科技专项	中国石油集团科学技术研究院，中石油吉林油田分公司等
16	松辽盆地CO_2驱油与埋存技术示范工程	科技部重大科技专项	中石油吉林油田分公司，中国石油集团科学技术研究院等
17	中联深层气开发技术试验项目	科技部重大科技专项	中联煤层气公司等

表2 中国政府资助的碳捕集与封存国际合作研究项目

序号	项目名称	资助机构及项目	参加单位
1	中国层状盐岩CO_2地质处置研究	科技部国际科技合作计划	四川大学，德国克劳斯塔尔工业大学
2	先进能源系统中CO_2捕获技术研究	科技部国际科技合作计划	西安热工研究院，澳大利亚联邦科学与工业组织（CSIRO）昆士兰高级技术中心
3	深煤层注入、埋藏二氧化碳开采煤层气技术研究	科技部国际科技合作计划	中联煤层气公司，加拿大百达门公司与环能国际控股有限公司，加拿大阿尔伯达研究院
4	CO_2深部地质封存的长期稳定性预测与控制研究	科技部国际科技合作计划	北京交通大学
5	二氧化碳捕获及地质封存技术研究	科技部国际科技合作计划	太原理工大学，山西省煤炭地质资源环境调查院，中科院山西煤化所，怀俄明州地质调查局

附录六 美国主要碳捕集与封存技术工程项目

No.	Name	Company/Alliance	Location	Size	Type	Timing	Total Value	Share Value
1	Hydrogen Energy California Project (HECA)	SCS Energy (HE-CA was formally owned by Hydrogen Energy International (HEI) jointly operated by BP and Rio Tinto); Fluor, URS and GE Energy	Elk Hills (west of Bakersfield), Kern County, California	390 MW (gross)/ 250 MW (net); 2 MT/Yr CO_2	IGCC + EOR	Public review and consideration (2008); Completion of CEC permitting process (2010); Construction start (2012); Plant operation (December 2016)	$ 2.8 billion	DOE share $ 54 million; California State Public Utilities Commission awarded $ 30 million

No.	Name	Company/Alliance	Location	Size	Type	Timing	Total Value	Share Value
2	Kimberlina CCS Project	Clean Energy Systems, West Coast Regional Carbon Sequestration Partnership (WEST-CARB), DOE, Schlumberger and the Californa Energy Commission	Kimberlina, Kern County, California	50 MW: 0.25 MT/ CO_2	Oxyfuel combustion, Sequestration in fluvial sandstones beneath the power plant	Injection testing (2011), Project online (2011 – 15) Project is currently on hold	$90 million	The DOE has a $65 million share or (72%).
3	Wasatch Plateau CCS Project	South West Partnership (SWP), New Mexico Institute of Mining and Technology, University of Utah, Schlumberger and Los Alamos National Laboratory	Gordon Creek Field, Wasatch Plateau, Utah	1 MT/Yr	Natural CO_2 at Farhnam Dome Storage: Stacked saline reservoir	Validating testing (2005—2009); Target start date (2011); 3 year preliminary injection	$90 million	DOE share 80% ($67 million)
4	LaBarge CCS Project	ExxonMobil	Shute Creek Treating Facility, La-Barge, Wyoming	6MT/Yr	Natural gas stream from fields + EOR	2008 (4 MT/Yr); 2010 (6 MT/Yr)	$86 million	

No.	Name	Company/Alliance	Location	Size	Type	Timing	Total Value	Share Value
5	Kevin Dome CCS Project	Big Sky Partnership (lead by Montana State University-Bozeman), Schlumberger Carbon Services, Vecta Oil & Gas Ltd, Lawrence Berkeley National Lab, Los Alamos National Lab	Northern Montana	0.125 MT/Yr (Total of 1 MT/ CO_2)	Naturally occurring reservoir at Kevin DomeStorage: The Duperow Formation-3900 feet depth		$85 million	The US DOE is funding $67 million and the private sector is funding $18 million
6	Williston Project	PCOR: Partners – University of North Dakota Energy and Environmental Research Center, Basin Electric Power Cooperative, Encore Energy	Williston Basin, Western North Dakota	450 MW : 1 MT/ Yr CO_2	CO_2 supplied from Basin Electric Power Cooperative Antelope Valley Station. EOR at Oil field	Characterization (2008 – 9); Injection and MMV Operations (2010 – 14); Post injection MMV (2014 – 17)	$101,247,600	DOE share $36,901,015 (36%)
7	Antelope Valley Project	Basin Electric, HTC Purenergy, Burns and McDonnell and Doosan Babcock		120 MW slipstream from 450 MW electric generating unit (1 MT/Yr with 90% capture rate)	Post-combustion + EOR	Commercial operation (2012) Project is on hold indefinitely due to cost and timing difficulties (December 2010)		Awarded a US $100 million grant from DOE (July 2009). Awarded a $300 million loan from the USDA in January 2009

No.	Name	Company/Alliance	Location	Size	Type	Timing	Total Value	Share Value
8	Big Bend Station Project	Tampa Electric, Siemens	Big Bend Power Station, Ruskin, Florida	1 MW (slipstream from 1892 MW power station)	Post-combustion (Siemens POST-CAP technology) CO_2 Fate: N/A	Operation (2013)		The US DOE awarded this project in July 2010 with a $8.9 million grant
9	Plant Barry Project	Southern Energy, Mitsubishi Heavy Industries (MHI), Southern Company, SE-CARB (US DOE's Southeast Regional Carbon Sequestration Partnership) and Electric Power Research Institute	Plant Barry Power station, Mobile, Alabama	Stage 1: 25 MW slip stream of the 2567MW plant (0.15 MT/Yr CO_2)	Post-combustion with chilled ammonia (MHI technology) CO_2 Fate: Sequestration into the Citronelle oil field	Ground breaking (2010) Capture (June 2011)		

No.	Name	Company/Alliance	Location	Size	Type	Timing	Total Value	Share Value
10	Texas Clean Energy Project (TCEP)	Summit Power Group Inc, Siemens, Fluor, Linde, R. W. Beck, Blue Source and Texas Bureau of Economic Geology	Penwell, Ector County, Texas		Pre-Combustion; Siemens IGCC EOR in the Permian Basin	Construction start (2011); Operation (2014 – 15)	$ 1.727 billion	DOE share is $ 450 million; more than $ 100 million in Texas tax relief; TCEP received its final air quality permit from the Texas Commission on Environmental Quality on December 28, 2010.
11	Trailblazer	Tenaska, Arch Coal and Fluor Corporation	Sweetwater, Texas	600 MW net; 765 MW gross	Super critical pulverized coal; Fluor's Econamine FG plus technology (85% ~ 90% capture rate) CO$_2$ Fate: EOR in the Permian oil fields: Estimated 5.75 MT/Yr CO$_2$ storage capacity available	Permits filed (2008), Final decision to proceed (2009), Construction (2009), Commercial operation (2014)	$ 3 billion	

No.	Name	Company/Alliance	Location	Size	Type	Timing	Total Value	Share Value
12	W. A. Parish	NRG Energy, Fluor Corporation, Ramgen/Dresser-Rand, Sargent & Lundy LLC, University of Texas, And University of Texas Bureau of Economic Geology	W A Parish plant, Houston, Texas	60 MW: Up to 0.5 MT/Yr CO_2 captured (90% capture)	Post-combustion EOR in the Texas Gulf Coast	Construction (2013), Commissioning (2014), Project completion (2017)	$334 million	DOE share of the cost being $167 million
13	Sweeny Gasification	ConocoPhillips	Sweeny, Texas	680 MW (net)	IGCC saline aquifers and/or EOR			
14	Port Arthur, Texas	Air Products and Chemicals, Denbury Onshore LLC, University of Texas Bureau of Economic Geology and Valero Energy Corporation	Port Arthur, Texas	1 MT/Yr	Existing steam-methane reformers Storage: EOR in West Hasting's and Oyster Bayou oil fields, Texas	Injection (2012)	$430 million	DOE share: $284 million

No.	Name	Company/Alliance	Location	Size	Type	Timing	Total Value	Share Value
15	Leucadia	Leucadia Energy (Mississippi Gasification), Denbury, General Electric, Haldor Topsoe, Black & Veatch, Turner Industries, and The University of Texas's Bureau of Economic Geology	Lake Charles, Louisiana	4.5 MT/Yr	New methanol plant: Cogeneration coke-to-chemicals (methanol) plant EOR in West Hasting's oil field, Texas	Injection (2014)		DOE awarded the Leucadia Project $540,000
16	Decatur	Archer Daniels Midland, MGSC (Led by Illinois State Geological Survey), Schlumberger Carbon Services and Richland Community College	Decatur, Illinois	1 MT/Yr	Ethanol plant: Archer Daniel's Midlands' (ADM) ethanol plant in Decatur IL, (capture using Alstom's amine process) Storage: Sequestration in Mount Simon Sandstone	Drilling (2008); Ground breaking (August 26 2011); Capture and Injection (2012)	$4.4 million	$3.9 million (89%)

No.	Name	Company/Alliance	Location	Size	Type	Timing	Total Value	Share Value
17	Pleasant Prairie	Alstom, Electric Power research Institute (EPRI) and We Energies	Pleasant Prairie, Milwaukee	5 MW slip stream: 15,000T/Yr CO_2	Post-combustion with chilled ammonia Vented to the atmosphere	Pilot operation (2008): Testing was completed in October 2009 after logging over 7,000 hours of operations	$7.2 million while Alstom and AEP contributed $1.4 million for the initial phases of the project.	
18	AEP Mountaineer	American Electric Power, Alstom, RWE, NETL, and Battelle Memorial Institute	Mountaineer Station, New Haven, West Virginia	Phase 1: 30 MW slip from the 1,300 MW Mountaineer Station: 0.1 MT/Yr CO_2 Phase 2: 235 MW; 1.5 MT/Yr CO_2 (90% capture)	Post-combustion with chilled ammonia CO_2 Fate: Sequestration at 1.5 miles depth in the saline Mount Simon Sandstone			
19	Berger Project	First Energy, Powerspan, Ohio Coal Development Office	First Energy Berger Power Plant, Shadyside, Ohio			Start date (2008); Completion (2010)		

No.	Name	Company/Alliance	Location	Size	Type	Timing	Total Value	Share Value
20	Meredosia, Illinois	FutureGen Industrial Alliance which includes Anglo American LLC, BHP Billiton, China Huaneng Group, Consol Energy, E. ON, Foundation Coal, Peabody Energy, PPL Energy Services Group, Rio Tinto Energy America, Xstrata Coal, Excelon, Caterpillar and Air Liquide		200 MW	Oxy-combustion (90% capture) Sequestration in deep saline aquifers in Morgan County, IL.	Construction starts (2012); Completion (3rd quarter 2015)	Each members will be required to contribute between $4~600 million over the life of the project. The Future-Gen Alliance needs a total of 20 members to meet its financial goals. They currently have 11 members.	DOE share $1 billion
21	Kemper County IGCC	Mississippi Power, Southern Energy, KBR	Kemper County	582 MW (Base Lignite Capacity: 524 MW; NG Capacity: 58 MW)	Pre-combustion using TRIG? technology (65% capture) CO_2 Fate: EOR	Construction (2010), Start date (2014) Project duration (142 months)	$2.4 billion	$270 million grant from DOE and $133 million in investment tax credits approved by the Internal Revenue Service

参 考 文 献

［1］ IPCC. Technical Summary：Climate Change 2013；The Physical Science Basis ［M］. Cambridge，United Kingdom and New York，NY，USA：Cambridge University Press，2013.

［2］ WILLIAM COLLINS R C，et al. The Physical Science behind Climate Change ［J］. Sci Am，2007：64.

［3］ GLOBAL-CCS-INSTITUTE. THE GLOBAL STATUS OF CCS ［M］. Canberra：Global-CCS-Institute，2011.

［4］ IEA. World Energy Outlook 2011 ［M］. Paris：International Energy Agency，2011.

［5］ IEA. Energy Technology Perspectives 2010 – Scenarios & Strategies to 2050 ［M］. Paris：IEA，2010.

［6］ EASTON D. The Political System：An Inquiry into the State of Political Science ［M］. New York：Knopf，1971.

［7］ DYE T R. Understanding Public Policy ［M］. NJ USA：Pearson Education，2009.

［8］ PETERS I，F. ACKERMAN，et al. Economic theory and climate change policy ［J］. Energ Policy，1999，27（9）：3.

［9］ GOWDY J M. Behavioral economics and climate change policy ［J］. Journal of Economic Behavior & Organization，2008，68（12）：68.

［10］ GULLBERG A T. Rational lobbying and EU climate policy ［J］. Int Environ Agreements，2008（8）：17.

［11］ MICHAELOWA A. Climate Policy and Interest Groups ［J］. INTERECONOMICS，1998，7.

［12］ PIETSCH J M，IAN. A diabolical challenge：public opinion and climate change policy in Australia ［J］. Environ Polit，2010（19）：19.

［13］ PIZER W A. The optimal choice of climate change policy in the presence of uncertainty ［J］. Resour Energy Econ，1999（21）：32.

［14］ SKOLNIKOFFE B. The Role of Science in Policy：The Climate Change Debate in the United States ［J］. Environment：Science and Policy for Sustainable Development，1999（41）：4.

［15］ PACALA S，SOCOLOW R. Stabilization wedges：Solving the climate problem for the next 50 years with current technologies ［J］. Science，2004，305（5686）：72.

［16］ HOFFERT M I，CALDEIRA K，BENFORD G，et al. Advanced technology paths to global climate stability：Energy for a greenhouse planet ［J］. Science，2002，298（5595）：7.

［17］ HASZELDINE R S. Carbon Capture and Storage：How Green Can Black Be? ［J］. Science，2009，325（5948）：52.

［18］ SCHRAG D P. Preparing to capture carbon ［J］. Science，2007，315（5813）：812 – 815.

［19］ Nature Editorial. Capturing carbon ［J］. Nature，2006，442（7103）：601 – 603.

[20] DAVISON J. Performance and costs of power plants with capture and storage of CO_2 [J]. Energy, 2007, 32 (7): 1163 – 1239.

[21] RUBIN E S, et al. Cost and performance of fossil fuel power plants with CO_2 capture and storage [J]. Energ Policy, 2007, 35 (9): 4444 – 4498.

[22] ZOBACK M D, GORELICK S M. Earthquake triggering and large-scale geologic storage of carbon dioxide [J]. Proceedings of the National Academy of Sciences, 2012, 109 (26): 10164 – 10172.

[23] SIMONIS U E. Caching the carbon. The politics and policy of carbon capture and storage [J]. Environ Polit, 2011, 20 (4): 602 – 606.

[24] ALPHEN K V. Accelerating the Development and Deployment of Carbon Capture and Storage Technologies [M]. Oisterwijk Uitgeverij: BOX Press, 2003.

[25] VON STECHOW C, WATSON J, PRAETORIUS B. Policy incentives for carbon capture and storage technologies in Europe: A qualitative multi-criteria analysis [J]. Global Environ Chang, 2011, 21 (2): 346 – 403.

[26] FINON D. Efficiency of policy instruments for CCS deployment [J]. Climate Policy, 2012, 12 (2): 237 – 291.

[27] LI Z, ZHANG D J, MA L W, et al. The necessity of and policy suggestions for implementing a limited number of large scale, fully integrated CCS demonstrations in China [J]. Energ Policy, 2011, 39 (9): 5347 – 5402.

[28] JACCARD M, TU J J. Show some enthusiasm, but not too much: carbon capture and storage development prospects in China [J]. Global Environ Chang, 2011, 21 (2): 402 – 414.

[29] ZHOU W J, ZHU B, FUSS S, et al. Uncertainty modeling of CCS investment strategy in China's power sector [J]. Appl Energ, 2010, 87 (7): 2392.

[30] ARRHENIUS S. On the Influence of the Carbonic Acid in the Air upon the Temperature of the Ground [J]. The London, Edinburgh and Dublin Philosophical Magazine and Journal of Science, 1896, 41 (39): 11.

[31] KELLER A C. Science in Environmental Policy [M]. Boston: MIT Press, 2009.

[32] HEMPEL L C. Climate Policy on the Installment Plan [M]. E. KRAFT N J V A M. Environmental Policy: New Directions for the 21 Century. Washington DC: CQ Press, 2003.

[33] BROECKER W S. Climatic Change: Are We on the Brink of a Pronounced Global Warming? [J]. Science, 1975, 189 (4201): 460 – 463.

[34] THE-SENATE-OF-THE-UNITED-STATES. Byrd-Hagel Resolution [J/OL]. 1997, 2014 (2014 – 2 – 23).

[35] LUTSEY N A D S. America's bottom-up climate change mitigation policy [J]. Energy Policy, 2008, 36 (2): 673 – 758.

[36] OSTROM E. A Polycentric Approach for Coping with Climate Change [J]. 2010 World Development Report, 2010: 5.

[37] DEVEER H S. Global Climate Change [M]. E. KRAFT N J V M. Environmental Policy New Directions for the 21 Century. Washington DC: CQ Press, 2005.

[38] SMITH H G. The Public Administration Theory Primer [M]. Boulder: Westview Press, 2002.

[39] GULICK L H. Reflections on Public Administration, Past and Present [J]. Public Administration Review, 1990, 50 (6): 599 – 603.

[40] LAURENCE E. LYNN J. Public Management: Old and New [M]. New York: Routledge, 2006.

[41] DIMOCK M. W. F. Willoughby and the Administrative Universal [J]. Public Administration Review, 1975, 35 (5): 483 – 488.

[42] SMITH D H. Problems of Public Administration [J]. The American Political Science Review, 1928, 22 (2): 431 – 434.

[43] WHITE L D. Public Administration, 1927 [J]. The American Political Science Review, 1928, 22 (2): 339 – 387.

[44] HENRY N. Paradigms of Public Administration [J]. Public Administration Review, 1975, 35 (4): 378.

[45] GULICK L. Politics, Administration, and the "New Deal" [J]. Annals of the American Academy of Political and Social Science, 1933 (169): 55 – 66.

[46] SIMON H A. A Comment on "The Science of Public Administration" [J]. Public Administration Review, 1947, 7 (3): 200 – 203.

[47] OSTROM V, OSTROM E. Public Choice: A Different Approach to the Study of Public Administration [J]. Public Administration Review, 1971, 31 (2): 203 – 219.

[48] WALDO D. Public Administration [J]. The Journal of Politics, 1968, 30 (2): 443 – 446.

[49] SOONHEE KIM R, et al. Introduction The Legacy of Minnowbrook [M]. ROSEMARY O'LEARY D M V S A S K. The Future of Public Administration around the World: The Minnowbrook Perspective. Washington DC: Georgetown University, 2010.

[50] WALDO D. Foreword [M]. MARINI F. Toward a New Public Administration The Minnowbrook Perspective. Scranton: Chandler Publishing Company, 1971.

[51] IIR J S. The changing patterns of Public Administration theory in America [M]. UVEGES J A. Public Administration history and theory in contemporary perspective. New York: Marcel Dekker, 1982.

[52] FREDERICKSON H G. Public Administration and Social Equity [J]. Public Administration Review, 1990, 50 (2): 228 – 265.

[53] FREDERICKSON H G. New Public Administration [M]. Alabama: University of Alabama, 1980.

[54] MARINI F. The Minnowbrook Perspective and the future of Public Administration Education [M]. Toward a New Public Administration The Minnowbrook Perspective. Scranton: Chandler Publishing Company, 1971.

[55] KETTL D F. The Global Revolution in Public Management: Driving Themes, Missing Links [J]. Journal of Policy Analysis and Management, 1997, 16 (3): 446 – 508.

[56] HOOD C. PUBLIC ADMINISTRATION AND PUBLIC POLICY: INTELLECTUAL CHALLENGES FOR THE 1990s1 [J]. Australian Journal of Public Administration, 1989, 48 (4): 346 – 362.

[57] HOMBURG C P S V T A V. New Public Management in Europe [M]. New York: PALGRAVE MACMILLAN, 2007.

[58] MOER C. Exploring the Limits of Privatization [J]. Public Administration Review, 1987, 47 (6): 453 – 513.

[59] GAEBLERD. Reinventing Government: How the Entrepreneurial Spirit is Transforming the Public Sector [M]. Plume, 1993.

[60] KETTL D F. The Global Public Management Revolution: A Report on the Transformation of Governance [M]. Brookings Institution Press, 2000.

[61] POLLITT C. Is the Emperor In His Underwear? [J]. Public Management: An International Journal of Research and Theory, 2000, 2 (2): 181 – 200.

[62] FREDERICKSON H G. Comparing the Reinventing Government Movement with the New Public Administration [J]. Public Administration Review, 1996, 56 (3): 263 – 280.

[63] DENHARDT R B, DENHARDT J V. The New Public Service: Serving Rather than Steering [J]. Public Administration Review, 2000, 60 (6): 549 – 589.

[64] HAQUE M S. Revisiting the New Public Management [J]. Public Administration Review, 2007, 67 (1): 179 – 200.

[65] RHODES R A W. The new governance: Governing without government [J]. Polit Stud-London, 1996, 44 (4): 652 – 700.

[66] PETERS B G, PIERRE J. Governance without Government? Rethinking Public Administration [J]. Journal of Public Administration Research and Theory: J-PART, 1998, 8 (2): 223 – 268.

[67] WU X, HE J W. Paradigm Shift in Public Administration: Implications for Teaching in Professional Training Programs [J]. Public Administration Review, 2009, 6 (9): 21 – 29.

[68] BINGHAM L B, NABATCHI T, O'LEARY R. The New Governance: Practices and Processes for Stakeholder and Citizen Participation in the Work of Government [J]. Public Administration Review, 2005, 65 (5): 547 – 589.

[69] DAVID M. VAN SLYKE, et al. Challenges and opportunities, crosscutting themes, and thoughts on the future of Public Administration [M]. ROSEMARY O'LEARY D M V S A S K. The Future of Public Administration around the World: The Minnowbrook Perspective. Washington DC: Georgetown University, 2010.

[70] KETTL D F. Managing Boundaries in American Administration: The Collaboration Imperative [J]. Public Administration Review, 2006, 66 (10): 1 – 9.

[71] ANSELL C, GASH A. Collaborative governance in theory and practice [J]. J Publ Adm Res Theor, 2008, 18 (4): 543 – 571.

[72] OSTROM E, WALKER J, GARDNER R. Covenants With and Without a Sword: Self-Governance is Possible [J]. The American Political Science Review, 1992, 86 (2): 404 – 421.

[73] ZADEK S. Global collaborative governance: there is no alternative [J]. International Journal of Corporate Governance, 2008, 8 (4): 374 – 452.

[74] JUMA C, FANG K, HONCA D, et al. Global governance of technology: meeting the needs of developing countries 1 [J]. Int J Technol Manage, 2001, 22 (7): 629 – 784.

[75] GIBBONSJ H, GWIN H L. TECHNOLOGY AND GOVERNANCE [J]. Technol Soc, 1985, 7 (4):

333 – 385.

[76] MUNOZ E. Governance, science, technology and politics: Trajectory and evolution [J]. Arbor-Cienc Pensam Cult, 2005, 181 (715): 287 – 300.

[77] VESSURI H. The governance of the risks of science and technology [J]. Interciencia, 2006, 31 (4): 238 – 239.

[78] IPCC. Climate Change 2001: Working Group III: Mitigation [M]. Cambridge, UK: Cambridge University Press, 2001.

[79] POUMADERE M, BERTOLDO R, SAMADI J. Public perceptions and governance of controversial technologies to tackle climate change: nuclear power, carbon capture and storage, wind, and geoengineering [J]. Wiley Interdisciplinary Reviews-Climate Change, 2011, 2 (5): 712 – 739.

[80] A. MAXSON, N. HOLT, D. THIMSEN, J. WHEELDON. Advanced Coal System with CO_2 capture: EPRI's CoalFleet for Tommorrow Vision [M]. Palo Alto: EPRI, 2011.

[81] HERZOG H J. Scaling up carbon dioxide capture and storage: From megatons to gigatons [J]. Energ Econ, 2011, 33 (4): 597 – 604.

[82] FOLGER P. Carbon Capture and Sequestration (CCS) [M]. Washington DC: Congressional Research Service, 2009.

[83] GOODNELL J. BIG COAL: the dirty secret behind america's energy future [M]. New York, 2006.

[84] TEICH A H. Technology and the future [M]. Thomson Wadsworth, 2006.

[85] MARCHETTI C. ON GEOENGINEERING AND THE CO_2 PROBLEM [J]. Climatic Change, 1977, 1 (1): 59 – 68.

[86] MEADOWCROFT J R, LANGHELLE O. Caching the carbon: the politics and policy of carbon capture and storage [M]. Cheltenham: Edward Elgar, 2009.

[87] ALIC J A D C R, EDWARD S. U. S. technology and innovation policies Lessons for Climate Change [M]. NY US: PEW Center, 2003.

[88] NARITA D. Managing uncertainties: The making of the IPCC's Special Report on Carbon Dioxide Capture and Storage [J]. Public Understanding of Science, 2012, 21 (1): 84 – 100.

[89] WINNER L. Do Artifacts Have Politics [J]. Daedalus, 1980, 109 (1): 121 – 157.

[90] ROTHENBERG S, AND DAVID LEVY. Corporate Responses to Climate Change: The Institutional Dynamics of the Automobile Industry and Climate Change [J]. Discussion Paper E-99-19, Kennedy School of Government, 1999.

[91] KOLK A, LEVY D. Winds of Change. Corporate Strategy, Climate change and Oil Multinationals [J]. European Management Journal, 2001, 19 (5): 501 – 510.

[92] STEPHENS J C. Technology leader, policy laggard: CCS development for climate change mitigation in the US political context [M]. Caching the carbon: the politics and policy of carbon capture and storage. Cheltenham: Edward Elgar, 2009.

[93] JOHN J. COLEMAN K M G, WILLIAM G. HOWELL. Understanding American Politics and Government [M]. New York: Longman, 2010.

[94] WENNER L M. U. S. Energy and Environmental Interest Group [M]. New York: Greenwood

Press，1990.

[95] POLLAK M，PHILLIPS S J，VAJJHALA S. Carbon capture and storage policy in the United States：A new coalition endeavors to change existing policy [J]. Global Environ Chang，2011，21（2）：313 – 336.

[96] NEORI. Recommended Modifications to the 45Q Tax Credit for Carbon Dioxide Sequestration [M]. Washington DC：National Enhanced Oil Recovery Initiative，2012.

[97] DE CONINCK H，BACKSTRAND K. An International Relations perspective on the global politics of carbon dioxide capture and storage [J]. Global Environ Chang，2011，21（2）：368 – 446.

[98] GODIN B. The Linear Model of Innovation The Historical Construction of an Analytical Framework [J]. Science Technology Human Values，2006，31（6）：39 – 67.

[99] DEROIAN F. Formation of social networks and diffusion of innovations [J]. Research Policy，2002，31（5）：835 – 981.

[100] DODGSON M. Asia's national innovation systems：Institutional adaptability and rigidity in the face of global innovation challenges [J]. Asia Pac J Manag，2009（26）：33 – 34.

[101] SAGAR A D，HOLDREN J P. Assessing the global energy innovation system：some key issues [J]. Energ Policy，2002，30（6）：465 – 474.

[102] BERGEK A，JACOBSSON S，CARLSSON B，et al. Analyzing the functional dynamics of technological innovation systems：A scheme of analysis [J]. Research Policy，2008，37（3）：407 – 436.

[103] VAN ALPHEN K，NOOTHOUT P M，HEKKERT M P，et al. Evaluating the development of carbon capture and storage technologies in the United States [J]. Renew Sust Energ Rev，2010，14（3）：971 – 1057.

[104] TURKENBURG K V，et al. Accelerating the deployment of carbon capture and storage technologies by strengthening the innovation system [J]. Int J Greenh Gas Con，2010，4（1）：396 – 409.

[105] NORTH D C. ECONOMIC-PERFORMANCE THROUGH TIME [J]. Am Econ Rev，1994，84（3）：359 – 368.

[106] FREEMAN C. Japan：a new national system of innovation? [M]. AL D E. Technical change and economic theory. London：Pinter，1988：330 – 378.

[107] NELSON R R. Institutions supporting technical change in the United States [M]. AL D E. Technical change and economic theory. London：Pinter，1988：312 – 341.

[108] RACKLEY S A. Carbon capture and storage [M]. Burlington，Mass.：Butterworth-Heinemann，2010.

[109] HEKKERT M P，SUURS R A A，NEGRO S O，et al. Functions of innovation systems：A new approach for analysing technological change [J]. Technol Forecast Soc，2007，74（4）：413 – 445.

[110] OBAMA B. Presidential Memorandum-A Comprehensive Federal Strategy on Carbon Capture and Storage [M]. HOUSE T W. DC，2010.

[111] ENERGY U S DO of Energy. Washington DC：U. S. Department of Energy，2010.

[112] FOLGER P. Carbon Capture and Sequestration：Research，Development，and Demonstration at the

U. S. Department of Energy [M]. Washington DC: Congressional Research Service, 2012.

[113] STEPHENS J C, JIUSTO S. Assessing innovation in emerging energy technologies: Socio-technical dynamics of carbon capture and storage (CCS) and enhanced geothermal systems (EGS) in the USA [J]. Energ Policy, 2010, 38 (4): 2020 – 2051.

[114] WILSON E, ZHANG D J, ZHENG L. The socio-political context for deploying carbon capture and storage in China and the U. S [J]. Global Environ Chang, 2011, 21 (2): 324 – 359.

[115] JOHNSSON F, et al. Stakeholder attitudes on Carbon Capture and Storage-An international comparison [J]. Int J Greenh Gas Con, 2010, 4 (2): 410 – 418.

[116] GLOBAL-CCS-INSTITUTE. THE GLOBAL STATUS OF CCS Feburary 2014 [M]. Melbourne: Global-CCS-Institute, 2014.

[117] MOST. Carbon Capture, Utiliazation and Storage Technology Development in China [M]. Beijing: Ministry of Science and Technology, 2011.

[118] LIANG D P, WU W W. Barriers and incentives of CCS deployment in China: Results from semi-structured interviews [J]. Energ Policy, 2009, 37 (6): 2421 – 2453

[119] JIN H G, GAO L, HAN W, et al. Prospect options of CO_2 capture technology suitable for China [J]. Energy, 2010, 35 (11): 4499 – 4589.

[120] SABATIER P A. An advocacy coalition framework of policy change and the role of policy-oriented learning therein [J]. Policy Sci, 1988, 21 (2): 129 – 177.

[121] VAN ALPHEN K, VAN RUIJVEN J, KASA S, et al. The performance of the Norwegian carbon dioxide, capture and storage innovation system [J]. Energ Policy, 2009, 37 (1): 43 – 55.

[122] ZHOU N, LEVINE M D, PRICE L. Overview of current energy-efficiency policies in China [J]. Energ Policy, 2010, 38 (11): 6439 – 6491.

[123] MALERBA F. Sectoral systems of innovation and production [J]. Research Policy, 2002, 31 (2): 247 – 311.

[124] MALERBA F. Innovation and the evolution of industries [J]. Journal of Evolutionary Economics, 2006, 16 (1): 3 – 23.

[125] CAROLINE LANCIANO-MORANDAT H N, ERIC VERDIER. Higher Education Systems and Industrial Innovation [J]. Innovation, the European journal of social science research, 2006, (1): 16 – 19.

[126] GLOBAL-CCS-INSTITUTE. THE GLOBAL STATUS OF CCS 2013 [M]. Melbourne: Global-CCS-Institute, 2013.

[127] HARMAAKORPI V K P, SATU KAARINA. Regional development platform analysis as a tool for regional innovation policy [M]. 42nd Congress of the European Regional Science Association ERSA, 2002.

[128] JANKOWSKI J E L, et al. Strategic Research Partnerships: Proceedings from an NSF Workshop F, 2001 [C]. National Science Foundation.

[129] LAMBRIGHT W H. Getting big things done in government: the large scale approach to science [M]. National conference of the American Society of Public Administration. Las Vegas: Nevada, 2012.

[130] MESTHENE E G. The Role of Technology in Society [M]. Technology and the future. Belmont: Thomson Wadsworth, 2006.

[131] LAMBRIGHT W H. Leadership and large-scale technology: The case of the International Space Station [J]. Space Policy, 2005, 21 (3): 195 – 203.

[132] E. KRAFT M. Environmental Policy in Congress: From Concensus to Gridlock [M]. E. KRAFT N J V M. Environmental Policy New Directions for the 21 Century. Washington DC: CQ Press, 2002.

[133] LAMBRIGHT W, TEICH A. Policy Innovation in Federal R&D: The Case of Energy [J]. Public Administration Review, 1979, 39 (2): 140 – 143.

[134] O'LEARY R. Environmental change: federal courts and the EPA [M]. New York: Temple University Press, 1993.

[135] O'LEARY R. Environmental Policy in the Courts [M]. E. KRAFT N J V M. Environmental Policy New Directions for the 21 Century. Washington DC: CQ Press, 2002.

[136] RABE B G. Power to the States The Promise and Pitfalls of Decentralization [M]. Washington DC: CQ Press, 2002.

[137] NIXON R M. The real war [M]. 1st Touchstone ed. New York: Simon & Schuster, 1990.

[138] MAJA HUSAR HOLMES, et al. Forging Collaboration for Large-Scale Technology: Government, Industry, and Energy Innovation [M]. 11th Public Management Research Association, 2011.

[139] ENGINEERING P. FutureGen coalition formed [J]. Power Eng, 2005, 109 (10): 16 – 18.

[140] CAVALLANO A. FutureGen's final four [J]. Power Eng, 2006, 110 (8): 16 – 19.

[141] CONGRESS, SENATE, COMMITTEE ON APPROPRIATIONS, SUBCOMMITTEE ON ENERGY AND WATER DEVELOPMENT. Department of Energy's decision to restructure the FutureGen program: hearing before a subcommittee of the Committee on Appropriations, United States Senate [M]. Washington: U. S. G. P. O. , 2009.

[142] LAMBRIGHT W H, QUINN M M. Understanding Leadership in Public Administration: The Biographical Approach [J]. Public Administration Review, 2011, 71 (5): 782 – 790.

[143] FREEMAN C. THE NATIONAL SYSTEM OF INNOVATION IN HISTORICAL-PERSPECTIVE [J]. Cambridge J Econ, 1995, 19 (1): 5 – 24.

[144] WEYANT J P. Accelerating the development and diffusion of new energy technologies: Beyond the "valley of death" [J]. Energ Econ, 2011, 33 (4): 674 – 682.

[145] EDWARDS L M, et al. Bridging the Valley of Death: Transitioning from Public to Private Sector Financing [M]. Washington DC: National Renewable Energy Laboratory, 2003.

[146] SIEBERT H. Economics of the Environment [M]. New York: Springer, 2005.

[147] PIGOU A C. The Classical Stationary State [J]. Econ J, 1943, 53 (212): 343 – 351.

[148] PEARCE D. THE ROLE OF CARBON TAXES IN ADJUSTING TO GLOBAL WARMING [J]. Econ J, 1991, 101 (407): 938 – 948.

[149] SUMNER J, BIRD L, DOBOS H. Carbon taxes: a review of experience and policy design considerations [J]. Climate Policy, 2011, 11 (2): 922 – 943.

[150] MOHAMMED-AL-JUAIED. Analysis of Financial Incentives for Early CCS Deployment [M]. Boston:

Belfer Center for Science and International Affairs, 2010.

[151] SALAMON L M. The changing tools of government action: an overview [M]. Washington DC: The Urban Institute Press, 1988.

[152] HELEEN GROENENBERG H D C. Effective EU and Member State policies for stimulating CCS [J]. Int J Greenh Gas Con, 2008, 2 (1): 653 –664.

[153] BECK U. World risk society [M]. Cambridge Malden, MA: Polity Press, Blackwell, 1999.

[154] BECK U. Risk society: towards a new modernity [M]. London, Newbury Park, Calif.: Sage Publications, 1992.

[155] PEEL J. Science and risk regulation in international law [M]. Cambridge, UK- New York: Cambridge University Press, 2010.

[156] DOUGLAS M. Risk as a Forensic Resource [J]. Daedalus, 1990, 119 (4): 1 –16.

[157] LUPTON D. Risk [M]. London, New York: Routledge, 1999.

[158] GIDDENS A. Risk and Responsibility [J]. The Modern Law Review, 1999, 62 (1): 1 –10.

[159] RUCKELSHAUS W D. Risk, Science, and Democracy [J]. Issues Sci Technol, 1985, 1 (3): 19 –38.

[160] POLLAK M, WILSON E J. Risk governance for geological storane of CO (2) under the Clean Development Mechanism [J]. Climate Policy, 2009, 9 (1): 71 –87.

[161] INTERNATIONAL-RISK-GOVERNANCE-COUNCIL. Regulation of Carbon Capture and Storage [M]. Geneva: International risk governance council, 2008.

[162] M. A. DE FIGUEIREDO, et al. Regulating Carbon Dioxide Capture and Storage [M]. Boston: CEEPR MIT, 2007.

[163] HERZOGM A, et al. FRAMING THE LONG-TERM IN SITU LIABILITY ISSUE FOR GEOLOGIC CARBON STORAGE IN THE UNITED STATES [J]. Mitigation and Adaptation Strategies for Global Change, 2005, 10 (1): 10.

[164] POLLAK M F, WILSON E J. Regulating Geologic Sequestration in the United States: Early Rules Take Divergent Approaches [J]. Environ Sci Technol, 2009, 43 (9): 3035 –3041.

[165] EPA. Federal Requirements Under the Underground Injection Control (UIC) Program for Carbon Dioxide (CO_2) Geologic Sequestration (GS) Wells [M]. EPA. Washington DC, 2010.

[166] MELISA POLLAK R L G, SEAN MCCOY, SARA JOHNSON PHILLIPS. State Regulation of Geologic Sequestration [J]. Proceedings of the Ninth Annual Conference on Carbon Capture & Sequestration, 2010.

[167] BROCKETT S. The EU enabling legal framework for carbon capture and geological storage [J]. Energy Procedia, 2009, 1 (1): 4433 –4441.

[168] SCRASE J I, WATSON J. Strategies for the deployment of CCS technologies in the UK: a critical review [J]. Energy Procedia, 2009, 1 (1): 4535 –4542.

[169] HAYDOCK N O H. International CCS Policies and Regulations [M]. Oxford, UK: NZEC, 2009.

[170] GAGNON K. Canada Update: CCS Legal and Regulatory Developments [M]. Paris: Natural Resources Canada, 2012.

[171] DEBORAH SELIGSOHN Y L, et al. CCS in China: Toward an Environmental, Health, and Safety Regulatory Framework [M]. Washington DC: World Resources Institute, 2010.

[172] IEA. Carbon Capture and Storage Legal and Regulatory Review [M]. Paris: IEA, 2010.

[173] WILSON E J, FRIEDMANN S J, POLLAK M F. Research for deployment: Incorporating risk, regulation, and liability for carbon capture and sequestration [J]. Environ Sci Technol, 2007, 41 (17): 5945 - 5952.

[174] MARSH D, SHARMAN J C. Policy diffusion and policy transfer [J]. Policy Studies, 2009, 30 (3): 269 - 288.

[175] BOUSHEY G. Policy Diffusion Dynamics in America [M]. Cambridge University Press, 2010.

[176] WALKER J L. The Diffusion of Innovations among the American States [J]. The American Political Science Review, 1969, 63 (3): 880 - 899.

[177] BERRY F S. SIZING UP STATE POLICY INNOVATION RESEARCH [J]. Policy Stud J, 1994, 22 (3): 442 - 456.

[178] BENNETT C J. WHAT IS POLICY CONVERGENCE AND WHAT CAUSES IT [J]. Br J Polit Sci, 1991, 21 (1): 215 - 333.

[179] ROGERS E M. Diffusion of Innovation [M]. New York: The Free Press, 1983.

[180] DOLOWITZ D, MARSH D. Who learns what from whom: A review of the policy transfer literature [J]. Polit Stud-London, 1996, 44 (2): 343 - 357.

[181] SIMMONS B A, ELKINS Z. The globalization of liberalization: Policy diffusion in the international political economy [J]. Am Polit Sci Rev, 2004, 98 (1): 171 - 189.

[182] BROWN L A, COX K R. Empirical Regularities in the Diffusion of Innovation [J]. Annals of the Association of American Geographers, 1971, 61 (3): 551 - 559.

[183] SHIPAN C R, VOLDEN C. The mechanisms of policy diffusion [J]. American Journal of Political Science, 2008, 52 (4): 840 - 857.

[184] DOBBIN F, SIMMONS B, GARRETT G. The global diffusion of public policies: Social construction, coercion, competition, or learning? [M]. Annual Review of Sociology, 2007: 449 - 72.

[185] KARCH A. Emerging issues and future directions in state policy diffusion research [J]. State Politics & Policy Quarterly, 2007, 7 (1): 54 - 80.

[186] MINTROM M, VERGARI S. Policy networks and innovation diffusion: The case of state education reforms [J]. J Polit, 1998, 60 (1): 126 - 148.

[187] GILARDI F. Who Learns from What in Policy Diffusion Processes? [J]. American Journal of Political Science, 2010, 54 (3): 650 - 666.

[188] CARBON T R P. CARBON 2012 [M]. Washington DC: THOMSON REUTERS POINT CARBON, 2012.

[189] DIMOCK M E, et al. Public Administration [M]. New York: Rinehart & Company, 1953.

[190] TAN X M. Clean technology R&D and innovation in emerging countries-Experience from China [J]. Energ Policy, 2010, 38 (6): 2916 - 2926.

[191] 政府间气候变化专门委员会. 气候变化2007综合报告 [M]. 日内瓦: TERI 出版社, 2008.

［192］政府间气候变化专门委员会．二氧化碳捕获和封存报告［M］．剑桥：剑桥大学出版社，2005．

［193］吴巧生，成金华．论全球气候变化政策［J］．中国软科学，2003（9）：6．

［194］蒋金荷，姚愉芳．气候变化政策研究中经济—能源系统模型的构建［J］．数量经济技术经济研究，2002（07）：4．

［195］杨宏伟．应用 AIM/Local 中国模型定量分析减排技术协同效应对气候变化政策的影响［J］．能源环境保护，2002，02（3）：4．

［196］李瑾．气候变化政策中的技术变迁模型［J］．科技进步与对策，2010（05）：4．

［197］倪健，王明远．减缓全球气候变化的政策和对策［J］．山东环境，1994（4）：2．

［198］王瑞彬．美国气候政策之辩（2001 - 2008）：支持联盟框架视角［D］．外交学院，2009．

［199］张焕波．中国、美国和欧盟气候政策分析［M］．北京：社会科学文献出版社，2010．

［200］石敏俊，等．低碳发展的政策选择与区域响应［M］．北京：科学出版社，2012．

［201］张建府．碳捕集与封存技术（CCS）成本及政策分析［J］．中外能源，2011（1）：16．

［202］范英，朱磊，张晓兵．碳捕获和封存技术认知、政策现状与减排潜力分析［J］．气候变化研究进展，2010，6（5）：2．

［203］李小春，等．碳捕集与封存技术有助于提升我国的履约能力［J］．中国科学院院刊，2010，25（2）：2．

［204］曾荣树，等．减少二氧化碳向大气层的排放—二氧化碳地下储存研究［J］．中国科学基金，2004（4）：35．

［205］闵剑，加璐．我国碳捕集与封存技术应用前景分析［J］．石油石化节能与减排，2011，01（2）：34．

［206］曲建升，曾静静．二氧化碳捕获与封存：技术、实践与法律［J］．世界科技研究与发展，2007（1）：46．

［207］刘卿．论利益集团对美国气候政策制定的影响［J］．国际问题研究，2010，03（3）：58 - 64．

［208］曹文振，等．气候政策背后的巨大商业利益［J］．社会科学报，2010，2（1）：55．

［209］赵行姝．美国气候政策转向的政治经济学解释［J］．当代亚太，2008，06（2）：39 - 54．

［210］张焕波．中国、美国和欧盟气候政策分析［M］．北京：社会科学文献出版社，2010．

［211］张梦中．美国公共行政学百年回顾（下）［J］．中国行政管理，2000，6（6）：33．

［212］王浦劬，杨凤春．电子治理：电子政务发展的新趋向［J］．中国行政管理，2005（01）：75 - 77．

［213］气候组织．CCUS 在中国［M］．北京：气候组织，2011．

［214］谢和平，等．全球二氧化碳减排不应是 CCS，应是 CCU［J］．四川大学学报（工程科学版），2012（4）：11．

［215］仲平，等．发达国家碳捕集、利用与封存技术及其启示［J］．中国人口资源与环境，2012（2）：25．

［216］倪维斗．我国的能源现状与战略对策［J］．山西能源与节能，2008，2（1）：8．

［217］许正中．高新技术产业：财政政策与发展战略［M］．北京：社会科学文献出版社，2002．

［218］约瑟夫·熊彼特．经济发展理论［M］．北京：商务印书馆，1993．

［219］王大洲．企业创新网络的进化机制分析［J］．科学学研究，2006（05）：780 - 786．

［220］李庆东．产业创新系统协同演化理论与绩效评价方法研究［D］．吉林大学，2008．

[221] 石奇. 产业创新全球化：问题、理论与区域整合 [J]. 产业经济研究，2006 (01)：34 – 40.

[222] 严潮斌. 产业创新：提升产业竞争力的战略选择 [J]. 北京邮电大学学报（社会科学版），1999 (03)：6 – 10.

[223] 王艾青. 技术创新、制度创新与产业创新的关系分析 [J]. 当代经济研究，2005 (08)：31 – 34.

[224] 汪秀婷. 国外产业创新模式对我国产业创新的借鉴 [J]. 武汉理工大学学报（信息与管理工程版），2007 (08)：29 – 32.

[225] 张治河，胡树华，金鑫，等. 产业创新系统模型的构建与分析 [J]. 科研管理，2006 (02)：36 – 39.

[226] 李春艳，刘力臻. 产业创新系统生成机理与结构模型 [J]. 科学学与科学技术管理，2007 (01)：50 – 55.

[227] 柳卸林，张爱国. 自主创新、非技术创新与产业创新体系 [J]. 创新科技，2007 (06)：14 – 19.

[228] 美国国家科学技术委员会编. 技术与国家利益 [M]. 李正风译. 北京：科学技术文献出版社，1999.

[229] 柳卸林. 我国产业创新的成就与挑战 [J]. 中国软科学，2002 (12)：110 – 135.

[230] 李翔. 我国产业创新的瓶颈分析与制度安排 [J]. 四川行政学院学报，2006 (01)：71 – 74.

[231] 薛娜，赵曙东. 基于 DEA 的高技术产业创新效率评价——以江苏省为例 [J]. 南京社会科学，2007 (05)：135 – 141.

[232] 周振华. 论科技管理体制、机制变革的内生性要求 [J]. 社会科学，2005，2 (2)：18.

[233] 赵亚辉，等. 王志珍饶毅施一公梅永红建言科技体制改革 [N]. 人民日报，2010.

[234] 张情男，赵玉林. 区域高技术产业创新能力的比较分析 [J]. 经济问题探索，2007 (12)：60 – 65.

[235] 何郁冰. 产学研协同创新的理论模式 [J]. 科学学研究，2012 (02)：165 – 174.

[236] 操龙灿，杨善林. 产业共性技术创新体系建设的研究 [J]. 中国软科学，2005，11 (37)：40.

[237] 厉无畏. 产业融合与产业创新 [J]. 上海管理科学，2002 (04)：4 – 6.

[238] 汪秀婷. 中部区域产业创新途径探讨 [J]. 武汉理工大学学报（信息与管理工程版），2006 (09)：76 – 80.

[239] 张钢，陈劲，许庆瑞. 技术、组织与文化的协同创新模式研究 [J]. 科学学研究，1997 (02)：56 – 61.

[240] 陈劲，阳银娟. 协同创新的理论基础与内涵 [J]. 科学学研究，2012 (02)：161 – 164.

[241] 马艳秋. 校企共建创新平台的运行机制研究 [D]. 吉林大学，2009.

[242] 夏太寿，倪杰. 区域科技创业公共服务平台建设的理论探讨 [J]. 中国科技论坛，2006 (04)：36 – 47.

[243] 伏广伟. 纺织产业集群的产业升级与产业创新平台建设 [J]. 纺织信息周刊，2004 (34)：20 – 21.

[244] 曲宁. 青岛市软件产业公用技术平台对技术创新的影响研究 [D]. 北京交通大学，2009.

[245] 史扬. 科研平台的构建及其对科技创新能力的推动作用 [D]. 合肥工业大学，2009.

[246] 谢芸. 浅谈公共服务平台的双向获益性 [J]. 科技情报开发与经济，2007 (35)：215 – 216.

[247] 王亚萍. 广东产业共性技术创新平台建设模式的选择 [J]. 科技管理研究，2008 (08)：14 – 19.

[248] 钱亚波. 构建我国高新技术产业创新平台 [J]. 科学与管理，2002 (04)：16 – 18.

[249] 李伯聪. 工程社会学的开拓与兴起 [J]. 山东科技大学学报（社会科学版），2012 (01)：1 – 9.

[250] 李伯聪，等．工程创新年：突破壁垒和躲避陷阱 [M]．杭州：浙江大学出版社，2010.

[251] 刘延锋，李小春，方志明，等．中国天然气田 CO_2 储存容量初步评估 [J]．岩土学，2006 (12)：2277 - 2281.

[252] 乌若思．未来的燃煤电厂—中国绿色煤电计划 [J]．中国电力，2007，40 (6)：8.

[253] 尚智丛，陈晨．国家目标对大科学装置发展的影响—以美国康奈尔同步辐射光源为例 [J]．自然辩证法研究，2010 (12)：54 - 61.

[254] LAMBRIGHT W H．管理 "大科学"：人类基因组计划案例研究 [M]．Syracuse：普华永道，2002.

[255] 苏明，傅志华，许文，等．我国开征碳税问题研究 [J]．经济研究参考，2009 (72)：15.

[256] 张正泽．基于实物期权的燃煤电站 CCS 投资决策研究 [D]．哈尔滨：哈尔滨工业大学，2010.

[257] 赵昌文，杨记军，杜江．基于实物期权理论的风险投资项目价值评估模型 [J]．数量经济技术经济研究，2002 (12)：72 - 75.

[258] 邵希娟，等．Excel 在实物期权建模分析中的应用 [J]．中国管理信息化，2007，10 (1)：54.

[259] 江泽民．对中国能源问题的思考 [J]．上海交通大学学报，2008，42 (3)：353.

[260] 迟金玲．IGCC 电站二氧化碳捕集研究 [D]．中国科学院研究生院，2011.

[261] 陈洪波，于静．二氧化碳市场及发展前景 [J]．化工技术经济，2003 (5)：56.

[262] 张亮，等．油田 CO_2 EOR 及地质埋存潜力评估方法 [J]．大庆石油地质与开发，2009，28 (3)：46

[263] 肖显静，赵伟．从技术创新到环境技术创新 [J]．科学技术与辩证法，2006 (04)：80 - 83.

[264] 肖显静．论工程共同体的环境伦理责任 [J]．伦理学研究，2009 (06)：65 - 70.

[265] 刘鸿志．对我国二氧化碳捕集利用与封存环境管理的思考 [J]．环境保护，2013，11 (36)：8.

[266] 李昕蕾，等．国际环境政策协调中的扩散机制 [J]．社会科学，2012 (6)：15 - 25.

[267] 周望．政策扩散理论与中国 "政策试验" 研究：启示与调适 [J]．四川行政学院学报，2012 (04)：43 - 46.

[268] 朱亚鹏．政策创新与政策扩散研究述评 [J]．武汉大学学报：哲学社会科学版，2010 (4)：565 - 573.

[269] 张玮．政策创新的地理扩散—基于暂住证制度的地方实践分析 [J]．南方人口，2011，26 (1)：57 - 64.

[270] 杨静文．我国政务中心制度创新扩散实证分析 [J]．中国行政管理，2006 (06)：41 - 44.

[271] 王家庭，季凯文．我国开发区制度创新扩散的微观机理与实证分析 [J]．社会科学辑刊，2008 (02)：87 - 91.

[272] 包海芹．国家学科基地政策扩散研究 [M]．北京：北京大学出版社，2011.

[273] 刘伟．国际公共政策的扩散机制与路径研究 [J]．世界经济与政治，2012 (4)：40 - 58.

[274] 王沪宁．集分平衡：中央与地方的协同关系 [J]．复旦学报（社会科学版），1991 (02)：34.

[275] 李伯聪，等．工程社会学导论：工程共同体研究 [M]．杭州：浙江大学出版社，2010.

[276] 胡志强，肖显静．从 "公众理解科学" 到 "公众理解工程"[J]．工程研究 - 跨学科视野中的工程，2004，1 (2)：163 - 170.

索　引

名词中英文对照及缩略词

一、专业名词

简称	英文全称	中文全称
863	863 High Technology Development Program	国家高技术研究发展计划
CAC	Command and Control	命令和控制
CCS	Carbon Capture and Storage	碳捕集与封存
CCUS	Carbon Capture, Utilization and Storage	碳捕集利用与封存
CDM	Clean Development Mechanism	清洁发展机制
CER	Certified Emission Reductions	核证减排量
CMP	Conference of the Parties serving as the Meeting to the Kyoto Protocol	《京都议定书》缔约方会议
COP	Conference of the Parties to the United Nations Framework Convention on Climate Change (UNFCCC)	联合国气候变化框架公约缔约方会议
ECBM	Enhanced Coal Bed Methane	提高煤层气采收率
EOR	Enhanced Oil Recovery	提高原油采收率
ETS	Emissions Trading Scheme	欧盟排放交易体系
EUA	European Union Allowances	欧洲排放许可
GT	Gigaton	十亿吨
IGCC	Integrated Gasification Combined Cycle	整体煤气化联合循环发电系统
kWh	KiloWatt Hour	千瓦时
MPG	Miles Per Gallon	每加仑汽油可行驶英里数
Mtce	Million Ton Coal Equivalen	百万吨煤当量
MW	Mega Watt	兆瓦
NGO	Non-Governmental Organizations	非政府组织
NSI	National System of Innovation	国家创新系统
ppm	Parts Per Million	百万分率
R&D	Research and Development	研究和开发
RIS	Regional Innovation System	区域创新系统
SNA	Social Network Analysis	社会网络分析
SSI	Sectoral Innovation System	产业创新系统
TIS	Technological Innovation System	技术创新系统
UIC	Underground Injection Control	地下注入控制项目

二、机构名词

简称	英文全称	中文全称
AALLC	Anglo American LLC	英美资源集团有限公司
ADB	Asian Development Bank	亚洲发展银行
ADM	Archer Daniels Midland	阿彻丹尼尔斯米德兰公司
AEP	American Electric Power Co. Inc.	美国电力公司
AL	Air Liquide	空中客车公司
Alberta	Alberta Research Council	阿尔伯塔研究理事会
Alstom	Alstom	阿尔斯通公司
Amina	Amina energy environmental protection company	阿米那能源环保公司
APC	Air Products and Chemicals	空气产品和化学品公司
Arch	Arch Coal	阿齐煤炭公司
B&W	Babcock & Wilcox Co.	巴威公司
Batelle	Batelle	巴特尔公司
BE	Basin Electric	北新电力
BEPC	Basin Electric Power Cooperative	北新电力合作集团
BERR	Business, Regulatory Reform	商业、企业和管理改革部
BGS	British Geological Survey	英国地质考察局
BHP	BHP Billiton	必和必拓公司
BJU	Beijing Jiaotong University	北京交通大学
BM	Burns and McDonnell	伯恩斯和麦克唐奈公司
BP	British Petroleum	英国石油公司
BRGM	Bureau de Recherches Geologiques et Minieres	法国地质和矿产调查局
BS	Blue Source	蓝色资源公司
BSP	Big Sky Partnership	大天空伙伴
BUCT	Beijing University of Chemical Technology	北京化工大学
BUT	Beijing University of Technology	北京工业大学
BV	Black & Veatch	博莱克威奇公司
CambridgeU	Cambridge University	剑桥大学
CAS	Chinese Academy of Sciences	中国科学院
Caterpillar	Caterpillar	卡特彼勒公司
CC	China Coal Group	中煤集团
CE	Core Energy	核心能源公司
CEC	California Energy Commission	加州能源委员会
CES	Clean Energy Systems	清洁能源系统
CGS	China Geological Survey	中国地质调查局
ClausthalU	Clausthal University of Technology	克劳斯塔尔工业大学
CNOOC	China National Offshore Oil Co.	中海油

简称	英文全称	中文全称
CNU	China Northwest University	中国西北大学
ConocoPhillips	ConocoPhillips	康菲国际石油有限公司
Consol	Consol Energy	固本能源（集团）公司
CPECC	China Power Engineering Consulting Corporation	中国电力工程咨询公司
CPI	China Power Investment Co.	中国电力投资公司
CPUC	California Public Utilities Commission	加州公共事业委员会
CSIRO	The Commonwealth Scientific and Industrial Research Organisation	澳大利亚科学与工业组织
CSM	Chinese Society of Metals	中国金属学会
CUMT	China University of Mining and Technology	中国矿业大学
CUP	China University of Petroleum	中国石油大学
Datang	China Datang Corporation	中国大唐集团
DB	Doosan Babcock	斗山巴布科克公司
DECC	Department of Energy & Climate Change	英国能源与气候变化部
Defra	British Environment, Food and Rural Affairs	英国环境、食品和农村事务部
Denbury	Denbury Onshore LLC	邓布利公司
DFEC	Dongfang Electric Corporation	东方电力公司
DGPC	Dongguan Power & Chemical Co.	东莞电化公司
DOE	Department of Energy	能源部
DoosanB	Doosan Babcock Energy Limited	斗山巴布科克
DS	Solution Development Co. Ltd.	发展解决方案有限公司
DTE	DTE Energy Co.	DTE 能源公司
Duke	Duke Energy	杜克能源
E. ON	E. ON	意昂集团
ECUST	East China University of Science and Technology	华东理工大学
EdinburghU	University of Edinburgh	爱丁堡大学
EE	Encore Energy	安可能量
EIU	Economist Intelligence Unit	经济学家情报数据库
ENEL	State Power Corporation of Italy	意大利国家电力公司
ENN	ENN Group	新奥集团
EPA	Environmental Protection Agency	环境保护署
EPRI	Electric Power research Institute	美国电力研究院
Excelon	Excelon	艾斯有限公司
ExxonMobil	ExxonMobil	埃克森美孚公司
FC	Foundation Coal Holdings Inc	基础煤公司
FCO	Foreign and Commonwealth Office	英国联邦与外交事务办公室
First Energy	First Energy	第一能源公司

简称	英文全称	中文全称
Fluor	Fluor	福陆公司
GE	General Electric Company	美国通用电气
GeoscienceA	Geoscience Australia	澳大利亚地球科学局
GHG	GreenHouse Gas R&D Program	温室气体研究和开发项目
GreatPoint	GreatPoint Energy Inc.	巨点能源
Greengen	Greengen Co.	绿色煤电公司
Guodian	China Guodian Group	中国国电集团
HBC	Harbin Boiler Company	哈尔滨锅炉公司
Heriot-Watt	Heriot-Watt University	赫瑞瓦特大学
HIT	Harbin Institute of Technology	哈尔滨工业大学
HT	Haldor Topsoe	海尔德-托普索公司
HTCP	HTC Purenergy	HTC 能源公司
Huadian	China Huadian Group	中国华电集团
Huaneng	China Huaneng Group	中国华能集团
HUST	Huazhong University of Science and Technology	华中科技大学
IEA	International Energy Agency	国际能源署
IGS	Indiana Geological Survey	印第安纳地质调查局
IMELS	Italy Environment, Territorial and Marine Department	意大利环境、领土与海洋部
ImperialC	Imperial College	帝国理工学院
IPCC	Intergovernmental Panel on Climate Change	政府间气候变化专门委员会
ISGS	Illinois State Geological Survey	伊利诺斯州地质调查
JU	Jinan University	暨南大学
KentuckyU	University of Kentucky	肯塔基大学
KTH	Royal Institute of Technology	瑞典皇家理工学院
LANL	Los Alamos National Laboratory	洛斯阿拉莫斯国家实验室
LANL	Los Alamos National Lab	美国洛斯阿拉莫斯国家实验室
LBNL	Lawrence Berkeley National Lab	劳伦斯伯克利国家实验室
LE	Leucadia Energy	卡迪亚能源公司
Linde	Linde Group	林德集团
LLNL	Lawrence Livermore National Laboratory	美国劳伦斯·利弗莫尔国家实验室
MGSC	Midwest Geological Sequestration Consortium	中西部地区地质封存协会
MHI	Mitsubishi Heavy Industries	三菱重工
MLR	Ministry of Land and Resources	国土资源部
MOST	Ministry of Science and Technology	科技部
MP	Mississippi Power	密西西比电力
MRCSP	Midwest Regional Regional Carbon Sequestration Partnership	中西部地区碳封存合作伙伴

简称	英文全称	中文全称
MSU	Montana State University-Bozeman	蒙大拿州立大学
MU	University College of M lardalen	瑞典梅拉达伦大学
NCEPU	North China Electric Power University	华北电力大学
NDRC	National Development and Reform Commission	中国国家发展与改革委员会
NERCAT	National Engineering Research Center of Advanced Steel Technology	中国钢铁研究总院
NETL	National Energy Technology Library	国家能源技术实验室
NMIMT	New Mexico Institute of Mining and Technology	新墨西哥矿业与科技学院
NOAA	National Oceanic and Atmospheric Administration	国家海洋和大气管理局
NPPCERC	National Power Plant Combustion Engineering Research Center	国家电站燃烧工程技术研究中心
NRG	NRG Energy	NRG 能源
NSTC	National Science and Technology Council	国家科学技术委员会
OCDO	Ohio Coal Development Office	俄亥俄州煤炭开发办公室
OECD	Organization for Economic Co-operation and Development	经济合作与发展组织
OSTP	Office of Science and Technology Policy	白宫科学技术政策办公室
Peabody	Peabody	博迪能源
Peabody	Peabody Energy	博迪能源
PetroChina	PetroChina	中国石油
PKU	Peking University	北京大学
Powerspan	Powerspan	PowerSpan 公司
PPL	PPL Energy Services Group	PPL 能源服务集团
R. W. Beck	R. W. Beck Group, Inc.	贝克公司
Ramgen	Ramgen Power Systems	拉姆金电力系统公司
RCC	Richland Community College	里奇兰德社区学院
Rio Tinto	Rio Tinto Energy America	力拓美国能源
SASPG	Sichuan Air Separation Group	四川空分集团
SC	Southern Company	南方公司
Schlumberger	Schlumberger	斯伦贝榭公司
SCSE	SCS Energy	SCS 能源公司
SE	Southern Energy	南方能源公司
SECARB	Southeast Regional Carbon Sequestration Partnership	东南地区碳封存合作伙伴
SERCSP	Southeast Regional Carbon Sequestration Partnership	东南地区碳封存伙伴联盟
Shell	Shell Company	壳牌石油公司
Shenhua	Shenhua Group	神华集团
Siemens	Siemens	西门子公司
Sinnopec	Sinopec	中石化

简称	英文全称	中文全称
SJU	Shanghai Jiaotong University	上海交通大学
SLLLC	Sargent & Lundy LLC	萨根特朗迪
SPG	Summit Power Group	高峰电力集团
SSEB	Southern States Energy Board	南方州能源联盟
SU	Sichuan University	四川大学
SWP	South West Partnership	西南地区伙伴
Tampa	Tampa Electric	坦帕电气
TBEG	Texas Bureau of Economic Geology	德克萨斯州经济地理局
Tenaska	Tenaska	特纳斯卡公司
TNO	Netherlands Organization For Scientific Research	荷兰应用科学研究组织
Tsinghua	Tsinghua University	清华大学
Turner	Turner Industries	特纳行业公司
TUT	Taiyuan University of Technology	太原理工大学
UA	University of Alabama	阿拉巴马大学
UN	The United Nations	联合国
UND	University of North Dakota	北达科他大学
UNDP	United Nations Development Programme	联合国开发计划
USCCF	US-China Clean Energy Forum	中美清洁煤论坛
UT	University of Texas's Bureau of Economic Geology	德克萨斯大学经济地质局
UU	University of Utah	犹他大学
Valero	Valero Energy Corporation	瓦莱罗能源公司
VEC	Valero Energy Corporation	瓦莱罗能源公司
VOG	Vecta Oil & Gas Ltd	维克塔油气公司
WBC	World Business Council for Sustainable Development	世界可持续发展工商理事会
WeE	We Energies	We 能源
WESTCARB	West Coast Regional Carbon Sequestration Partnership	西海岸地区碳封存合作伙伴
WMO	World Meteorological Organization	世界气象组织
WRI	World Resources Institute	世界资源研究所
WU	Wuhan University	武汉大学
WVU	West Virginia University	西弗吉尼亚大学
WyomingU	University of Wyoming	怀俄明大学
XJTU	Xian Jiaotong University	西安交通大学
Xstrata	Xstrata plc	斯特拉塔公司
Yanchang	Yanchang Oil	延长石油公司
Zhongkejinlong	Zhongkejinlong Company	中科金龙
ZU	Zhejiang University	浙江大学

中国科协三峡科技出版资助计划
2012 年第一期资助著作名单

（按书名汉语拼音顺序）

1. 包皮环切与艾滋病预防
2. 东北区域服务业内部结构优化研究
3. 肺孢子菌肺炎诊断与治疗
4. 分数阶微分方程边值问题理论及应用
5. 广东省气象干旱图集
6. 混沌蚁群算法及应用
7. 混凝土侵彻力学
8. 金佛山野生药用植物资源
9. 科普产业发展研究
10. 老年人心理健康研究报告
11. 农民工医疗保障水平及精算评价
12. 强震应急与次生灾害防范
13. "软件人"构件与系统演化计算
14. 西北区域气候变化评估报告
15. 显微神经血管吻合技术训练
16. 语言动力系统与二型模糊逻辑
17. 自然灾害与发展风险

中国科协三峡科技出版资助计划
2012 年第二期资助著作名单

（按书名汉语拼音顺序）

1. BitTorrent 类型对等网络的位置知晓性
2. 城市生态用地核算与管理
3. 创新过程绩效测度——模型构建、实证研究与政策选择
4. 商业银行核心竞争力影响因素与提升机制研究
5. 品牌丑闻溢出效应研究——机理分析与策略选择
6. 护航科技创新——高等学校科研经费使用与管理务实
7. 资源开发视角下新疆民生科技需求与发展
8. 唤醒土地——宁夏生态、人口、经济纵论
9. 三峡水轮机转轮材料与焊接
10. 大型梯级水电站运行调度的优化算法
11. 节能砌块隐形密框结构
12. 水坝工程发展的若干问题思辨
13. 新型纤维素系止血材料
14. 商周数算四题
15. 城市气候研究在中德城市规划中的整合途径比较
16. 心脏标志物实验室检测应用指南
17. 现代灾害急救
18. 长江流域的枝角类

中国科协三峡科技出版资助计划
2013 年第三期资助著作名单

（按书名汉语拼音顺序）

1. 蛋白质技术在病毒学研究中的应用
2. 当代中医糖尿病学
3. 滴灌——随水施肥技术理论与实践
4. 地质遗产保护与利用的理论及实证
5. 分布式大科学项目的组织与管理：人类基因组计划
6. 港口混凝土结构性能退化及耐久性设计
7. 国立北平研究院史稿
8. 海岛开发成陆工程技术
9. 环境资源交易理论与实践研究——以浙江为例
10. 荒漠植物蒙古扁桃生理生态学
11. 基础研究与国家目标——以北京正负电子对撞机为例的分析
12. 激光火工品技术
13. 抗辐射设计与辐射效应
14. 科普产业概论
15. 科学与人文
16. 空气净化原理、设计与应用
17. 煤炭物流——基于供应链管理的大型煤炭企业分销物流模式及其风险预警研究
18. 农产品微波组合干燥技术
19. 配电网规划
20. 腔静脉外科学
21. 清洁能源技术政策与管理研究——以碳捕集与封存为例
22. 三峡水库生态渔业
23. 深冷混合工质节流制冷原理及应用
24. 生物数学思想研究
25. 实用人体表面解剖学
26. 水力发电的综合价值及其评价
27. 唐代工部尚书研究
28. 糖尿病基础研究与临床诊治
29. 物理治疗技术创新与研发
30. 西双版纳傣族传统灌溉制度的现代变迁
31. 新疆经济跨越式发展研究
32. 沿海与内陆就地城市化典型地区的比较
33. 疑难杂病医案
34. 制造改变设计——3D 打印直接制造技术
35. 自然灾害会影响经济增长吗——基于国内外自然灾害数据的实证研究
36. 综合客运枢纽功能空间组合设计——理论与实践
37. TRIZ——推动创新的技术（译著）
38. 从流代数到量子色动力学：结构实在论的一个案例研究（译著）
39. 风暴守望者——天气预报风云史（译著）
40. 观测天体物理学（译著）
41. 可操作的地震预报（译著）
42. 绿色经济学（译著）
43. 谁在操纵碳市场（译著）
44. 医疗器械使用与安全（译著）
45. 宇宙天梯 14 步（译著）
46. 致命的引力——宇宙中的黑洞（译著）

发行部

地址：北京市海淀区中关村南大街 16 号

邮编：100081

电话：010 – 62103354

办公室

电话：010 – 62103166

邮箱：kxsxcb@ cast. org. cn

网址：http：//www. cspbooks. com. cn